交互思维

详解交互设计师技能树

WingST 著

電子工業出版社
Publishing House of Electronics Industry
北京·BEIJING

内容提要

一位合格的特别是优秀的交互设计师，应该掌握的技能有哪些？本书作者在互联网行业深耕九年，通过不断地思考与总结，对这个问题做了全面的回答。书中描绘了一张技能树地图，希望读者按图索骥，就能明白自己哪些地方已经掌握，哪些地方有所欠缺，这样便于有的放矢地学习和钻研交互设计技能。

本书分为职业技能、通用技能、经验分享、我的故事、效率方法论五大部分，浓缩了作者作为交互设计师在工作、生活中的积累，也是作者对自身能力的一个总结和思考。开篇先讲解了什么是技能树，让读者对交互设计师技能树的概念和如何利用技能树进行学习提升有一个初步的认识。“职业技能”部分详细讲解了交互设计师的四大关键职业技能——思维、眼界、手段和精神。“通用技能”部分详细讲解了设计师应具备的基础技能——学习能力、思辨能力、沟通能力和执行能力。除了前面讲解的关键技能，“经验分享”部分还包含了交互设计师的工作经验和职场心得。在“我的故事”部分，作者讲述了自己的工作以及坚持写作1000天的亲身经历，让读者能够更深刻地体会到在工作中的成长和学习的重要性。最后，在“效率方法论”部分，作者通过分享自己个人的成长经历、实现自律的方法等，帮助读者提升学习和工作效率。

希望通过学习本书，交互设计师、交互设计爱好者都能对职业技能有一个全面的掌握，能收获高效的方法并提升职业经验。

图书在版编目（CIP）数据

交互思维：详解交互设计师技能树 / WingST著. --北京：电子工业出版社, 2019.4
ISBN 978-7-121-36065-7

Ⅰ.①交… Ⅱ.①W… Ⅲ.①人－机系统－系统设计Ⅳ.①TP11

中国版本图书馆CIP数据核字(2019)第035886号

责任编辑：田　蕾　　文字编辑：田振宇
印　　刷：天津嘉恒印务有限公司
装　　订：天津嘉恒印务有限公司
出版发行：电子工业出版社
　　　　　北京市海淀区万寿路173信箱　邮编：100036
开　　本：787×1092　1/16　印张：18.75　字数：540千字　彩插：1
版　　次：2019年4月第1版
印　　次：2023年3月第9次印刷
定　　价：98.00元

广告经营许可证号：京海工商广字第0258号

凡所购买电子工业出版社图书有缺损问题，请向购买书店调换。若书店售缺，请与本社发行部联系，联系及邮购电话：（010）88254888或88258888。
质量投诉请发邮件至zlts@phei.com.cn，盗版侵权举报请发邮件至dbqq@phei.com.cn。
本书咨询联系方式：（010）88254161~88254167转1897。

推荐语

这是一本交互设计师的入门书，更是一份通过持续行动实现人生梦想的实践记录。作者践行了“N 阶持续行动”的理念，在不到 300 天的写作时间内，出版了第一部作品，可喜可贺！这足以说明持续行动的强大复利的力量。阅读这本书，让我想到自己最初开始写作的时光：在每天繁忙的工作中锁定时间，为梦想付出努力，不辞辛劳，心中有希望，行动有力量。这本书不仅可以在交互设计上提供指导，在成长上也为我们树立了榜样。只有持续稳定的行动，才能让时间见证更多的改变。

—— 畅销书《刻意学习》作者，“N 阶持续行动”理念倡导者 Scalers

如果有一天，我们心念一动就能实现任何事情，那么大概也就不需要交互设计了。在那之前，交互设计仍会是一种找寻本源、构建系统、缓解“工具缺陷”与“人性欲望”不对称性的重要能力。我和本书作者相熟多年，他作为腾讯的高级交互设计师，在项目历练、专业思考和眼界探索上都称得上是业内的佼佼者。本书从作者碎片化的文集中尝试梳理出较为系统的设计思考，案例真实，方法高效，技能树更是难得的阶梯能力成长范本。推荐所有致力于交互设计、产品设计和视觉设计的小伙伴们阅读和探讨本书。

—— 腾讯 D4 专家设计师 潘伟彬

想要做好交互设计，需要具备很多能力。绘制交互稿只是其中的 20%，剩下的 80% 的技能和思维，才是让一个交互设计师能够逐步提升、逐步进化的必备条件。一个好的交互设计师需要对行业有感知力，对人的行为心理有洞察力，对社会有观察力，对技术革新有捕捉和运用的能力，并且时刻保持谦虚、开放和进取的心态，才能够让自己为用户、为社会带来更多的价值。WingST 的执行力和善于学习思考、总结的能力，使得这本书精彩纷呈，值得一读。

—— 腾讯设计总监 沈艳慧

WingST 与我经历相仿，都是“野路子”出身，虽然“半路出家”，但追逐梦想和兴趣的赤诚之心，天地可鉴。与他合作几年来，让人感叹其成长之快，逻辑之缜密，心思之细腻。本书完整地记录了他这些年来的成长经历，无论是新手还是有经验的交互设师，均值得翻阅，绝对诚意之作，特诚心推荐。

—— 腾讯 CSIG 魔盾设计组组长 张晓翔（Celegorm）

早前，我偶然地关注了一个微信订阅号叫作“落羽敬斋”，这是我少有的会定期查看并在知乎上推荐的订阅号。它的阅览量并不高，但关于交互设计方面的内容非常精彩，有很多“大号”模仿。现在，这位原创人终于把这些文章汇总为一本精彩的书籍了，想学习交互知识，你值得阅读。

—— BIGD 创始人牛 MO 王

WingST 的这本书深入浅出，很适合正在成长中的交互设计新人学习，以补足自己的知识体系。设计师在成长过程中，重要的是有基本的知识体系基础，通过各种练习、实践来将理论和实际结合起来，提升自己的思维和眼界，让自己具备做设计的意识。中国的交互设计、用户体验设计发展时间并不长，开始在这个行业工作时，“用户体验”等术语甚至还没有出现，专业书籍屈指可数。但是今天，越来越多的企业重视交互设计和用户体验，设计成为信息时代的基本生产力之一。在这个过程中，正是因为有 WingST 及其类似的优秀设计师的努力和分享精神，众多设计师才得以更好地成长，成为一个个“老手”，一起让信息世界更为优雅和赏心悦目。作为设计师，我们都在为这个行业添砖加瓦。如果你从 WingST 的书里受益，也期待你在未来能够同样为行业输出知识和经验，共同为行业和社会创造正向价值。

—— 知群 CEO、最美应用创始人 马力

在国内，交互设计师职位基本上只有大型互联网公司才存在，中小型公司的交互设计师职位多半由产品经理兼任。很多产品经理做了多年交互设计，却并未真正了解交互设计。作为产品经理，读完这本书后，相信能刷新你对交互设计的认知，把交互设计工作做得更专业。

—— 起点学院、人人都是产品经理创始人兼 CEO 曹成明

很多刚入门的人除了软件，似乎并不知道应该学些什么，那么是时候看看这本书了，从职业技能到通用技能无一不包，能帮助新手快速入门。

—— 优设网主编 程远

WingST 前辈的文章思路缜密、框架完整，非常适合想要系统学习交互设计的读者。他每天早晨写作的拼劲也令我敬佩，很荣幸知乎“交互进阶”专栏能有这样一位值得学习的作者加入。希望他的第一本书能够带着他的坚持与梦想，一路顺风，给予更多人帮助。

—— 知乎“交互进阶”专栏作者、SUXA 专家委员会成员 周雨涵

看着每天固定输出的内容变成书稿传过来的时候，除了钦佩竟一时没了别的情绪。全书没有晦涩难懂的语言，深入浅出，如抽丝剥茧般一点点地把“交互”这个大课题说明白了。从宏观层面的用户体验体系到微观上一个小 Button（按钮）应该怎么设计，知识涵盖了职业技能、专业知识、工作流程、思维模型，甚至个人成长，算是一份完美的交互设计知识答卷了。无论你是一无所知的“交互设计”门外汉，还是不知道如何上升的新手，或者是陷在瓶颈的中级交互设计师，或者是想要更深层地向内挖掘自我的有志青年，本书都能让你有所收获。

—— 微交互（MicroUX）创始人 阮小阮

作为 WingST 的好友，我们几乎相互见证了彼此的成长之路。我们先后相差无几进入金蝶工作，进而结识，接着先后进入腾讯，同时经历工作的低谷，又一起迈入稳定和成熟，彼此分享，彼此激励。

从刚毕业遇到 WingST，野蛮生长，充满无限激情；到茶水间我们整天整天地聊未来与梦想；接着成

立每天半小时学习小组，互相监督进步；再到坚持写作，每一步，我都看到了 WingST 始终如一的自控力与行动力。“思想的巨人，行动的超人”——这是我想给他的评语。他的行动力高得可怕，如果他一定要做一件事，那开始时间就是下一秒，那种刻不容缓的感觉令人起敬。所以在我们一次例行聚餐上，他讲出他的 1000 天连续写作计划时，我没有一点担心，甚至有点想问：你以后怎么和我们一起玩游戏？后来，他把所有游戏设备都卖了。事实证明，这一切都是值得的，我们见证了他一路成为腾讯认证讲师，到回音分享嘉宾，再集结文字、累章成书的过程，仅仅用了不到 300 天。他每一次进步我都跟着激动，备受激励。

此书记录了 WingST 对交互设计的系统学习与思考，它作为一本工具书，能帮你扎实地进入交互设计，点好自己的技能树。同时它也是一本成长日记，读着它，了解作者的心路历程，一起成长。
非常荣幸能帮 WingST 写推荐语。同时，作为一名视觉设计师，我更加荣幸能帮 WingST 设计此书的封面，为本书的出版尽一份好朋友的绵薄之力，最后希望读者学有所成，学以致用，同时答应我，尊重和爱惜我设计的封面。

——腾讯音乐高级视觉设计师 贺继（GeecoHe）

推荐序一

缘

数月前的一天，我在深圳和 WingST 初次见面。我们有一次简单的谈话，沟通了对专业领域的看法和工作中的情况。像以往很多次类似的谈话一样，这是一个例行的过程，在快结束的时候，我们聊到了个人目标，却让整个谈话有了不同的价值。

WingST 聊起了个人目标，像个孩子似的满心欢喜，他说：“我有三个梦想。”

我不由一怔。过去有马丁·路德·金掷地有声地喊出了“I have a dream”，时光匆匆而过，今日居然有幸，可以聆听后世俊杰说出“I have three dreams”。

我于是正色道：“愿闻其详。”

他说：“第一个是进腾讯。”

我说：“好巧，我也在腾讯。”

他说：“第二个是做游戏。”

我说：“真的吗？我也做游戏，我也一直喜欢做游戏。”

他说：“第三个是写一本书。”

我说：“天啊，我也在写一本书。”

真是个奇妙的缘分，不同年龄，不同背景，不同职业，却有同样的梦想。

几个月后，WingST 发来了本书的初稿。我通读了一遍，发现我们的共同点还真是挺多的：喜欢折腾方法论，勤于思考，注重自我积累，设定一个远大的目标，一步步去实现。除了一点，我比较拖拉。

羡

拖拉是一阵流行风尚，我拖拉，却以此为豪。

两年前，我就开始为写书做准备，写了几篇文章，发现自己的技术散文叙事挺受欢迎，于是下定决心，要写一本书。

一年前，和出版社签约，当时也写了不少文字，料想应该不成问题。

听到 WingST 也在写书的时候，我已经进行了将近一年的准备。我暗下决心，既然早开工那么久，一定要比他更快写完。

说好的持续写作，我并没有坚持，停停歇歇，常在午夜惊醒，想着要来不及了。然而最初的动力已经不见，我无时无刻地焦虑，却又怎么都写不出文章。原来文字是失眠夜里易被惊扰的睡意，毅力是机场候机随时遇到的漫长等待，所有的信心轻易就会失去。我安慰自己，灵感总是会有瓶颈的；编辑安慰我，说写作是很艰难的事。善意的体谅和理解，让我逐渐走出了阴影，说得我自己都信了。却不期然，收到了 WingST 的书稿。原来真正的原因只是我对自己不够狠，没有在疲惫时坚持一下，没有在灵感枯竭时努力一下。他是从去年 11 月才开始动笔的，效率和执行力，实在自愧。我惊讶于他的效率，赞叹着他的坚持，惆怅着自己的拖拉。

WingST 在书中强调了他的决心，他的勇气。今日事今日毕，每天都要坚持写一篇文章，这是属于年轻的一往无前，是对自己下得了“毒手”的勇气，使拖拉的我不堪回首。

我羡慕他的执行力。每个渴望成功的人，都该有些勇气，树立一个远方的目标，坚定走出脚下的路。纵有再多艰难，再多险阻，每走一步，都会离目标更近一点。

我羡慕他的简单。在一个新兴的行业，一路探索，为了实现自己的目标，坚持学习，甚至不惜降薪，迂回找到通向目标的那条小路。人生就是一场场“打怪升级”，确立一个目标，实现它，再立下一个目标。人生就是这么纯粹。

我羡慕他对方法论的思考和他的年轻。持续总结和思考如何提升自我，是我在工作很多年后，才逐渐提炼出来的思路。如果能早些了解那么多的 Why（为什么）和 How（怎么样），是不是可以走得更顺利些?

然而我最羡慕的，还是他的读者。

荐

这是一本真诚的从业者指南，告诉交互设计师，如何提升自己，如何丰富自己的技能树，交互设计中的常见误区是什么。读者将有机会向一个资深从业者学习，系统地了解交互设计的方方面面。

作者以亲身经历出发，梳理自己的成长轨迹，剖析专业感悟，推荐学习路径。对于新入职场的读者，想要学习职业化本领，这是一本个人奋斗指南；对于有志进入交互设计行业的读者，这是一本绝世武功的秘籍，告诉你从哪里入门，往哪里深造；对于颓废者，这是立志书，激起你的狼性，与自己死磕；对于出世的强者，不妨和他切磋一下，看谁对自己更狠，他能五点半起床写作，每天坚持写完一篇文章，你行吗？

期待 WingST 早日完成自己的 1000 天写作计划（似乎这个计划的名称暗示了它无法被提前完成的命运），也希望能早日读到他的下一本书。说到这里，我暗暗立下决心，一定要在他下一本书出版之前写完我的第一本书，这一次，我不能再拖拉了。

——腾讯游戏 NEXT Studios 助理总经理 顾煜

推荐序二

非常荣幸能够为 WingST 的新书做序。

作为 WingST 的工作搭档兼挚友，我们有太多臭味相投的癖好，可以三天三夜协力爆肝刷游戏，也能为了工作彻夜并肩作战。我们在一起做出了很多有趣的“小东西”，经历过很多次失败，也有过许多受欢迎的作品。我们热衷于发现“彩蛋”，同时也会把经典的电影、动漫、游戏元素融合在我们的作品中，这份造物的工作让我们至今仍充满激情。

我见证了这本书的诞生，一直觉得 WingST 是一个不会让自己后悔的人，他曾因克制玩游戏的冲动卖掉了自己所有的游戏设备，也曾因为喜欢而差点像买菜一样买下一套顶楼海景房……就是这样一个执行力、自控力强到可怕的人，当他决定开始自己的写作之路时，我几乎已经看到了他今日的成果。作为回音分享会的创办者，我对公众号的运营多少还是有一些经验的，所以毫不犹豫地向他提供了“天使投资”—— 回音专栏的启动，这与他关系颇大。虽然同属设计行业，但因为职业的细分，这份“天使投资”所能起到的作用十分有限，但 WingST 凭借自己多年的知识储备和非同常人的自律性，大半年来竟然未曾有一次“断更”，如今他的公众号已然聚集一大批忠实读者。

当我还在北京时，每个周末都会抽一天时间，带上笔记本电脑去咖啡馆做设计练习，当时有很多朋友对我这样的自习行为很感兴趣，并加入到自习的行列中。就这样，个人自习成了“互助小组”。随着人数越来越多，原本的咖啡馆已经难以承载，“既然如此，那就找个场地讲些什么吧”，于是便有了首次回音分享会。最开始的时候，并没有思考很多，纯粹是抱着玩玩的心态来做，但随着参与者越来越多，最初“玩”的心态也在慢慢升级，渐渐地变成了责任感和使命感。如今四年过去了，回音已经成了聚集上万名设计师的行业圈，而旗下的“回音分享会”专注于线下活动，也已蔓延至全国六个城市。在这期间，我一直在思考如何把回音变得更加多元化，所以在 2018 年 4 月，我邀请身为交互设计师的 WingST 作为回音第 38 期（深圳站）的分享嘉宾。400 多人的大型活动，我原本担心他会 Hold（控制）不住现场，但后来我发现我的担心是多余的，WingST 的整场分享充满干货，引得台下观众频频喝彩。那时我就知道，这个人没有找错。

这段时间因为团队内部人员的变动，急需招募一名有能力、有想法的交互设计师，然而这个需求让我十分头痛。我曾问过 WingST 这样的问题：如何在面试中快速判断一名交互设计师的能力优劣？本以为会有某种专业的方法，结果却让我大跌眼镜，就算资深如他，也无法一下子断定一名交互设计师的能力，只能通过不断地提问和倾听来分析面试者的逻辑和想法。相比之下，视觉设计师的能力评判就相对简单许多，单从作品集即可过滤掉能力不达标的面试者。糟糕或平庸的交互设计师，会给产品团队带来极大的麻烦，表层体验尚可补救，若是产品交互架构出现问题，对产品的损害是伤筋动骨的。而若有幸纳入一位优秀的交互设计师，在赋予产品优质体验的同时，也会让团队的上下游衔接变得流畅起来。专业的交互设计师在团队中具有很高的权威性和信赖感，出于对专业的信任，我们可以将产品的命门托付于他。

我曾吐槽过 WingST 的文笔和内容——满满的外文图书翻译腔，随处可见的鸡汤小故事。但不得不说，上千本专业书籍的阅读和时刻思考的习惯让他有着扎实的知识沉淀和人生感悟，所以从这一本书中你能得到从专业到生活两个不同维度的收获。一方面，WingST 以一个非设计专业转行成功者的角色带你梳理作为一名交互设计师所必备的能力，并结合他在腾讯这些年的经验，总结成一棵“交互技能树”，如同为游戏角色加天赋一样。在习得基础能力后，根据自己选择学习的能力，将会形成不同的岗位分支。通过本书的学习，你将对交互设计体系有一个系统的认识。另一方面，也是本书的另一个重点，是关于作者本人的成长历程。正如上文所说，作者是我所见过的最勤奋、自律的人，希望你通过这本书了解到如何成为一个时刻充实的学习者——就像作者一样。当然我们可以把他当作一个极端案例，作者对自己太过苛刻，这并不一定是一件好事，或多或少会影响你对人生的体验。所以并不是每个人都要像作者一般要求自己，毕竟我们的追求不同，但我们能够学习的是，作者如何建立并实现自己的目标，我想这才是作者真正想要表达的。

最后祝愿本书能够被更多的读者看到，祝愿每一位读者都能够在书中寻得自己所需，但唯有付诸行动才能逐步接近自己的目标。前途虽远，扶摇可接。

——回音分享会创始人 王靖文（Nefish）

前言 PREFACE

之所以会有这本书，完全是一个美丽的意外。

我常和人说，我有三个梦想：

第一个是进腾讯；

第二个是做游戏；

第三个是写一本书。

第一个是一位非设计专业毕业生历经漫长追寻终于成功的故事，尽管经历了从刚进腾讯的超级兴奋，到看到各路大神的崇拜，再到反复受虐和捶打，最后终于算是坚持过来了。现在不能说成了大神，但是多少能够为项目和身边人做出一些贡献或有所助益。

第二个是我从小的爱好，从小学开始，玩了 20 多年的主机游戏。我对游戏是又爱又恨，曾经一度想要放弃它，但是在不断的思考和努力过后，我终于找到了最合适的切入点——在写完这本书后，我成了一名游戏交互设计者。

第三个就是意外了，作为一个爱书如命的读书人，能够有一本自己写的书无疑是非常有吸引力的事。但就算我再喜欢写作，一年前的我充其量也不过是写过几篇日记和博客文章的业余爱好者，又怎么会有足够的能力写出一本书呢？幸运的是，在我刚刚开始决定每天坚持写作的两天之后，我看到了 Scalers 的那本《刻意学习》，知道了他那个持续 1000 天的写作计划。他也正是花了两年多的时间持续写作之后，才从一个普通青年成为一名畅销书作家。既然如此，我难道不可以吗？我不求能写出什么畅销书，只要能够用这种持续写作的方式来督促和改变自己就好。等我写满 1000 天的时候，也许也能出书吧。

因此，在 2017 年 11 月 1 日，我开了自己人生中的第一个公众号“落羽敬斋”，开始了自己的 1000 天持续写作之路。

从那天开始，我发的每篇文章，开头都会附上“L001”“L002”这样的编号。它是我的文章计数器，每天都会“+1”，所有人都可以见证并且督促我。

在这个过程中，我在公众号里写下了自己关于学习、成长和生活的很多体会，写了很多读书笔记，甚至给自己挖了一个大“坑”——想用一己之力完成交互设计师的技能树总结。

经过一百多天的努力，我开始有收获了 。

我的文章在知乎专栏“可能性｜产品与大设计”“交互进阶”投稿和连载之后，优设网、人人都是产品经理、微交互等网站或公众号也开始陆续申请转载我的文章。

2018 年 4 月 22 日，我作为分享嘉宾受邀到回音分享会深圳站，在 400 多人面前做了一次演讲，主题是: 设计师的产品思维。那天，是我持续写作的第 173 天，分享的内容取自我之前连载的文章。

随后，电子工业出版社的田振宇编辑找到我，希望我能把公众号的内容整理成书。他认为我的那些文章都很不错，尤其是关于交互设计类的知识，更是交互设计书籍中稀缺的内容。

这一切来得有些突然，我甚至都没有心理准备。

我的写作计划就算到今天，也不过才坚持了 279 天，写作技巧的磨炼还远远不够。

我的交互生涯算到今天，刚好 9 年，比起那些前辈、精英们，无论是经验的积累还是方法论的沉淀都还差得很远。

但既然有这个机会，我还是希望能够把自己的所思所想，以及经验分享给大家，希望能够给那些曾经和我一样迷茫的同学一点指引和启发。

感谢我的妻子陈冬萍，如果没有她在后方做我的支援和后盾，照顾好父母和年幼的孩子，包揽了大多数的家务，对早出晚归、周末经常加班的我毫无怨言，对回到家还要写文章写到凌晨两点的我不断鼓励和打气，这样平凡的我是无论如何不可能坚持到今天的，这本书有她的一半功劳。

感谢我的父母，你们是我的第一批读者，也是最忠实的、每天一篇不落看完的读者。也许有些专业的内容你们看不懂，但是我知道，这是你们支持我的方式。

感谢 Nefish、Geeco 以及所有支持过我的朋友，感谢微信公众号“落羽敬斋”的所有读者，是你们给了我帮助和鼓励，是你们让我坚持到现在，我就算再苦再累也甘之如饴。

这本书只是我写作路上的一个里程碑，并且不会是结束。毕竟离 1000 天还未沓至，让我们一起继续见证吧！

WingST

2018 年 8 月 6 日 清晨　深圳

序章
Prologue

在正式开始之前，先向大家介绍一下我对技能树的一些理解。如果你和我一样喜欢游戏，那么你应该可以很快理解；就算你很少玩游戏也没关系，只要放轻松，把这当成一张城市的导游图，随我一起来吧。

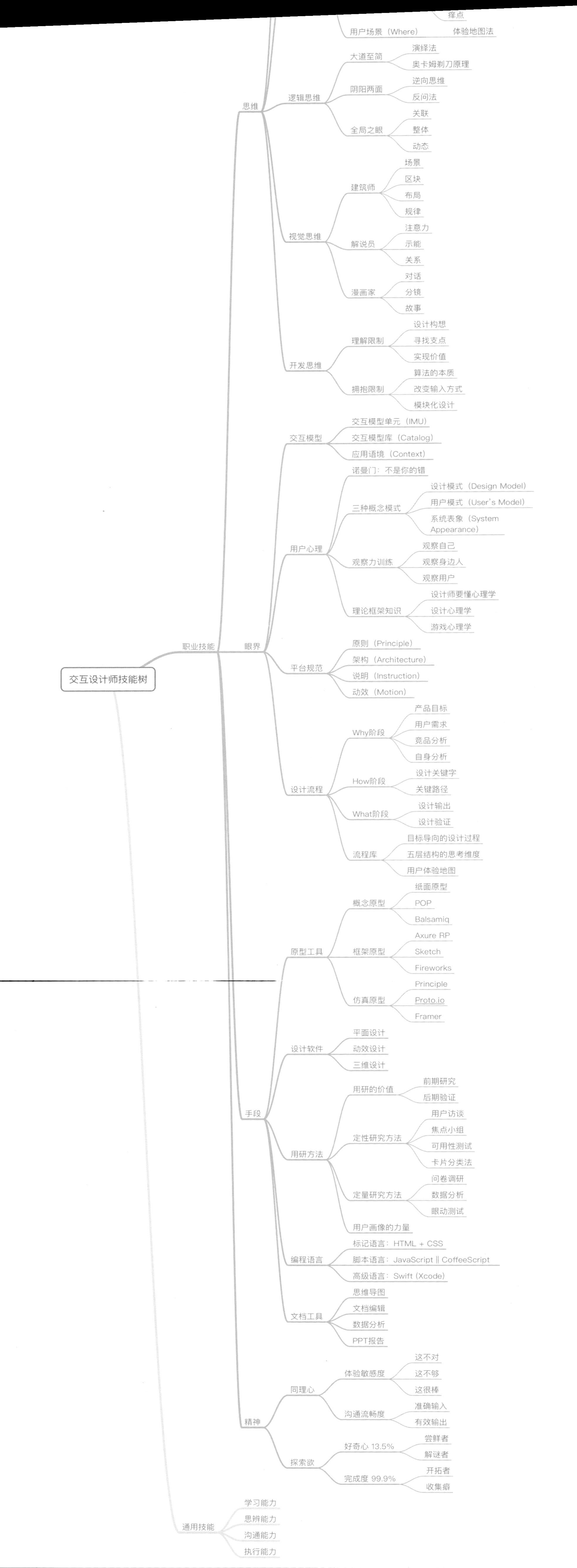
痒点
用户场景（Where）
体验地图法
逻辑思维
大道至简
演绎法
奥卡姆剃刀原理
阴阳两面
逆向思维
反问法
全局之眼
关联
整体
动态
思维
视觉思维
建筑师
场景
区块
布局
规律
解说员
注意力
示能
关系
漫画家
对话
分镜
故事
开发思维
理解限制
设计构想
寻找支点
实现价值
拥抱限制
算法的本质
改变输入方式
模块化设计
交互模型
交互模型单元（IMU）
交互模型库（Catalog）
应用语境（Context）
用户心理
诺曼门：不是你的错
三种概念模式
设计模式（Design Model）
用户模式（User's Model）
系统表象（System Appearance）
观察力训练
观察自己
观察身边人
观察用户
理论框架知识
设计师要懂心理学
设计心理学
游戏心理学
交互设计师技能树
职业技能
眼界
平台规范
原则（Principle）
架构（Architecture）
说明（Instruction）
动效（Motion）
设计流程
Why阶段
产品目标
用户需求
竞品分析
自身分析
How阶段
设计关键字
关键路径
What阶段
设计输出
设计验证
流程库
目标导向的设计过程
五层结构的思考维度
用户体验地图
原型工具
概念原型
纸面原型
POP
Balsamiq
框架原型
Axure RP
Sketch
Fireworks
仿真原型
Principle
Proto.io
Framer
设计软件
平面设计
动效设计
三维设计
手段
用研方法
用研的价值
前期研究
后期验证
定性研究方法
用户访谈
焦点小组
可用性测试
卡片分类法
定量研究方法
问卷调研
数据分析
眼动测试
用户画像的力量
编程语言
标记语言：HTML + CSS
脚本语言：JavaScript || CoffeeScript
高级语言：Swift (Xcode)
文档工具
思维导图
文档编辑
数据分析
PPT报告
精神
同理心
体验敏感度
这不对
这不够
这很棒
沟通流畅度
准确输入
有效输出
探索欲
好奇心 13.5%
尝鲜者
解谜者
完成度 99.9%
开拓者
收集癖
通用技能
学习能力
思辨能力
沟通能力
执行能力

第 1 章　什么是技能树

What Is The Skill Tree

1.1 交互设计师技能树

1.1.1 为什么要写这个

1. 为我自己进行一次系统性的专业知识框架整理，在整理的过程中完善我对交互设计师这个职业的理解，同时也能找出自己的薄弱项，进行补充提高。

2. 为正在成长中的新人交互设计师、希望转行交互设计的同学提供一份“技能树地图”，让他们能够从全局性的视角去观察这个职业，也能知道自己应该怎么学习和进阶。

3. 视觉设计师以及其他职业的同学也能参考这份技能树来搭建自己的地图，还能从这份地图上找到我们之间的共性，一起学习和提高这部分共性能力。

本书把技能分成两类：**一类是职业技能，这部分技能高度专业化，每一个职业所需要的能力都会有所不同，当然也会有交集；另一类是通用技能，这部分技能会贯穿你的整个职业生涯，也适合任何一个职业，是属于所有人必备的技能。**

1.1.2 职业技能

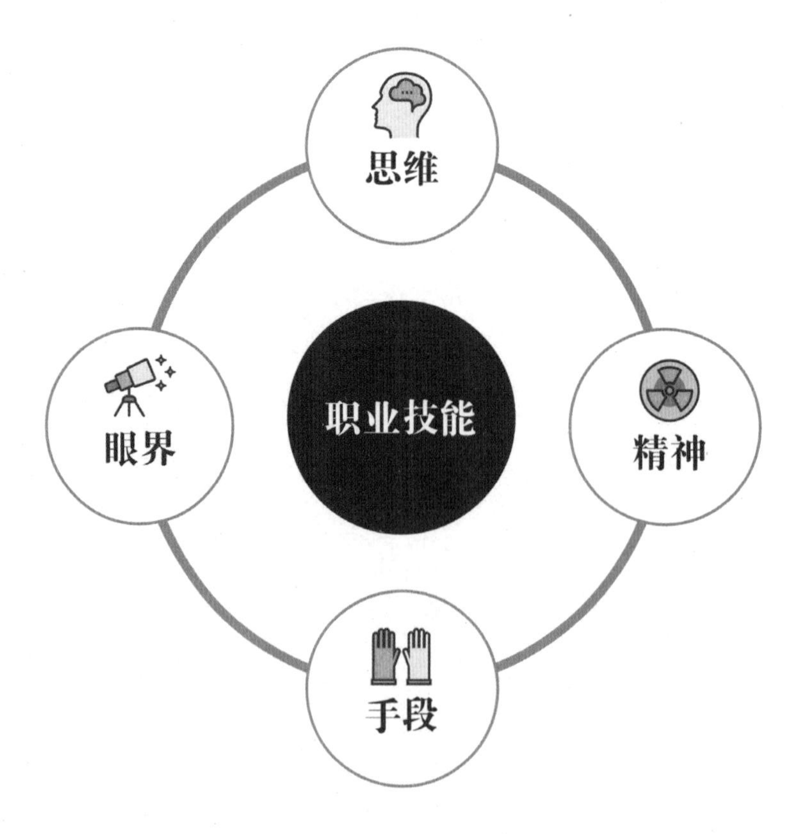

职业技能的四个部分

我把交互设计师的职业技能分成了以下四个部分。

1. 思维

这是交互设计师的大脑。无论是接到产品经理需求，还是在做具体的设计，抑或是平时生活中体验产品，交互设计师的大脑时刻都运转着不同的思维方式，指导他与他人的沟通协作，指导他产出设计思路，指导他观察这个世界。这一部分的内容至关重要，如果这些思维有所欠缺，那他设计出来的东西一定是平庸的，甚至可能是根本不可用的。

这里包含五种思维：产品思维、用户思维、逻辑思维、视觉思维和开发思维。

2. 眼界

这是交互设计师的眼睛和藏书库。有句话说得好："道理我都懂，却依然过不好这一生。"思维方式有了，你还需要有一定的专业知识、行业案例的积累才行，否则就算想得很好，但是真到要动手设计的时候，你会发现还是无从下手，因为你看得不够多。就像你要想成为一名文学作家，首先就得有十年以上的阅读量，涉猎古今中外各种文学名著和各种文体，你才有可能写出文笔流畅、故事生动的散文或者小说。就算你只想当一名"野生"的网文写手，那也得先看几千万字的各类网络小说，不是吗？

这里有四个藏书库：交互模型、用户心理、平台规范和设计流程。

3. 手段

这是交互设计师的双手和武器库。这应该是所有设计师最容易注意到的技能，也是最容易掌握的技能了，毕竟如果不会一两个原型工具和设计软件，都不好意思说自己是交互设计师吧？但是这个"武器库"中又存在着很多容易被人忽略的东西，比如高保真原型工具用研方法和编程语言等，这些武器用好了不仅能为你加分，更有可能帮你度过一些原本过不去的难关。同时，就算是再熟悉不过的 Axure 和 Sketch，里面也有很多提高效率的小技巧。你比别人每天快的这一点点，就决定了你是真的精通还是假的熟练，也决定了你做项目的效率。

这里有五个武器库：原型工具、设计软件、用研方法、编程语言和文档工具。

4. 精神

这是交互设计师的精神内核。在以上的三个部分之外，特地补充了精神这个方面。这是最容易被人忽视的特质，其实这也是决定一个人能否做好交互设计这个职业的最关键因素。就像你无法信任一个大大咧咧、头脑不灵活的外科医生为你做手术一样（谁知道他会不会把剪刀落在你的肚子里），你同样也无法相信一个没有探索欲的交互设计师会天天去体验新奇的 APP 和交互方式；而一个没有同理心的交互设计师也不可能真正体会用户心理以及做出用户真正喜爱的产品。

这里包含两种精神：同理心和探索欲。

1.1.3 通用技能

- **学习能力：**学习技能的能力，这岂不是最重要的能力？
- **思辨能力：**不会独立思考的人，别的方面能力再强也是绣花枕头，会被人带到沟里的。
- **沟通能力：**只会独来独往，不能和别人配合，不能与人和睦相处的人，你不想做吧？
- **执行能力：**想得再多，知道得再多，做不出来都是假的。

这些技能，只要你还活着就需要，所以这些能力越强越好，再怎么练习、重视都不为过。

请问可以教你这些技能的书和人多吗？

太多了！

每个人都是你的老师，每位老师都会跟你强调这些技能，而这方面的书从古到今都有前辈在写。从孔子、朱熹到王阳明，再到现在的吴军、万维钢、何帆、王烁……只怕你学不过来吧！

能活在现在这个知识经济和互联网极速发展的时代，真的很幸福。

1.2 什么是技能树

1.2.1 技能树和天赋系统

提到这两个词，喜欢玩游戏的人很快就会反应过来，这说的不就是角色扮演类游戏里常见的设定吗？而其中最有名的，当然就是《魔兽世界》里的天赋系统了，下图就是魔兽老版本圣骑士的天赋系统。

随着游戏时间的增加，你的游戏角色会不断升级，能够获得一些天赋点（技能点），这时你就可以把这些点数自由分配到这个天赋系统（技能树）中。每当你为这个树状结构中的一个技能分配了一定点数后，你就会获得这个技能的能力，并解锁这条支线的下一个技能。

根据分配方式的不同，即使同样是“圣骑士”这个职业，在不同人手中角色的定位也各不相同：

- 有主加点神圣系天赋的奶骑，主要负责辅助治疗和一定的法术输出。
- 有主加点防护系天赋的防骑，皮糙肉厚，这是主 T 和副 T 的人选（团队中负责吸引怪物火力）。
- 有主加点惩戒系天赋的惩戒骑，物理输出更高，可以作为团队中的攻击手。

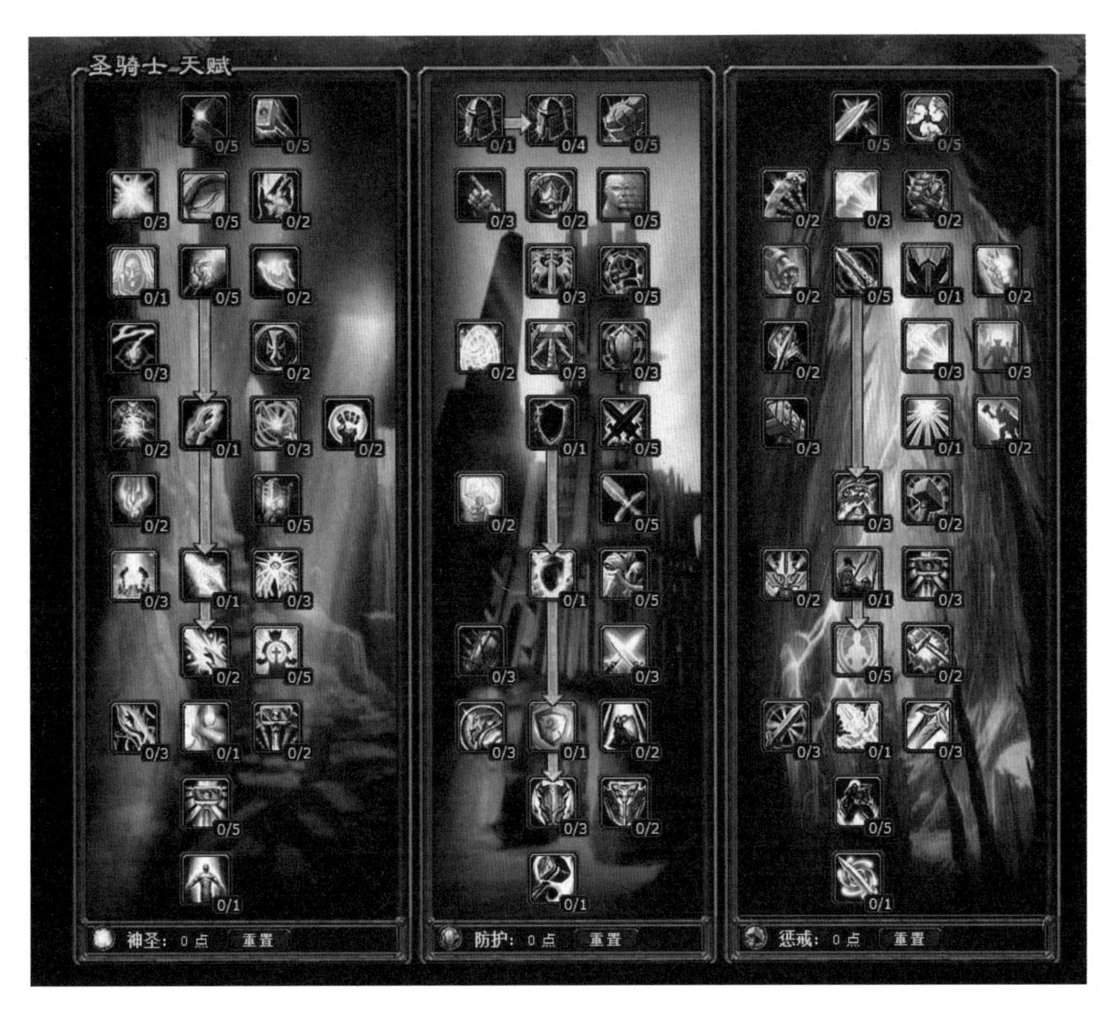

魔兽世界的天赋树

这看起来像不像是设计师的多种分工？如果你更擅长界面视觉表现和动画设计，就可以去做视觉设计师；如果你更擅长理性分析和产品思考，就可以去做交互设计师；如果你更擅长用户心理研究和数据分析，就可以去做用户研究员。

但是圣骑士不可能把所有的天赋点都加在一种类型上，只会治疗没有防护的奶骑平时没有自保能力，只有防护没有治疗的防骑也扛不了多久，这些天赋或者技能是需要搭配使用的，这样才能打造一个真正强大的圣骑士。

设计师不也一样吗？如果视觉设计师只会界面视觉表现，交互设计师只会分析产品逻辑，用户研究员只会研究用户行为，那就会导致他们的视野狭隘，不仅无法理解彼此的工作价值，自己做出来的设计或分析报告也会缺乏整体性的思考。因此设计稿才会被一次次地挑战和打回，才会被领导或者面试官评价为：“能力不够全面，思考不够深入。”

每个人都应该好好研究一下自己的技能点分配，给自己设计一个合理的职业技能方案。短板当然要避免，但也需要有核心竞争力和自己的特色。

1.2.2 技能加点要慢慢来

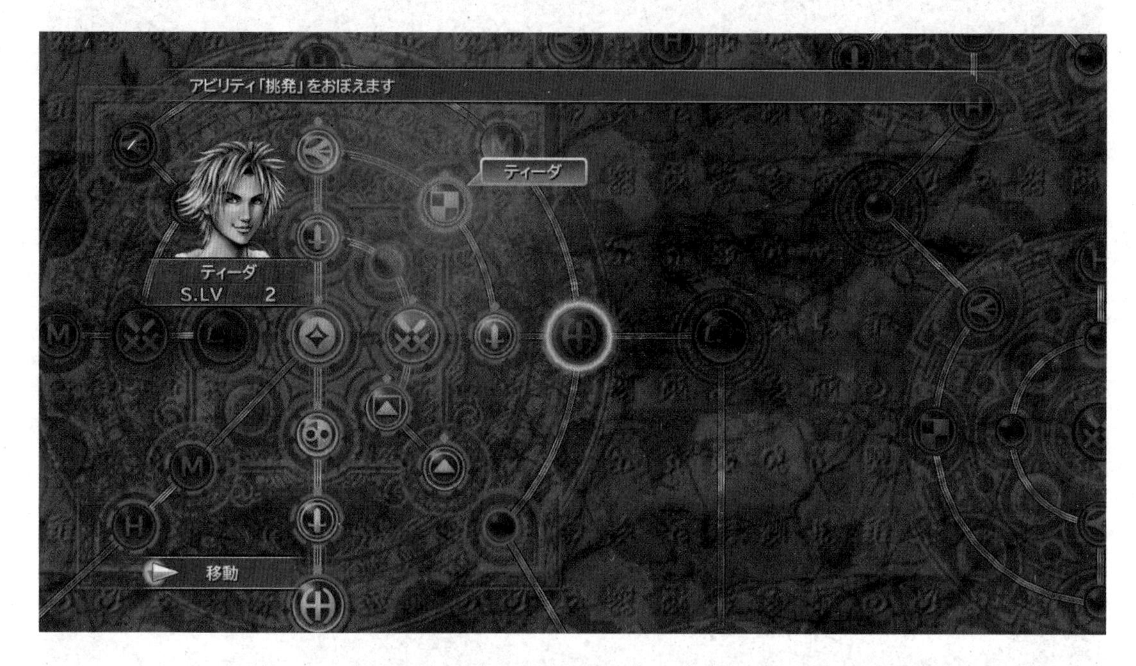

《最终幻想》中的技能树

只要对比游戏里的技能树，你也就能明白，技能加点究竟要怎么做了。

在游戏里，需要获得足够的经验值才能升一级，同时给你一个技能点。而在工作中，这些经验值就代表着我们的时间投入，技能点就是我们在这段时间里所获得的能力成长。

在游戏里，我们只有给一个技能加了足够的技能点，才能解锁下一个技能。因此也就不急不躁，一边积累和打磨现有的技能，一边根据剧情发展和人物定位，给角色规划下一步和未来需要学习的技能。而在工作中，这也就代表着我们不应该好高骛远，学东西要一个一个来，不能样样都想学，同时还要根据工作的情况和自己擅长的方向规划下一步要学的东西。

在游戏里，我们不可能只给一个技能体系加点，那样不是攻击不够就是防御不够，又或是灵活度不行。我们都是逐步地、合理地拓展技能覆盖面。无论任何时刻，战士都应该是一位攻守兼备的战士，射手都应该是一位灵活有杀伤力的射手，这样才能有作战能力。而在工作中，我们也同样不应该困守在本专业体系里，要时刻拓展自己的知识面。刚开始了解不够深入没关系，不可能一口吃成个胖子，但也不应该什么都不懂。

这时你可能会说，哇！这好难啊！你这么一讲，我更不知道接下来该如何下手了。

其实也没有那么难，关键就是一句话：**不懂就学，学会就练，练熟再去找不懂。**

1.2.3 技能树的学习过程

从入门阶段开始，你的技能就会由三个方面组成：核心能力、能力范围和视野范围。

- **核心能力：**代表你最强、最突出的专业技能，比如逻辑思维能力、产品思维能力。
- **能力范围：**你还会有一些额外的技能，比如视觉呈现能力、开发技能等，这些并不是你的强项，只是会而已。
- **视野范围：**你明白自己的职业技能树上还有哪些技能需要学，你略有了解的知识，比如用户研究方法、心理学等。

在刚刚开始入门的时候，你真正会的东西很少，具有的核心能力也不明显，甚至不知道应该学什么，这再正常不过了。就如同一位刚刚开始学下围棋的人，他只知道基本规则，知道怎样下子，知道有布局阶段、中盘阶段、收官阶段，知道怎样算是赢了或输了，但是这有什么用呢？

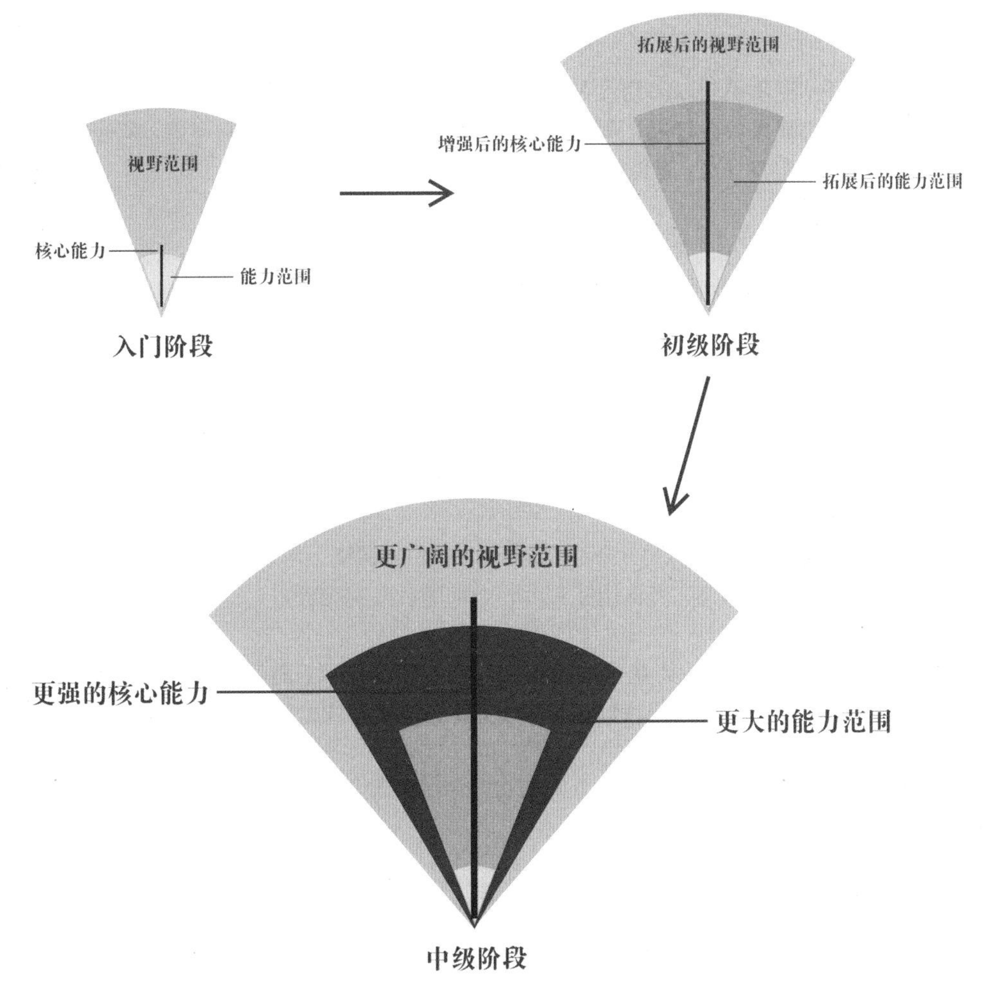

技能树的学习过程

只有等他真正开始练习和人对局，才会发现这里面有很多小套路，以及一些新手常犯的错误，然后他就会开始总结自己的对局经验。当懂得这里面的门道之后，他会惊喜地发现——原来前辈们早就帮我总结过啊，那些布局定式、手筋不就是我想要学的套路吗？

作为设计师其实也一样，刚开始其实就能知道很多的方法论和做设计的流程，但是这些仅仅是在视野范围内的东西，你并没有真的学会。只有在真正开始做项目，才会知道做产品究竟是怎么回事，了解这里面原来还有这么多门道！

当你把自己摸索出来的经验和前人的方法两相对照之后，才会获得更多的领悟，才会把那些曾经以为自己知道的东西真正变成你掌握的，也就是——**你原来的视野范围变成了新的能力范围。**

以上就是技能树的学习阶段二：初级阶段。

这时你开始懂了：原来曾经的你只是眼高手低；以为自己会的东西，其实并不是真的会；以为自己已经知道了很多，其实并不是；还有更多的领域是需要掌握了上一个阶段的能力之后，眼界才会拓展，你才会看得懂。这时你才会明白，其实别人会的那些能力自己还不会。那赶紧地，继续追啊！

现在看不清没关系，但是不要以为自己看到的就是全部了，要放开眼界去看。你慢慢就会看到比你更强的人，他们会的都是什么技能，只要知道了，那就好办了。如果觉得看不清，那就逼自己多看、多了解。其实不是你不缺什么，而是你不知道自己缺什么。

还有一点，当觉得自己会的东西并不能转化成方法论、套路和理论的时候，不要着急。理论其实没有那么重要，关键还是要能解决问题。

别看那些设计师讲起来一套一套的（比如我？），关键时刻更多靠的还是逼自己去想、去试，等到真正做出好东西了，就能总结出自己的方法。用别人的方法往自己身上套并不太有用，那其实是舍本逐末了。因为你看到的只是表象，并没有深刻理解他们所处的环境、他们的思考方式和他们的团队情况，所以他们的方法也许并不适合你和你当前的项目。

比如学围棋，那些定式和手筋可是上千年积累下来的人类智慧，学起来哪里有那么简单？你怎么知道这其中的变化为什么出现，应该用在哪里，如何随机应变呢？

我所说的“不懂就学，学会就练，练熟再去找不懂”，其实就是将视野范围内的东西掌握并熟练应用，变成新的能力范围，然后再次扩展视野范围，同时还要保持核心能力越来越强，这样反复循环的过程。

尽量去学、去练、去探索，把基本功练打扎实了，你自然会明白更多的道理，也就能看到更多你不会的东西。

举个例子，在 AlphaGo（阿尔法围棋）击败李世石之后，人们相信还有一个柯洁能够创造奇迹，柯洁也认为当时的 AlphaGo 还是有弱点可以战胜的，自己的实力更强。

那时的柯洁是什么水平呢？

6 岁开始学围棋，7 岁开始参加围棋比赛，11 岁就入段成了职业棋手，16 岁开始担任中国围棋甲级联赛主将，横扫国内外的围棋大赛，获得各种冠军。年仅 20 岁时，柯洁成了世界上最年轻的围棋五冠王，仿佛天下无人能敌。

我非常喜欢和佩服柯洁，他是咱们国家不世出的天才棋手啊！要说这时他的能力范围已经到了最边界了吧，但就算如此，他还是在和新版 AlphaGo 的对局中败下阵来，三番棋全败。但令人欣慰的是，其中第二局被机器评定表现“完美”。

原来在他之上，还是有更强大的存在（虽然是人工智能），原来他的棋艺并没有到达边界，你觉得他是应该悲伤还是高兴呢?

如果是我，我肯定很高兴。

因为还有更广阔的世界等着我去追寻啊!

Part I 职业技能 Professional Skills

这部分是交互设计师主要技能的拆解。看完上一章的你应该明白了，这份技能树不代表你必须学会这么多技能才能入行，就像一位圣骑士不可能1级就学会所有技能一样。我只是根据自己多年的工作经验以及对这个行业的观察，尝试给出了一张相对完整的技能树地图，希望能够给大家一些指引。

第 2 章 思维

Mode Of Thinking

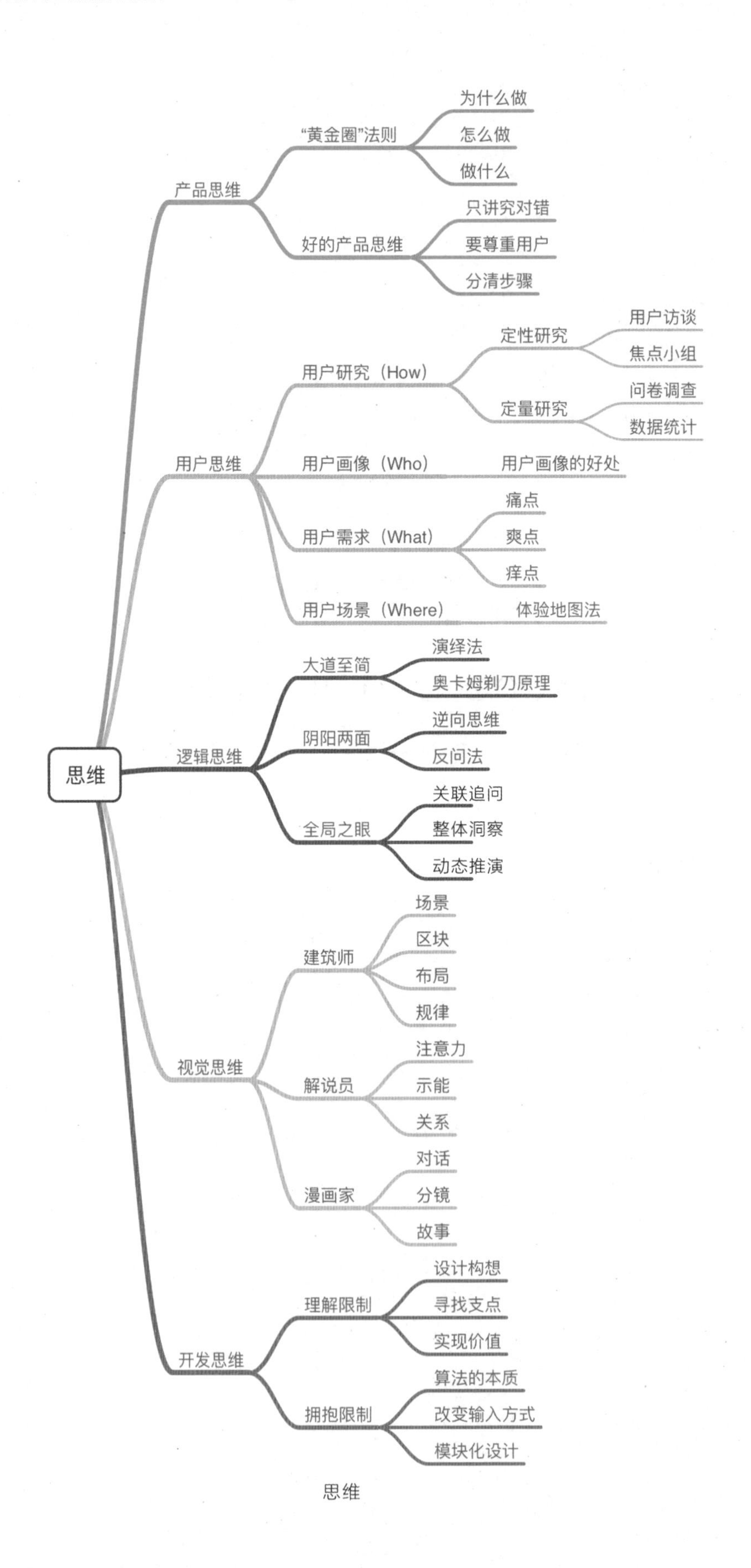
思维
产品思维
“黄金圈”法则
为什么做
怎么做
做什么
好的产品思维
只讲究对错
要尊重用户
分清步骤
用户思维
用户研究（How）
定性研究
用户访谈
焦点小组
定量研究
问卷调查
数据统计
用户画像（Who）
用户画像的好处
用户需求（What）
痛点
爽点
痒点
用户场景（Where）
体验地图法
逻辑思维
大道至简
演绎法
奥卡姆剃刀原理
阴阳两面
逆向思维
反问法
全局之眼
关联追问
整体洞察
动态推演
视觉思维
建筑师
场景
区块
布局
规律
解说员
注意力
示能
关系
漫画家
对话
分镜
故事
开发思维
理解限制
设计构想
寻找支点
实现价值
拥抱限制
算法的本质
改变输入方式
模块化设计

思维

这是交互设计师的大脑。无论是接到产品经理需求，还是在做具体的设计， 抑或是平时生活中体验产品时，交互设计师的大脑时刻都运转着上图中这些思维方式，指导他与他人的沟通协作，指导他产出设计思路，指导他观察这个世界。这一部分的内容至关重要，如果这些思维有所欠缺，那他设计出来的东西一定是平庸的，甚至可能是根本不可用的。

2.1 产品思维

交互设计师应该具有的第一种思维是产品思维。

2.1.1 什么是产品思维

Make things，Change things①。（做东西，改变东西）

拥有产品能力的人一般一手握着用户需求，一手握着实现需求的能力，这种从无到有实现的过程，不正是在创造东西、改变东西吗？正是这种创造的感觉，让我们这些设计师和产品经理如此地爱着这个行业。

要讲清楚产品思维是什么，一定先要介绍这个用户体验的五个要素②。

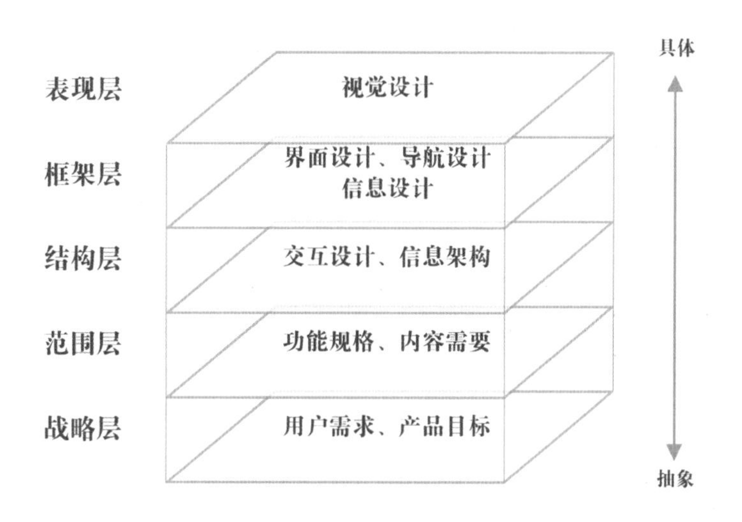

用户体验的五个要素

① *欢聚时代（YY）李学凌曾用过的签名。*

② *引用自《用户体验的要素》，作者：加瑞特（Garrett，J.J）。*

做一款产品，要思考的主要是以下这三个问题。

1. **为什么做：**我们希望解决用户的什么需求，这是用户的痛点、爽点还是痒点？（需求分析）为什么是我们来做？（核心竞争力）我们的远期目标是什么？（产品目标或商业目标）

2. **做什么：**用户想买一个打孔机，我们就该给他一个打孔机吗？其实他的最终目标是在墙上打一个孔。我们有无数种办法帮他实现这个目标，尽管别人已经做了各种打孔机，但是最简单的办法难道不是上门帮他打一个孔吗？换言之，就是寻找他们想要的，以及我们能做好的。（功能定义）

3. **怎么做：**想好了要做什么功能，接下来就是规划第一期我们要实现的功能点。怎样能最快地满足用户需求，最基本的功能是什么？（功能规划）设计上要如何实现，怎样做才能比别人的体验好？（设计规划）开发上要怎么形成壁垒，系统怎样运行效率最高？（技术实现）

“产品经理是站在两个十字点交叉线上，一条线是科技和人文的交汇点；另一条线是要用户和技术实现的交叉点，这两条线是互相冲突的，产品经理需要平衡好用户的需求和实现的能力，不是通过中庸解决，而是两条线都要做到，这就是产品思维。”

—— 王小川，搜狗 CEO

2.1.2 “黄金圈”法则

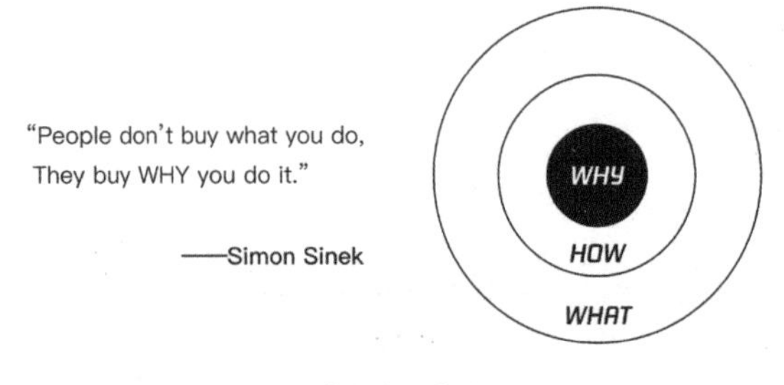

“黄金圈”法则

做一款产品，要思考的主要是以下这三个问题。

1. 为什么做

Simon Sinek（西蒙·斯涅克）在TED演讲上提出的这个**“黄金圈”法则**是对产品思维的很好概括。我们需要想好产品的Why、How和What才能开始设计。

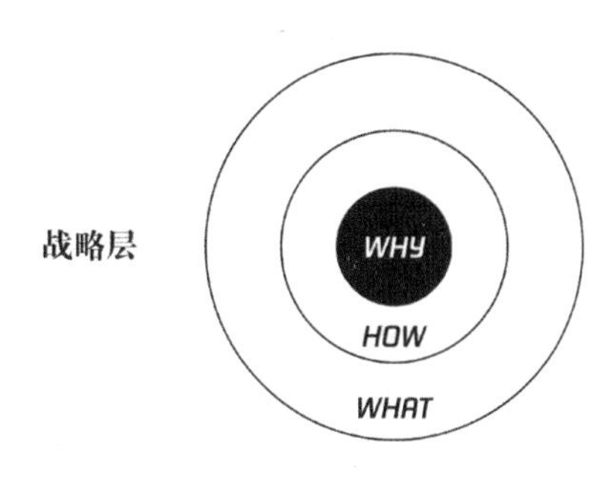

问题一：为什么做

做产品首先要考虑的是为什么要做这款产品？为谁而做？解决了用户的什么需求？为什么是你来做这款产品而不是别人？

关于用户需求，我们常说“刚需”，其实这是一个不够明确和准确的概念，我觉得可以将其细分成这三个点：**痛点、爽点和痒点**①。

- **痛点是摆脱恐惧：**以前和男女朋友煲几个小时的电话粥、发上千条短信怕电话费贵，这是恐惧，所以才有了微信视频通话。
- **爽点是即时满足：**炎炎夏日，一瓶冰爽的汽水下肚，这是即时满足。我们在淘宝上买东西要苦等、怕有假货，但是京东后来做到的次日达、当日达、还是正品，这是即时满足。
- **痒点是自我映射：**很多男生喜欢看修仙玄幻无所不能的男主角，天下在手、后宫三千；很多女生喜欢看大女主剧，帅哥都喜欢我、怎么出事都有人拼了命来帮我。这些都是自我映射，用户把自己想象成了这些主角。这不是痛点，也不是爽点，但就是让人欲罢不能，就像搔到了痒处。

这三点此处先不展开，在下一节的“用户思维”中会详细讲解。

2. 怎么做

想好了为什么要做这个产品，接下来就是执行层面的事情。要做的事情有很多，想要的功能有很多，这里只讲一个最重要的概念——MVP。

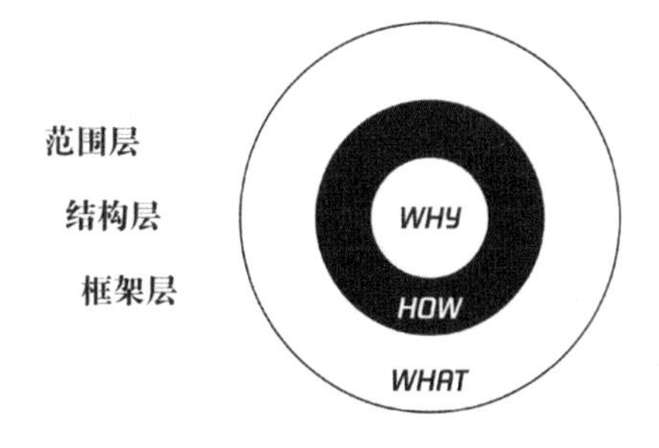

问题二：怎么做

① 这三点是引用《得到》梁宁老师的《产品思维三十讲》中的观点与解释，在此我用自己的理解做了重新阐述。

这是埃里克·莱斯在《精益创业》这本书里提出的概念，我们做一个创新型产品的时候都要用到这个模型。因为不知道这个需求是不是用户真正想要的，这种解决方式是否是有效的，这就需要用 MVP 来验证。

几种常见的 MVP 实现方式如下。

- **假 MVP：**比如当时 Dropbox（多宝箱）在刚想到同步盘这个概念的时候，就做了一个广告视频放到网上，结果一夜之间就有约 75 000 人注册，而这时他们的产品还没做出来，但已经提前验证了市场需求。

- **人工实现：**比如知乎上@刘飞曾经分享过他在做"嘟嘟美甲"时的例子，如何用最小成本做一个美甲 APP 验证？他们的方法是首页推荐用人工推荐的几十款，派单用人工指定，上门时产品经理和美甲师一起去（还能收集用户反馈），用户可以现场挑选美甲款式并直接付现金。所有可以用人工的都先用人工代替，省去了做复杂后台系统的时间，能快速验证和迭代。

- **众筹：**我们所熟知的谷歌眼镜和 Oculus VR 设备都是通过众筹来实现自己初期想法的，在团队有了一个相对完善的想法和试作品的时候，通过这种方式让市场来投票，是一种提前收集潜在用户并且获得一定启动资金的好办法。

3. 做什么

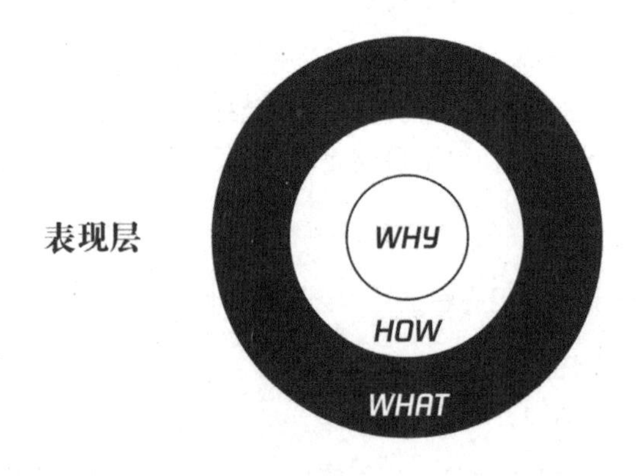

问题三：做什么

对于设计师来说，表现层的方面无疑是最熟悉的，但是用户想要什么我们就给他什么吗？

很多设计师在做设计的时候只考虑了表现层和框架层的东西，很少去想究竟为什么要做这个需求，只停留在表面的美妙呈现上，这样做出的东西往往既抓不住用户痛点，也无法满足商业需求。而产品思维正是要我们从下到上，从宏观到微观，从抽象到具体地去思考整个产品，最终才能将互相冲突的两条线平衡好。

2.1.3 什么是好的产品思维

《王者荣耀》

都说腾讯的产品、百度的技术、阿里的运营，至少我对腾讯的产品能力是充满信心的，这也是我最喜欢腾讯的原因。

“谁提出，谁执行”和“一旦做大，独立成军”算是腾讯内部不成文的规定，这一特殊的模式无形中也造就了“赛马机制”。当年的《王者荣耀》和《全民超神》之争，最终奠定了《王者荣耀》手游 MOBA 游戏第一的地位；两款《绝地求生》手游的内部竞争，也保证了最终《绝地求生：刺激战场》的高质量。而这些竞争的本质，拼的就是双方的产品思维，究竟什么样的功能才是用户最喜欢的，要怎么实现流畅、舒爽的操作体验。

而如果让我选一款产品来讲产品思维，那毫无疑问是当年在移动互联网中杀出一条血路的微信；如果要找一个人来当产品思维的老师，微信之父张小龙当之无愧。

1. 做产品只讲究对错

要做一个好的事情，应该做的是判断该不该做，什么是对的什么是错的。这是很理性的过程，而不是靠情怀和克制。

在微信内部，他们从来没有说过要克制欲望，也没有说过“情怀”这两个字。张小龙的态度是：“如果只是从利益的角度出发，可能会让产品越走越偏，变成它里面只是一些利益的堆砌，就会失去产品更本质的东西。”

所以尽管微信的功能迭代得并不算快，但他们内部每天都在不停地设计新功能、新界面。“现在你正在用的一个功能，很可能就是我们砍了三百多个功能后留下的。”

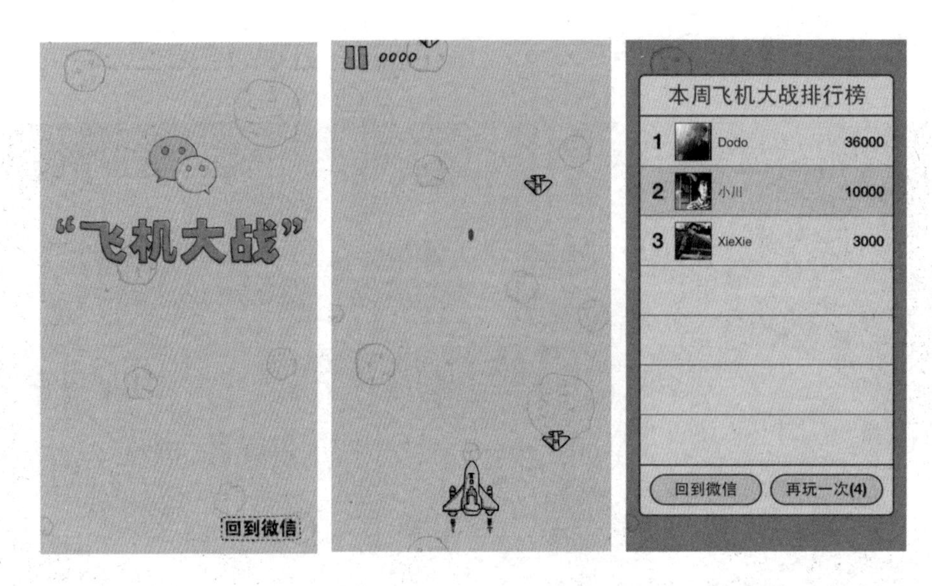

《打飞机》的幸存者

一位工程师只用一周的时间就疯狂开发出了四款《打飞机》游戏，其中包括彩色版、怀旧黑白版，甚至还有界面上不时冒出鸡、鸭等各种小动物的搞笑版。最终张小龙选中了黑白像素风的那款，它成了微信 5.0 的欢迎界面，也成了风靡全国、给微信带来无数新用户的《打飞机》小游戏。也正是这个 5.0 版本，让大家记住了，原来利用微信的社交属性玩游戏这么有意思，从此奠定了后来“微信游戏”这个游戏分发巨无霸的心理基础。

罗振宇说：“死磕自己，愉悦大家。”其实微信团队又何尝不是如此，所以我相信每一位设计师都应该：“Create as god，Work as slave.”（像上帝一样去创造，像奴隶一样去工作。）

2. 做产品要尊重用户

微信秉承了腾讯的价值观——尊重用户。他们把用户当作朋友，对用户的称呼一直是“你”而不是“您”，他们不喜欢那种过于尊敬、想要有所图谋的感觉。

尊重用户意味着微信不会去看用户的聊天记录，微信也从来不保留用户的聊天记录。尽管有人会挑战微信说为什么你不帮我同步聊天记录，这样在换手机的时候我就能在新手机中看过去的聊天记录，但是从用户隐私的角度来讲，不保留是最安全的。而换机同步聊天记录的办法，现在也是有了，宁可麻烦一点，他们也始终保证初衷不改，安全第一。

微信不会给用户发任何骚扰信息，也不允许第三方做诱导用户的行为。尽管这给公众号运营带来了很多不便，小程序也有诸多限制，但是正是这种郑重的态度，让微信能够运营至今仍保持一颗纯净的心，这种用户体验只有这种产品心态才能做到。

3. 做产品要分清步骤

如今我们都已经非常依赖微信了，用它来聊天、支付、玩游戏等，仿佛一切都是天经地义的。但实际上微信也是从一个非常简陋的版本开始，一点一点迭代，最终成了现在的样子。

它在诞生之初的定义就非常明确——熟人间的通信工具。因此它的 1.0 版功能只有 4 个：

① 导入通讯录；　② 发送信息；

③ 发送图片；　④ 设置头像和微信名。

是不是很简陋？连加好友的功能都没有，语音功能也没有，更不用说朋友圈了。但是它的定位很清晰，熟人关系都是基于手机通讯录的，因此就算只有这几个功能，你同样能建立联系、开始聊天。而同时期的米聊，其功能比微信强大太多，又基于 MIUI 和小米的生态，有庞大的粉丝和用户基础，这怎么能打得赢？

微信 2.0 时的用户数是 400 万，而米聊有 1 000 万。

微信 2.1 里加了一个新功能，叫“好友验证”。

随后 2.2 版本推出了一个核心功能“查看附近的人”，这一功能当然需要“好友验证”，否则用户都会被骚扰得很惨。而正是这一功能的推出，让微信用户数增加到了 2 000 万，和仍然专注熟人社交的米聊拉开了差距。

直到 3.0 版本推出了“摇一摇”功能，又是和前两个功能相关联，但是比“查看附近的人”更强、更有意思。在这之后，微信用户破亿，而米聊的峰值最高也只是曾经的 3 000 万。

你开始做产品的时候永远只能是一个“点”，但只要你能做好未来功能规划的“线”，进而布局产品综合竞争力的“面”，就能用你的产品思维打赢曾经高不可攀的对手。

2.1.4 怎么培养产品思维

1. 多用产品思维思考问题

看到乔布斯刚发布 iPad 时，不要急着去嘲笑他，“怎么有人会用一个这么大又没有键盘的电脑？要替代手机又嫌重，还没有 3G 网络。”不妨多问几个为什么，它有什么使用场景，它和竞品相比有什么优势，在苹果的产品线中是什么地位，苹果未来的规划是什么？

2. 多做竞品分析

这里说的竞品不只是你行业的竞品，也可以是互联网行业的任何产品。去观察它的产品思路、用户、盈利模式、功能规划、迭代步骤。

好的产品是一本书，但是需要你自己去翻，自己去想。

2.2 用户思维

交互设计师应该具有的第二种思维是用户思维，也是用户体验设计（UED）领域人人必备的核心思维。

用户思维主要解决以下这四个问题（1H3W）。

1. **How（如何了解用户）**：用户研究。

2. **Who（用户是谁）**：用户画像。

3. **What（用户想要什么）**：用户需求。

4. **Where（用户在哪使用）**：用户场景。

2.2.1 用户研究（How）

这是整个用户思维里的核心信息来源，我们要如何尽可能多地掌握用户信息和意见？

方法主要分为以下两种。

1. 定性研究

定性研究更像是一种问诊，通过与用户互动和讨论的方式来发现用户的潜在需求和使用产品的意见。其中最常用的是用户访谈，这种方法是以用户为老师，聚焦特定的问题，不断刨根问底，挖掘用户行为背后的动机和思考方式。另一种是焦点小组，由专业的用户研究员主持，邀请一定数量的用户同时参与讨论和头脑风暴，用于发现新的需求或者验证产品思路。

2. 定量研究

定量研究则是一种收集和分析的过程，通过收集用户数据来验证产品设计师对于用户需求和问题的基础假设。最常用的无疑就是问卷调查了，设计师事先设定一系列关于用户使用产品和用户人口属性的问题，然后通过线上或者线下的方式进行投放和收集，最后分析结果。数据统计分析方法则是通过后台数据统计系统分析产品的启动量、点击次数和操作路径等行为，从而发现问题和验证设计效果。

篇幅有限，这里就不作过多阐述了。关于用户研究以及验证设计的可用性测试方法，推荐你去看《用户体验与可用性测试》一书的“第二章用户调查法”，简单易懂，操作性强。

注意：用户意见的局限性

如果只是纯粹地依靠用户的意见，然后根据他们的建议直接改进产品，这样一定是无法满足用户需求的。

因为用户不会先进行详细的测试后再给出自己的意见，他们给出的往往是自己的推断和臆测。用户即使看到了问题，也很难描述出为什么会造成这样的问题，更何况让他们想如何去改进呢。

我们应该分析用户的行为，而不是他的意见，通过数据去还原使用场景。设计团队只有发现用户自己都没有发现的潜在需求，才能体现团队的真正价值。

《用户体验与可用性测试》

2.2.2 用户画像（Who）

通过用户研究的方法，我们找到了产品的典型用户，于是就可以用这个**用户画像**的方法来指导我们的设计。

我们总是希望让尽可能多的用户来使用我们的产品，但是又不可能面向所有类型的用户做设计，否则这会让产品变成谁都不爱的四不像。因此最佳的设计方式就是建立一套用户画像来代表我们的目标用户，然后为他们进行设计。

用户画像的好处

1. **确定产品的功能及行为。**用户画像的目标和任务奠定了整个设计的基础。

2. **与利益相关者、开发人员以及其他设计师进行有效沟通。**用户画像为讨论设计决策提供了共同语言，并有助于确保设计流程的每一步都能以用户为中心。

3. **就设计意见达成共识和承诺。**有了共同语言才能形成共同理解，用户画像和真实用户具有相似性，比起功能列表和流程图，更容易使人了解真实用户的情况和需求。

4. **提高设计的效率。**我们可以像面对真实用户一样，将用户画像代入我们的设计原型中，进行测试和验证，尽管它无法完全替代真实用户的需求，但也为设计师解决设计难题提供了有力的现实依据。

5. **有助于市场运营、营销和销售等其他与产品相关的工作。**除了设计部门，其他和产品相关的业务部门也希望能够对用户有更完善和详细的了解，用户画像也能为营销活动和客户支持提供帮助。

2.2.3 用户需求（What）

既然做产品设计，首先应该想我们做的这个产品想要满足用户的什么需求，这是用户的痛点、爽点，还是痒点？如果一个产品满足不了用户的任何种需求，只是做产品之人一厢情愿的所谓梦想，接不了地气，那就只能被抛弃了。因此，即使如今应用市场中的 APP 琳琅满目、百花齐放，但是真正能够长期留在人们手机里的也就只有那么十几个。

痛点、爽点、痒点

1. 痛点是摆脱恐惧

现在做产品，人人都知道要谈用户痛点，但很多人没有真正理解这个词。并非只要是用户想解决的问题就是痛点。世界上的问题那么多，每个产品都在想方设法解决，但为什么能够火起来、留下来的产品那么少？真实原因是大家以为的痛点很多都不是用户的真正痛点。

十年前，人们出差在外，给家里打电话只能长话短说，和女朋友煲电话粥用的都是打折电话卡，因为电话费贵啊，甚至连短信都贵，更不用说 5 毛钱一条的彩信了。后来微信一出，不仅可以随时发语音消息、图片消息，甚至还能视频聊天，再也不用担心电话费了，这能不火吗？连运营商都无奈了，只好和微信合作推出大王卡和各种流量卡。

五年前，人们外出想打车，只能在路边一直等，过去一辆又一辆，招手都不会停，运气不好花上半个小时等车都有可能；与此相对，的士司机白天还有大量空驶的时间，苦于找不到要打车的人，只好拼命地在城里到处转。后来 Uber（优步）、滴滴打车和快的打车一出，只要打开应用软件一键下单叫车，马上就有无数的司机抢单，不一会就在指定位置等你，打车难的问题彻底解决了。

电话和短信沟通并不是不方便，而是太贵，微信解决的就是人们对于电话费用的恐惧，这是痛点。

路边打车和电话叫车并不是不方便，而是太久，滴滴打车解决的就是人们等不到车、接不到客的恐惧，这也是痛点。

2. 爽点是即时满足

前一刻你饥肠辘辘，浑身乏力，下一刻美食上门，你开始大快朵颐，这就是爽。

很多人都是追求满足感的，被满足的时候会开心，不被满足的时候就会难受，然后就会开始寻求。**如果你在寻求的过程中能够即时得到满足，这种感觉就是爽。**

很多年前，我偶尔会网购，但是在淘宝上买东西要千挑万选，要各种对比评论和分析商品图片，才能找到相对靠谱的商家下单，然后经过几天漫长的等待，终于收到货，还有可能是假货。这个过程太难受。

后来我知道了京东，他家的东西今天下单明天就能到，甚至早上下单下午就能到，而且自营商品质量有保证，不爽还能马上换新的，这种感觉太爽了。而一旦迷上这种即时满足的感觉，我就再也不想用淘宝了，也爱上了网购。

2007 年京东 CEO 刘强东想自建物流的时候，大家都反对，连股东和昔日战友都不支持他，因为成本太高、难度太大了。但刘强东依然一意孤行，因为他认定只有这样才有可能打造最好的购物体验。这条路一点都不好走，京东也因此连年亏损。但是现在再来看，刘强东的决策是对的，正因如此京东才能在当年一片 B2C 和 C2C 的电商红海中杀出一条血路，成为如今和淘宝天猫分庭抗礼的电商巨头。

从漫长的苦等快递和各种丢件中脱离出来，用次日达、当日达的高品质物流让用户得到即时满足，甚至售后也是出奇地快，京东满足的就是用户的爽点。

在日常的生活和工作中并没有多少刺激，而《王者荣耀》和吃鸡游戏（《绝地求生》）就是满足了人们在短时间内获得战胜别人、体现自己能力以及团队配合水平的最好工具，一人一剑挑千军，七进七出还有谁，这种感觉就是爽。所以你才欲罢不能，因为你的爽点可以一次次被低成本的游戏满足。

3. 痒点是自我映射

痛点和爽点是产品常见的两个抓手，而痒点这个概念比较新鲜，是梁宁老师提出来的。

为什么国产的各种宫斗剧、大女主剧会这么受欢迎？明明很多情节看起来很虐，套路又都是刚开始“玛丽苏”，仿佛全天下男人都爱她、帮她，全天下女人都要害她，后来受到刺激咸鱼翻身，然后智计百出、母仪天下了，但是为什么很多女性就是喜欢看，还会看好几遍？

道理很简单，因为她们在看的时候和女主角感同身受，把自己也代入进去了，这就是她们的痒点。

同理，很多男生们都喜欢看修仙类、穿越类和后宫类的网络小说，同样是把自己当成了小说中那无所不能的男主角，所以就算每部小说情节都大同小异，但还是看个不停。

现在游戏直播越来越火，很多人甚至只看别人玩而自己不玩，这看着好像很奇怪，其实也是满足了用户的痒点。我自己做不到一局击败十几个人，做不到把把“吃鸡”，但是我可以看别人玩啊。看他这么厉害就像是我也变厉害了一样，所以实力强劲的游戏主播的人气总是上百万，弹幕和礼物不断。

人们不仅喜欢看，还喜欢模仿男女主角和主播，会去买他们所穿的衣服、所用的产品，这也是用户希望满足自我映射所致的。

思考题：为什么当年你会给自己的 QQ 秀花那么多心思和钱打扮？为什么《奇迹暖暖》和《QQ 飞车》里的装扮道具那么贵，却还是那么受欢迎？

2.2.4 用户场景（Where）

除了要了解用户是谁，他们想要什么，还有一个重点就是要了解他们的使用场景：他们都是在何时何地使用了我们的产品，当时的体验感受如何。这些信息可以通过上面所讲的用户研究来得到，但是得到之后要怎么使用呢？

体验设计中有一个概念，叫作**“峰终定律”。**

2002 年，诺贝尔经济学奖获奖者，心理学家丹尼尔 · 卡纳曼（Daniel Kahneman）经过深入研究，发现我们对体验的记忆由两个因素决定：高峰（无论是正向的还是负向的）时与结束时的感觉，这就是**峰终定律（Peak-End Rule）**。

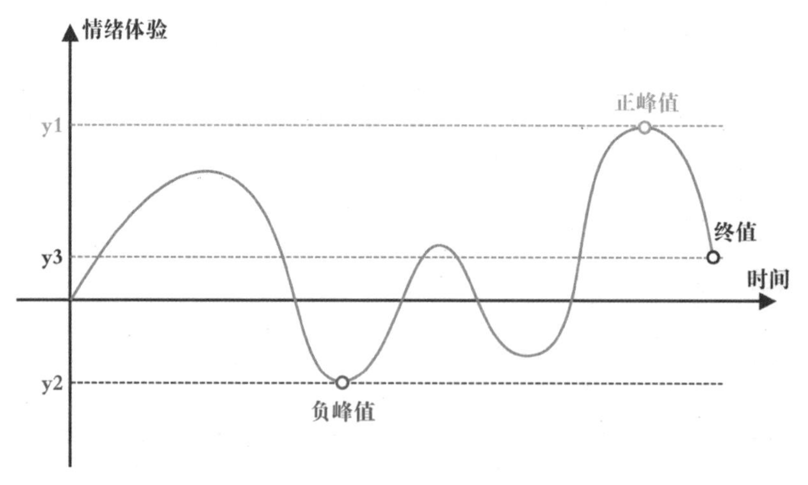

峰终定律

这条定律基于潜意识总结体验的特点：我们对一项事物的体验之后，所能记住的只是在峰与终时的体验，**而在过程中好与不好体验的比重、好与不好体验的时间长短，**对记忆差不多没有影响。高峰之后，终点出现得越迅速，这件事留给我们的印象越深刻。

所以我们就能得出“峰终定律”的公式：

X = (y1 - y2) + y3

即：**用户对产品的体验评价等于整个体验过程中的情绪正峰值减去情绪负峰值，然后加上最终的情绪终值。**

因为用户的感受只和情绪峰值有关，和比例无关，所以我们就要在体验过程中尽可能地为用户提供印象最深的良好体验，降低他的负面感受，以及在结束时再给他一个良好的体验。

这也是为什么尽管在逛宜家（IKEA）家具超市的时候你不得不按照它的设定绕很多路，但是每次逛的时候你总能在欣赏家具摆设的时候获得良好的体验，最终离场的时候还能用超低价买到很好吃的甜筒和热狗，所以你最终的体验感受很好。

这种按照“峰终定律”寻找用户体验产品过程中的每一个触点，然后通过提升用户在触点上的情绪峰值和终值来提升产品体验的方法，我们称为**“用户体验地图”（User Experience Map）**设计法。

用户体验地图怎么画？

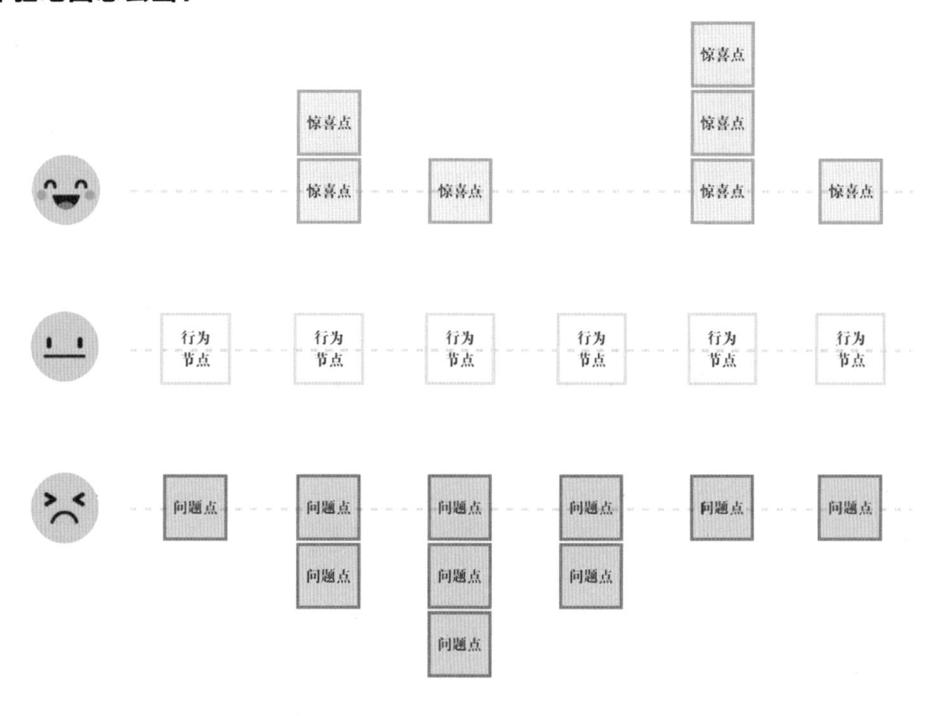

用户体验地图—整理对应

1. 收集用户在使用产品过程中的**“惊喜点”**和**“问题点”**，整理和归类后分别用两种颜色的便签写出来（比如惊喜是橙色，问题是红色），一张便签写一个点。

2. 根据用户使用产品的路径，把其中每个行为节点用最简单的语言（如注册、拍照、分享等）写在黄色便签纸上，在白板上按照节点的时间顺序排成一行。

3. 在白板上画三条平行线，代表情绪变化，上面是惊喜，下面是不爽，中间是平静，然后把惊喜、问题和行为节点上下一一对应排好。

4. 把自己代入用户角色，按照每个步骤（行为节点）的惊喜和问题点的多少、重要程度，将黄色便签摆出情绪的高低，然后进行连线。这里的判断偏感性，同时存在问题和惊喜的时候，优先考虑问题，这是用户的自然心理，而情绪值的高低需要你仔细体会用户遇到这些问题的心情。

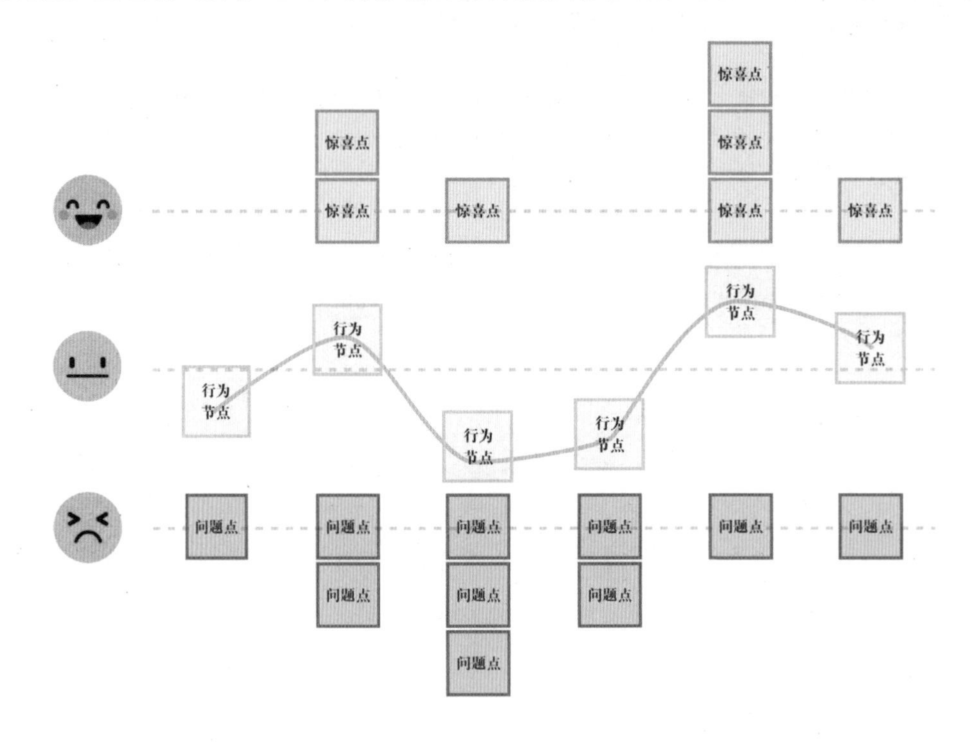

用户体验地图—情绪曲线

画出了这张图，对于如何改进产品的体验我们就心中有数了。

① 观察最高点，看能否把惊喜做到极致，让它更高。

② 观察最低点，重点解决这里的问题，减少负值。

③ 观察结束点，一定要保证这里是正向情绪，保留一个好印象。

④ 在负值比较多的地方，创造一些正向的情绪，避免坏情绪堆积。

用户体验地图是一个很实用的工具，你完全可以把这张图画出来后，时刻对照这份地图去调整你的产品体验。我们不可能解决所有的问题，但是能够合理安排和创造惊喜点，给用户一个更好的使用体验。

扩展版：你还可以对用户画像中的每一类用户分别制作一张用户体验地图，他们的喜好和使用习惯不同，所对应的图当然也不一样。

2.3 逻辑思维

“对于一个真正的推理家而言，他不仅能从一个细节推断出这个事实的各个方面，而且能够推断出由此产生的一切后果。正如居维叶能根据一块骨头准确地描绘出一头完整的动物一样。”

——阿瑟·柯南·道尔

如果要说交互设计师和其他设计师思维方式的最大区别在哪里，那一定是逻辑思维能力了。我作为理工科学生，这方面的思维虽然会有些优势，但是一旦深入去研究这门学问，我越来越发现这里是有多么深不可测：**这里简直包含了人类从古到今所有先贤哲人、心理学家和科学家们的各种思考方式，这也是人类认知世界的起源。**

在开始写这节之前，我还一直纠结要不要把创新思维单独拿出来说，但当我看到逻辑思维方法论体系里如山如海般多的工具之后，我觉得已经完全没有必要了，因为真的没有一种叫作创新思维的东西可以逃出逻辑思维这座五指山。

逻辑思维的体系如此强大，我们只需要从中找出关键的 3 个操作系统，就已经足以指导我们的设计。

逻辑思维的 3 个操作系统：

1. **大道至简：**任何复杂的事物都有它的起源之处。

2. **阴阳两面：**不要被思维定式蒙蔽了你的双眼。

3. **全局之眼：**细节只有存在于系统中才有意义。

2.3.1 大道至简

1. 演绎法

演绎法也叫**“第一性原理”**思维（First Principles Thinking），被称为“硅谷钢铁侠”的**埃隆·马斯克（Elon Musk）**很喜欢用这个理论来解释他的创业思路。

你可能最近听过他的 SpaceX 公司制造的“重型猎鹰”火箭的故事，但你也许不知道，他曾是 PayPal 支付平台的创始人，也是特斯拉电动汽车公司的 CEO。一个人怎么能同时在这么多个领域都做出非凡的创新呢？

来听听他是怎么思考的。

我们运用“第一性原理”思维而不是“比较思维”去思考问题。我们在生活中总是倾向于比较—— 别人已经做过了或者正在做这件事情，我们就也去做。这样的结果是只能产生细小的迭代发展。 ***“第一性原理”的思考方式是用物理学的角度看待世界的方法，也就是说一层层剥开事物的表象，看到里面的本质，然后从本质一层层往上走。***

—— 埃隆・马斯克

如果你想创造或者革新，那就从一张白纸开始。不要仅仅因为其他人都在这么做，就接受任何想法、惯例或者标准。

比如你想做一辆卡车，那它就必须能够可靠地从一个地方将货物运到另一个地方，必须遵循的只有物理定律，其他的一切都好处理。你的目标并不是重新发明一次卡车，而是创造出最好的卡车，无论它与原来的卡车是否相像。

马斯克在做特斯拉时，人们都认为电动车不可能做成，因为电池成本太高。而他则说，我不管现在的电池有多贵、成本有多高，回到本质上，只有构成电池的铁、镍、铝这些金属的成本降不下来，剩下的成本都是人类协作过程中产生的，那就还有很大的优化空间，通过转移生产和组装的产地、优化流程，就有可能把电池的价格无限逼近这些金属本身的价格。

这是一种怎样的魄力，抛去所有的表象和成见，回归本质，由此得出有效的推理，最终找出解决问题的办法。

2. 奥卡姆剃刀原理

“如果用较少的东西可以把事情做得同样好，那切勿浪费较多东西去做。”

—— 奥卡姆的威廉

奥卡姆剃刀原理（Occam's Razor）是由 14 世纪逻辑学家**奥卡姆的威廉（William of Occam）**提出的。奥卡姆只是地名，提出这个理论的人是威廉。

这个原理常被称为**“如无必要，勿增实体”**，也叫“简单有效原理”：抓住本质，把复杂的事情简单化，两步能做成的事情就不要用三步。

“Keep It Simple, Stupid.”（保持简单、愚蠢。）

行动比完美更重要，只要能达到目的，为什么不让它更简单呢？

我们在做每个产品的时候，都需要用这把“剃刀”好好地削一削：界面元素是不是太多了？文案是否太啰嗦？流程步骤是否足够简单？每多一个元素和步骤，不仅增加了用户的认知成本，还降低了用户的操作效率和功能的使用率，这当然是一笔不划算的生意。

2.3.2 阴阳两面

1. 逆向思维

你知道以前的胶卷相机是怎么处理胶卷的吗？打开相机后盖，在右边装入空白胶卷，拉出一段并卡在左边的转轴上，然后合上后盖，开始拍摄。每拍一张，相机就会自动转动齿轮，把这段拍过的胶卷卷到左边，从右边抽出一段新胶卷。等到全部拍完，你还需要把所有拍完的胶卷手动卷回右边的胶卷盒，然后才能打开相机后盖，取出胶卷（如右图所示）。

相机取胶卷

现在告诉你，胶卷相机有个重大设计缺陷：如果你不小心打开相机后盖，所有拍过的照片瞬间就会全部曝光，洗出来的照片会变成一片空白。如果让你设计一种新的方式改进它，你会怎么做？

请聪明的你不要往下看，自己先试着思考 60 秒。

相信你一定能想到很多办法，我来列举几个：给后盖加一个锁，只要胶卷还没拍完就不让打开；在里面加一个盖子，就算不小心打开也不会曝光；在左边也放一个胶卷盒，把拍过的胶卷自动卷进去……

有位老奶奶也做了一个设计：把胶卷放入相机后，自动先把空白胶卷全部卷到左边，然后改成每拍一张就收回一张到胶卷盒里，直到全部拍完。这样的话，就算相机后盖被打开，曝光的也仅仅是空白胶卷，拍完的那些丝毫无损。

她为这个设计申请了专利，最后柯达公司花了 70 万美元买下了这个专利。

怎么样？这个解决办法是不是很简单有效？甚至完全不用改变相机的结构设计，只需要改变两个齿轮的转动方向就把问题给解决了。

我当时看到这个例子的时候被惊呆了，因为我真的完全想不到这个方法。

而老奶奶用的这种思维方式，就是逆向思维。

逆向思维是从事物的反面去思考问题的一种思维方式，这种方法常常会使看似难解的问题得到创造性的解决。

可能看到这里你会说，道理我都懂，但是要怎么才能培养逆向思维呢？

这里介绍六种常用的逆向思维方法。

A. 结构逆向

老奶奶解决刚才的相机问题用的就是结构逆向法，通过反转齿轮马达的小动作，解决了大问题。

B. 功能逆向

在大热天要怎么把保温壶卖出去？你可以把功能“逆向思维”一下，它就变成了“冰壶”，用来装冷饮正好，能保存冰棒、雪糕的“冰桶”也是这么来的。

C. 状态逆向

人走楼梯时，是人动楼梯不动，但是这样走楼梯很累，能不能把这个状态反过来？让楼梯动而人不动，可以吗？于是就有了自动扶梯。

D. 原理逆向

电吹风的原理是用电动马达制造气流，把空气吹向物体。而地上都是垃圾和灰尘，用吹的不好用，能不能反过来？让空气反向流动，变成把它吸向电吹风里面去？于是就有了电动吸尘器。

E. 序位逆向

序位逆向指的是顺序和位置逆向。在动物园里，都是把动物关在笼子里，人走动着观看。但是这种方法看老虎、羚羊和袋鼠多没意思啊，它们都是趴在那里睡觉的。能不能把这个状态反过来，把动物放出来，而将人关在笼子里呢？于是就有了开车游览的野生动物园，也有了人在水面下的深海水族馆。

F. 方法逆向

如果有两个人想证明自己的马更慢，但是这样没法比，因为两匹马真的可以慢到几乎走不动，到天黑了还没走几步。有人给他们出了个主意：你们俩换骑对方的马不就行了？于是瞬间就完成了比赛，也分出了胜负。

每样东西、每件事情都有它的两面性，坏的事情也可以找到好的作用，创新并非总是靠突如其来的天才想法，还可以靠正确的思维方式来达成。

2. 反问法

苏格拉底是古希腊著名的哲学家，他重要的思考方式就是反问法，无疑是我们学习这个方法的好老师。

游叙弗伦是有名的宗教学家，自认为对宗教问题无所不知，但是苏格拉底用几个问题就把他问倒了。以下用“苏”和“游”分别指代两人，来看看苏格拉底是怎么做到的。

苏：我跟你请教一下，什么是虔诚，什么是亵渎神灵？

游：（思考一会儿）做神喜欢的事情就是虔诚，做神不喜欢的事情就是不虔诚。

苏：那要是这样的话，不同的神有观点的分歧怎么办？比如你举报你的父亲杀人，有的神喜欢你这么做，而另一些神不喜欢你这么做，那要怎么判断你这个行为是虔诚还是亵渎神灵呢？

游：（沉默很久）那我修改一下，亵渎神灵就是做所有神灵一致不喜欢的事情，虔诚就是做所有的神一致赞成的事。

苏：那我再问你，是因为这件事本身就虔诚所以神喜欢，还是只要神喜欢那无论什么事都是虔诚的？

游：……对不起我有事先走了。

苏格拉底的反问法三步骤

① 找出一个看似不证自明、天经地义的观点。

② 假设这一观点是不对的，试着找出一个例子证明这一观点存在逻辑上的破绽。

③ 修改原有观念，使之能够包含刚刚找到的例外。然后重复这三个步骤，步步紧逼，逐步澄清原来似是而非的观点。

就是这么简单的三步法，苏格拉底问倒了当时很多的“聪明人”，最后得出一个结论：“神说我是最聪明的人，但我只知道一件事，就是我一无所知。”

反问法最重要的不是找到答案，而是从提问到答案的这个思考过程。

我们做的这个产品方案真的没有问题吗？假设它有问题，那最大的问题是什么？然后修改设计方案，解决这个问题，再回过来看整个方案是否完美了，也许又出现了更大的问题。

如此反复，直到你的方案无可反驳，理所当然。也许微信的张小龙从几百个功能中选出一个功能用的也是这个方法吧，这当然不是克制，而是——**“只做对的事”。**

2.3.3 全局之眼

设计是一门很讲究细节的学问，但是过于陷入细节的问题是，你可能做出一个精致漂亮的 APP 之后发现，根本就没人用，因为你的 APP 只是界面漂亮、动画好看，但是操作体验很反人性，功能也不实用。

这世界上的所有东西都是被规律运作着的，你在系统中看得见的东西叫作“要素”，而你看不见的是要素之间相互作用的规律，要看到这些规律，就需要你拥有**“全局之眼”。**

数学系里有一门叫作“系统论”的课程，它也是一种逻辑思维能力，值得花一生的时间去思考和实践。接下来就讲讲用系统论的思维方式看问题的三个角度。

1. 关联追问

事物都不是孤立存在的，它们之间的相互作用叫作关联性。

草原上的羊和狼是什么关系？可以把狼杀光来保护羊吗？不行，没有狼的话，羊就会越来越多，直到把草吃光，草原就会变成沙漠。

同样的，你还可以追问：房价受什么因素影响，政府的调控有用吗？我的产品和应用市场是什么关系，是什么影响了产品的排行和搜索结果？领导为什么觉得这个产品方向更有潜力，他是根据什么条件判断出来的？这个界面放在这里，用户会从什么地方跳转过来，在什么场景下使用？用户对这个功能按钮的预期是什么，下一个步骤怎么设计才最有效率？

2. 整体洞察

不考虑黑盒内部构成，只考虑黑盒如何进行输入输出，我称之为“黑盒思维”。比如我们只要知道敲下键盘上的字母，屏幕上就会显示出对应的字母就好了，这其中具体的原理就是黑盒，就算不知道它是怎么工作的，我们也能正常打字。

看透黑盒内部构造，解析里面每个要素之间的互相联系和作用，我称之为“白盒思维”。比如我们学习一门编程语言，就得知道变量和常量，知道条件判断，知道各种接口是怎么调用的，然后才有可能真正理解和开始编程。

所谓的整体洞察，就是要在设计一款输入法软件的时候：

① 先以“黑盒思维”的方式假设所有技术都能做到，只考虑用户怎么输入和操作是最顺畅的，怎么智能联想能让他的打字效率最快，设计出一个最优的输入操作体验；

② 然后用“白盒思维”去考虑输入过程中每一个步骤的分支场景要如何实现，智能联

想方案要调用什么接口，是让用户选择还是软件自动匹配用户输入习惯等。

由总到分，由系统到细节，时刻不忘全局，是为整体洞察。

3. 动态推演

一个系统的要素，要素和要素之间的关联都不是恒久不变的，加入时间这个维度，才能真正具有全局之眼。

比如可以思考：五年之后人类的生活方式是怎样的？区块链技术会怎样影响科技的发展？今天的苹果是怎么做到现在的成绩的，微软当年为什么没有把握住移动互联网的机会？你在过去一年里都做了哪些正确的事和错误的事，你要用什么方式实现今年的规划？用户是新手的时候怎么用你的产品，等他熟悉之后还会想看到那些新手引导吗？还是会用更有效率的快捷键？

永远不要躺在自己的功劳簿上睡觉，也不要做那只半途而废的兔子。你应该时刻考虑，你的前面和后面究竟有几只乌龟，他们已经跑了多远，各自在用什么方式朝着终点飞奔而去。

远不止这些

归纳法、辩证思维、博弈论、简化论、沉没成本和机会成本……人类学者发明了太多太多的逻辑思维工具，你我都不应该仅仅满足于已知的这些方法，只有不断精进，了解和掌握更多的“武器”，我们才能在工作和生活之路上，斩出自己的一片天地，做出改变世界的产品，走出一条丰富多彩的人生。

2.4 视觉思维

一个好的设计，要兼顾可视性和易通性。所谓可视性，就是让用户知道这个产品怎么用，怎么操作才是合理的；所谓易通性，就是要让用户明白你的设计意图，明确地告诉用户，你设计的这个东西是做什么用的。

——唐纳德·诺曼，《设计心理学》

交互设计师为什么要会视觉思维？不就是画一个黑白稿，上面都是线线框框，写个标注就搞定的事情，剩下的美化交给视觉设计师去做不就好了？

如果你这么想，那你可能还没有理解交互设计师这个职业的重要性，也忽略了交互稿中所能传达出来的庞大信息量。

交互稿作为产品从概念到实现的第一版原型，它需要承担的是产品设计团队对于这款产品的底层设计理念，它的设计过程需要凝结交互设计师大量的思考和心血，并不是那么容易就能做好的。

交互稿的定义过程

① 定义形式要素、姿态和输入方法；

② 定义功能性和数据元素；

③ 确定功能组和层级；

④ 勾画交互框架；

⑤ 构建关键线路情景剧本；

⑥ 运用验证性场景来检查设计。

回顾上面的过程，前五个都要用到一定的视觉思维，这不是一个纯逻辑的事情。一个优秀的交互设计师做出的交互稿不仅逻辑清晰，能让人一眼就看出每个界面的视觉重点、信息层级，同时还标出了用户使用的流程步骤、转场动画形态，直接把整个产品的完整形态展开在你的面前，一切了然于胸。

视觉思维同样也是交互设计师的灵魂技能，只不过侧重点不同。但视觉思维中所包含的概念和方法实在是太多了，在构思这节的时候，我足足花了两个多小时才想好这个提纲，把所有交互设计师会用到的视觉理念最终融合到三个角色中，理解起来就相对容易了。

视觉思维的三个角色

建筑师：他赋予界面蓝图中每个模块在这里的理由。

解说员：他让用户看到界面后自然就知道如何使用。

漫画家：他会和你对话，给你反馈，还会讲故事。

2.4.1 勾画蓝图的建筑师

1. 场景

在开始设计界面之前，先想好以下几个问题。

① 这个界面是在什么设备（Web、手机、电视）上呈现的，它的分辨率是多少，适合的字体大小和最小点击区域是多大。

② 用户在什么场景下使用这个界面，是坐在电脑前、走在路上、躺在沙发上，还是在开车的途中？

③ 用户的基本输入方式是什么，是鼠标、键盘，还是触摸屏，或者是电视遥控器？

④ 用户是怎么进入这个界面的，它的上下文界面（Context Interface）各是什么？

如果你没有思考过上面四个问题就开始设计，则很可能犯一些基本的错误：比如为高分辨率屏幕的手机设计了一个文字小到看不清的界面，或者是要用鼠标才能点到的汽车中控台界面，这是要让人难受死吗？

交互设计师也要考虑场景，为的就是避免设计出一个看起来合理，但实际上无法使用的产品。

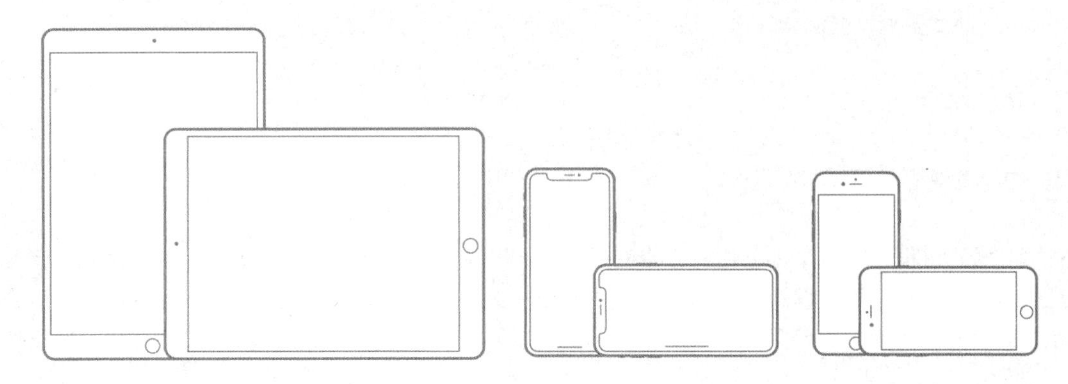

Device	Portrait dimensions	Landscape dimensions
12.9" iPad Pro	2048px × 2732px	2732px × 2048px
10.5" iPad Pro	1668px × 2224px	2224px × 1668px
9.7" iPad	1536px × 2048px	2048px × 1536px
7.9" iPad mini 4	1536px × 2048px	2048px × 1536px
iPhone Xs Max	1242px × 2688px	2688px × 1242px
iPhone Xs	1125px × 2436px	2436px × 1125px
iPhone XR	828px × 1792px	1792px × 828px
iPhone X	1125px × 2436px	2436px × 1125px
iPhone 8 Plus	1242px × 2208px	2208px × 1242px
iPhone 8	750px × 1334px	1334px × 750px
iPhone 7 Plus	1242px × 2208px	2208px × 1242px
iPhone 7	750px × 1334px	1334px × 750px
iPhone 6s Plus	1242px × 2208px	2208px × 1242px
iPhone 6s	750px × 1334px	1334px × 750px
iPhone SE	640px × 1136px	1136px × 640px

各种 iOS 设备的屏幕尺寸

2. 区块

“设计关注的是最适于传达某些信息的呈现方式。”

——凯文·米莱、达雷尔·萨诺，《设计视觉界面》

界面设计是一个和信息打交道的工作，所要展现给用户看到的一切功能其实都是信息的组合，这种组合的最小单元称为**区块（Block）**。

以常用的微信首页为例，这里有我们最近聊天的联系人和群聊的会话列表，那每一个会话区块是怎么构成的呢？

这看起来再简单不过的会话区块其实包含了很多信息。比如看到联系人头像就可以快速辨别每个联系人，需要看到你和她最近的聊天记录，还需要知道她是什么时候给你发的等信息。

当你花费一定心思组合好这些元素之后，一个简单的区块就完成了。

这时下一个问题来了，如果是一个群聊会话该怎么办？

你需要做一些修改。

① 群聊是多个人的会话，所以头像就不是特定的某个人，画一个代表群聊的图标行不行？不好，这样每个群聊都一样，没有辨识度了。可以把组成群聊的成员头像组合起来，这样至少能大概认得出其中的主要成员。

② 群聊有时候会被屏蔽，这样可以降低骚扰，但是有未读消息又希望有标记，于是可以把数字改成一个小红点。

会话区块 – 单人

1 老婆 16:30
晚上回家吃饭吗？

1. 联系人头像
2. 未读消息数 1
3. 会话标题 老婆
4. 最近聊天记录 晚上回家吃饭吗？
5. 最近聊天时间 16:30

区块示意 1

会话区块 – 群聊

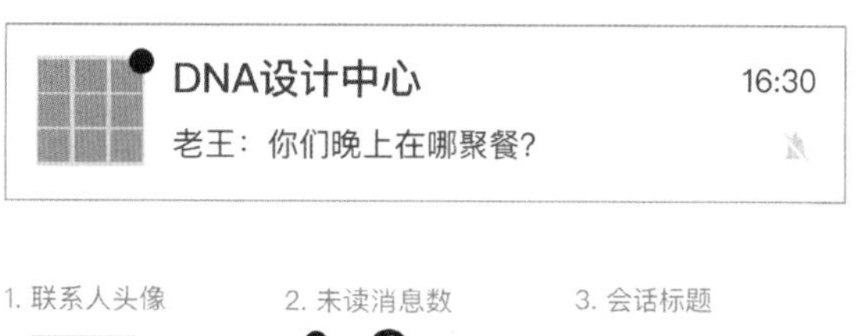

1. 联系人头像
2. 未读消息数 1
3. 会话标题 DNA设计中心
4. 最近聊天记录 老王：你们晚上在哪聚餐？
5. 消息屏蔽提示

区块示意 2

③ 既然消息被屏蔽了，那需要得有个提示，加上一个图标。

④ 最近聊天记录要加上联系人名，否则不知道是群聊里的哪个人发的。

好了，只做了简单的几步修改，这个区块就变成了另外一个功能，但仍保持了原来的格式，皆大欢喜。

这像不像是在设计建筑图上的一个个房间？

每一个区块都有各自的信息内容，也有各自需要实现的功能，还有很多形态的衍生和状态的变化，这都是需要交互设计师提前考虑好的事情。

3. 布局

《写给大家看的设计书》

既然是建筑师，当然不能只设计一堆房间，还需要根据整个建筑的面积和形状合理安排这些房间的布局。这个布局有什么原则呢？

推荐阅读知名设计师 Robin Williams 写的这本**《写给大家看的设计书》**，简单易懂又威力强大。

A. 设计的四大基本原则

① **对比（Contrast）：**如果元素（字体、颜色、大小、形状、线宽、空间等）不相同，那就干脆让它们截然不同。

② **重复（Repetition）：**让设计中的视觉要素在整个产品中重复出现，既能增加条理性和统一性，也能降低认知成本。

③ **对齐（Alignment）：**每个元素都应当与页面上的另一个元素有某种视觉联系，任何东西都不能在页面上随意安放。

④ **亲密性（Proximity）：**彼此相关的项应当靠近和归组在一起，组成区块或者区块组，减少混乱，提供清晰的结构。

这些原则实际上是互相关联的，很少仅仅只用某一个原则，同时它们不仅在布局阶段要用到，在设计每个区块的时候就已经开始用了。整齐好看、对比鲜明的功能区块无疑能够为你的设计大大加分。

随手画了一个微信首页的布局交互稿，如右图所示，里面的内容就不细化了，你可以明显地看到上面这四个设计原则的应用，一个个区块就这么妥善安放好了。

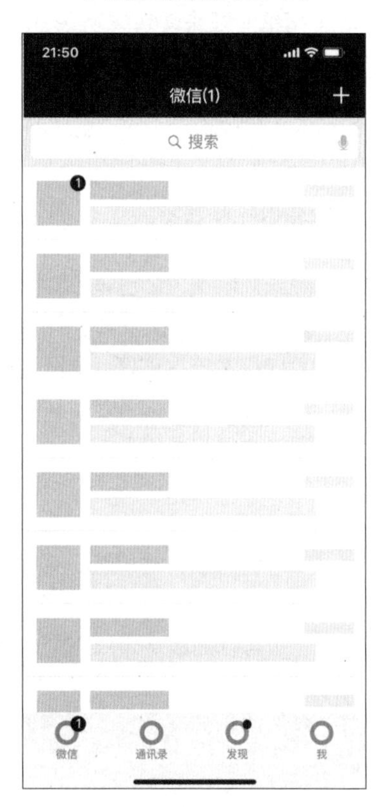

界面布局交互示意

B. 层级和眯眼测试

布局阶段，最重要的事情除了保证页面元素的美观和易读，还有一个就是要注意元素间的层级是否合适。以刚才微信首页的例子来说，首页最重要的元素是什么？

① 页面标题；　② 未读消息数；　③ 未读的会话。

设计师有一个通用的检查层级的方法，叫作**“眯眼测试”（Squint Test）**——闭上一只眼睛，眯着另一只眼睛看屏幕，看看哪些元素突出，哪些元素模糊，哪些元素看上去分组了（亲密性和区块）。只要改变一下看问题的角度，你就能发现此前沉迷于细节时未曾发现的布局和构成方面的问题。

4. 规律

设计中有一些约定俗成的规律，比如黄金分割法、网格系统、系统规范等。遵守这些前人总结出的规律能让你事半功倍，设计出更加美观的界面。同时，你还能通过使用“重复性”来制造自己的规律，同样能提高效率和降低用户的认知成本。

网格系统

网格系统（Grid System）将屏幕分成多个大的水平和垂直区域，有助于在布局中实现对齐和亲密性的好工具，无论是在 Web 还是在 APP 设计中都有比较广泛的应用。设计师可以将界面的元素规则化地布局到网格结构中，适当地强调高层次元素和结构，并为低层次的元素或次重要的区块留出适当的空间。

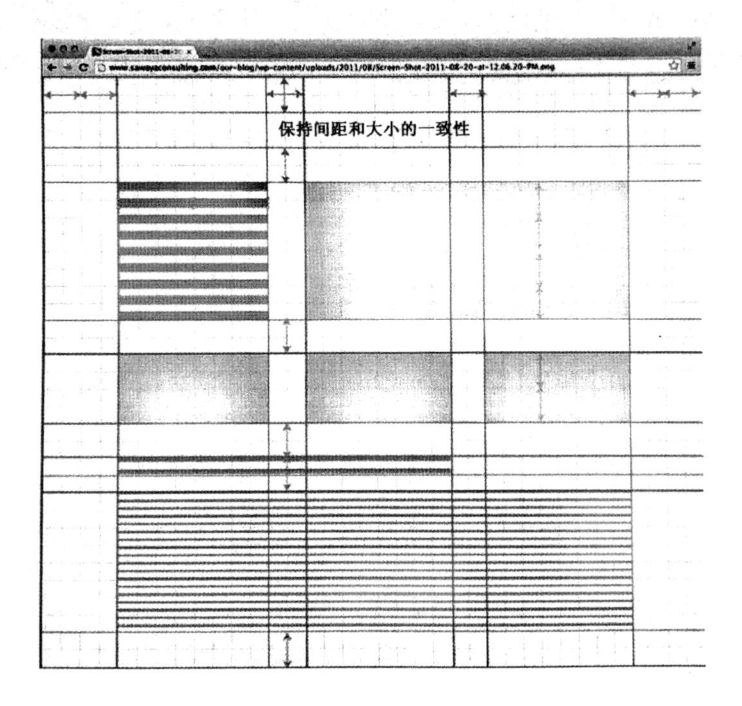

网格系统

系统规范

系统规范有人觉得很烦——我爱怎么设计就怎么设计，为什么要你来规定我？所以在移动互联网的早期，你的确可以看到大量的不按系统规范进行设计的 APP，自由是很自由，但是大部分都让人用起来很困难，更何况每个应用还自成体系，交互方式还各不相同，让人有抓狂的感觉。

随后，人们渐渐发现系统规范的好处。你可以从谷歌、苹果、微软这些大型互联网企业的设计团队中学到很多设计原则，能节省很多控件的设计成本、提高设计和开发效率。同时如果大家都用同一套设计规范，那用户的认知和使用成本无疑会大大降低，何乐而不为？

2.4.2 教你使用的解说员

这次，用一个实际的产品案例来讲讲我和视觉设计师 **Nefish** 当时是怎么使用这两种角色理念完成小火箭 2.0 改版的。

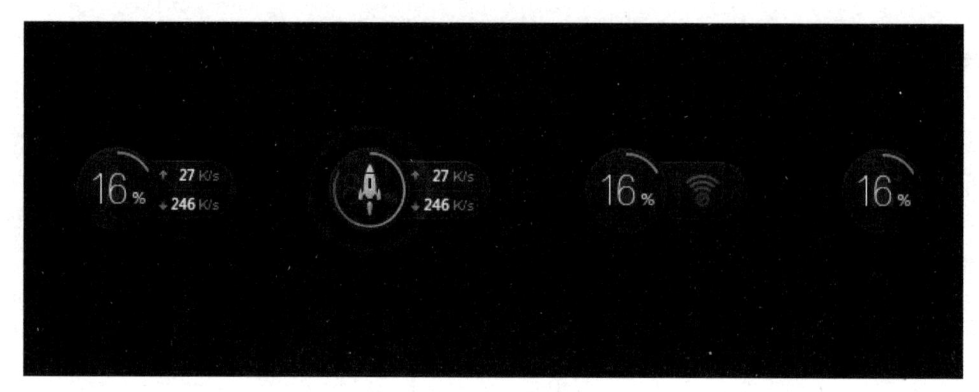

旧版小火箭桌面控件

小火箭是腾讯电脑管家在用户桌面端的加速小工具，能够快速帮用户清理电脑内存、为电脑加速，广受用户好评。改版前的日使用次数已经超过了一亿次，成了电脑管家和用户之间的重要连接触点。

现在要对这款亿级的产品进行改版，要如何找到其中的优化点呢？

解说员（Commentator）指的是那些讲解体育比赛和游戏比赛的专业人员，他们能用专业的知识和视角解读赛场上的情况，介绍双方的背景，烘托比赛的氛围，引导观众更好地理解和观看比赛。

而在产品使用方面的解说员是谁？是产品说明书吗？是新手引导吗？它们当然有些作用，但是作用最大的还是直接设计产品的设计师。

他们可以精心安排界面的呈现方式，让用户能够更好地理解这款产品，甚至爱上它。

1. 注意力

想让用户更好地理解产品，设计师最需要注意的就是管理用户使用过程中的注意力。

管理注意力常用的工具有两种：

- **基本对比：**大小、形状、颜色、位置等与众不同。
- **动作对比：**动与静、动作的方向以及动作的时间差。

使用好了这两种工具，就可以有目的地引导用户的注意力，更进一步的话，还可以引导用户的视线移动。

旧版的小火箭，在用户点击加速之后，会展开右侧的“小尾巴”，告知用户这次加速的结果。

旧版小火箭加速后的状态

这是一种从左到右的视线移动，符合人们正常的阅读习惯，似乎没有什么问题。

但真是如此吗?

从左至右的视线移动

仔细想想，“小尾巴”似乎有点太长了，它用了**“加速成功！燃烧了 83MB 内存”**和**“发现 x 个无用的残留进程”**这样的整句文字来描述加速结果，而这个结果的展示时间只有不到 2 秒，视线的移动路径太长了，而且阅读和理解所花费的时间也较长。

于是我们综合分析了几种小火箭的结果页面，重新定义了用户的视线移动路径。

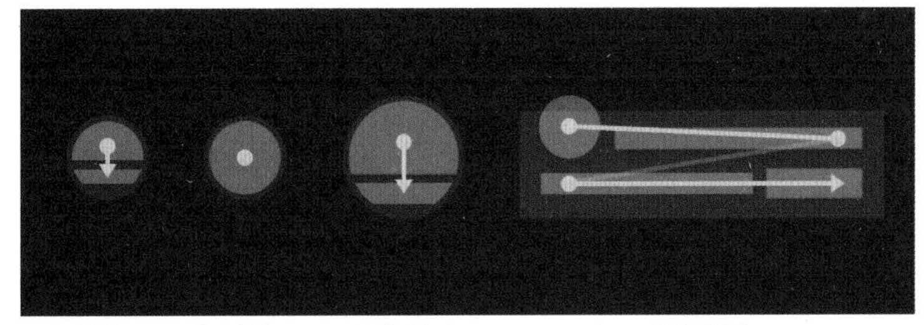

发射结果　发射结果（极致）　功能拉动　运营消息

从右图可以发现，前三类方案大大缩短了用户的视线移动路径，结合动画的显示方式，用户的阅读效率大大提高了。第四类方案是为运营类消息设计的，这类消息显示的时间更长，希望用户可以完整阅读所有文字，并且强调点击率。因此在保证信息展示的前提下，控制每个元素的出现时差和视觉层级，暗示和引导用户用“Z 字形”的路线进行阅读。

右图是第四个方案的视觉效果，至于前面的那种方案如何呈现，将在下面的“示能”中进行说明。

小火箭的消息 Tips

2. 示能

示能性（Affordance）是心理学家詹姆斯 · 吉 · 布森（James J. Gibson）首次提出的，而后由唐纳德 · A · 诺曼（Donald · Arthur · Norman）在《设计心理学》一书中作为重要的设计理念引入。它指的是物体呈现出来的属性让你自然地明白它的功能。比如一张平面的椅子，你自然知道可以坐。

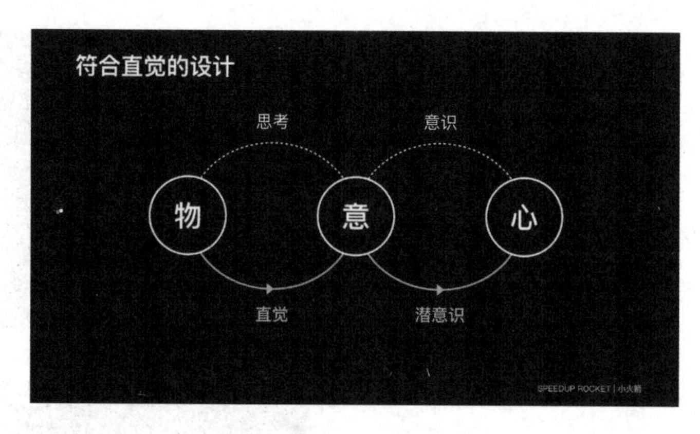

符合直觉的设计

在实际的设计场景中，这个理论可以再细化，才更具有实际的指导意义，我叫它——**符合直觉的设计**。

我们要认知一个事物，有以下两种不同的思考路径。

① **意识路径：**我们通过观察、阅读和理解，看懂了按钮上的文字和屏幕上的数字，用“理性脑”的思考打通意识环节，让信息经过整理后触达了内心。

② **潜意识路径：**我们通过视觉、听觉、触觉等感官感受到了物体的属性，如可旋转的圆形旋钮、亮着绿灯的开关和燃气炉火焰的大小，用“感性脑”的感知打通了潜意识环节，让信息通过“直觉”直接触达了内心。

这两种路径不分优劣，各有自己的使用场景，但有时一些简单的信息传递，更适合通过“潜意识路径”进行优化。

原本加速结果是用“加速成功！燃烧了 **83MB** 内存”这么长的文案来表达信息，但这里的信息冗余度过高，其实只有“83MB”这个数字是最有意义的，每次都会看，那为什么不把其他不必要的阅读内容用图形化的方式表现出来呢？

于是我们想到了把“燃烧”这个词具象化，变成一团火焰，在下方写上燃烧掉的内存值。这样一来，通过对注意力的管理和示能的表现，用户感知这一信息的速度就大大加快了。

同理，我们还把“太棒了！电脑已经是最快的了”这种提示没有内存可优化的文案改成了闪闪发光的奖杯、掉落的宇航员这类好玩的随机奖励，让用户觉得使用小火箭加速很有意思。

最终效果如右图所示。我们还验证了这次改动之后用户对于结果页的理解度，完全理解的人达到了 93%，这说明这种大胆的改动确实是可接受的。

小火箭的发射结果

基于这个设计理念，我们还为小火箭增加了一个电脑内存占用过高时的高危提醒态，不是简单地用红色填满，而是加入了闪电和溢出的感觉，让用户一眼就能发现它、理解它，而且真的很想点它……

小火箭高危提醒态

3. 关系

人类的视觉是整体的，我们的视觉系统会自动对视觉输入构建结构，并且在神经系统层面上感知形状、图形和物体，而不是只看到互不相连的边、线和区域，形状和图形在德语中是 Gestalt，因此这些理论也就叫作视觉感知的格式塔（Gestalt）原理。

—— *Jeff Johnson，《认知与设计 理解 UI 设计准则》*

讲到设计中的关系，不得不提到鼎鼎大名的“格式塔原理”，相信大家都已经很熟悉了，这里只列其中和交互最相关的三条。

格式塔原理（Gestalt Principle）

① **接近原则：**元素之间的相对距离会影响我们感知它们是否和如何在一起，常用于元素的分组。

② **相似原则：**那些明显具有共同特性（如形状、大小、颜色等）的事物会被我们的视觉组合在一起，即相似的部分在感知中会形成若干组。

③ **共同命运：**一起运动的物体被感知为属于一组或者是彼此相关的。

我们在设计小火箭的时候，就有意识地使用了这个原理。因为用户点击这个小火箭控件，是真的会飞出一个火箭来的，要怎么让人感知到这两者是一个整体呢？

如右图所示，当鼠标移到这个控件上的时候，里面会先出现一个“迷你火箭”，开始旋转和飞行，它和我们正式的火箭很像（相似性），让你对后面的行为有一个潜意识上的心理预知。

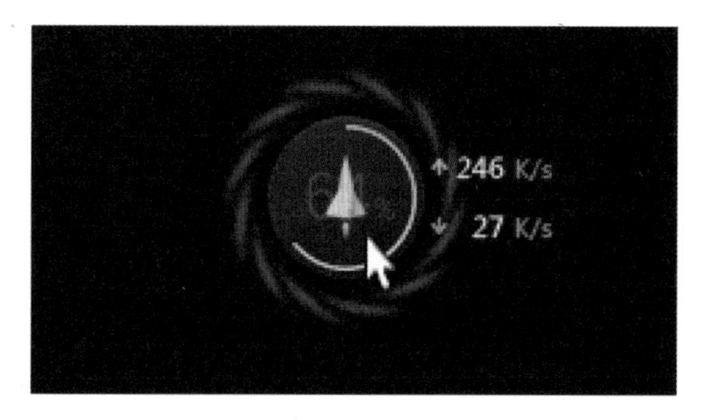

小火箭中的“小火箭”

点击之后，“迷你火箭”快速向上飞出，正式的火箭接着从下往上飞出来，位置上的一致（接近性）和动作上的一致（共同命运）让你马上知道两个火箭其实是一组的，新出现的火箭也就和桌面控件形成了一个整体。

2.4.3 会讲故事的漫画家

1. 对话

软件产品要怎么与用户对话？只能用文字语言吗？

在设计师手中，可以用来和用户对话的手段有很多，最基本的就是——**操作反馈。**

这种反馈可以是鼠标移上去之后一个小巧的 Hover 动画，也可以是点击之后飞出来一个小火箭，还可以是超出预期的一个设置。

平时有什么节日或者大事件，我们会给小火箭换一套节日皮肤，但是在一些特殊的日子（比如你的生日），我们为什么不能给你制造一点小惊喜呢？

这就是小火箭的“音爆彩蛋”的设计初衷，也是它与用户的一次暖心对话。

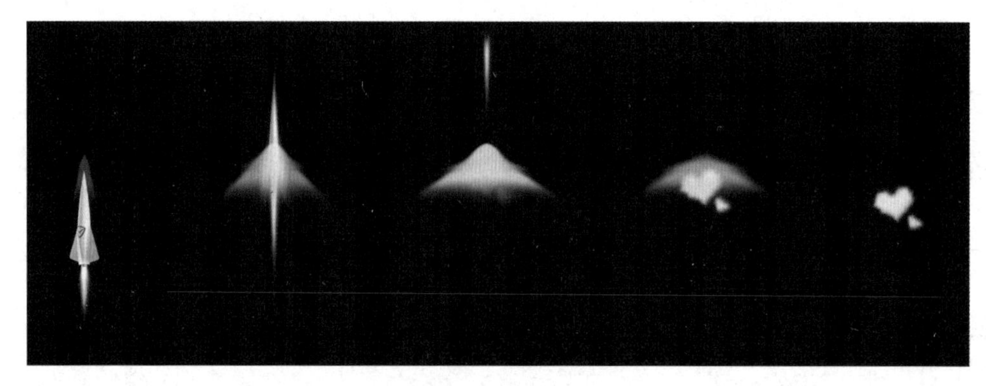

小火箭的“音爆彩蛋”

2. 分镜

漫画家会精心设计每一页的分镜构成，让你虽然看的是纸质漫画，却能通过“脑补”形成一系列真正的动态画面，以至于屏息凝神，为剧情深深吸引。

而交互设计这个职业的有趣之处也正在于此，我们画的虽然不是漫画，却需要设计在用户操作之后，软件所触发的每一个动作，分解到具体的每一步。

你思考得越多、越深入，你就越能够体察用户当时的使用场景，也就越能够设计出让用户感到体贴、自然、有意思的产品。

所以推荐交互设计师应该学一点漫画分镜和动画设计的知识，交互动画不只是视觉设计师的工作，更应该由交互设计师事先做好分镜定义，然后和视觉同学一起商量和修改，共同打造你们心目中最完美的设计呈现效果。

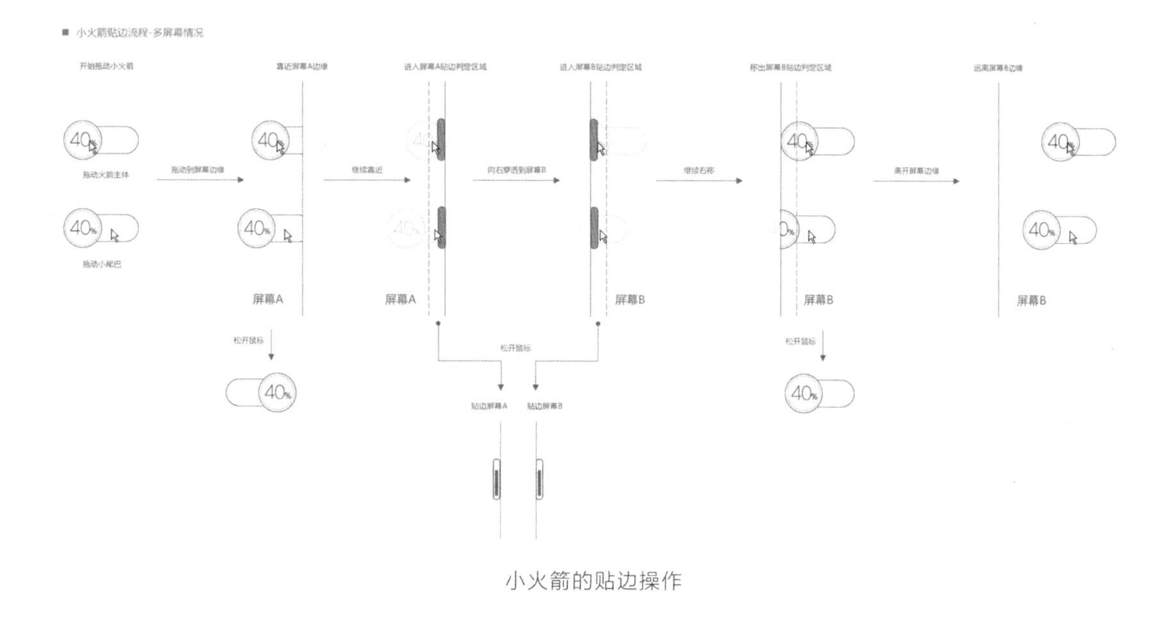

小火箭的贴边操作

3. 故事

一部漫画有了对话、有了分镜，当然还需要一个好故事。

小火箭一键点击就能为电脑加速，那是否可以通过长按的方式激活一个更厉害的火箭，完成一次更强的加速呢？

通过这个灵感来源，我们打造了一个**“穿越虫洞”**的故事。

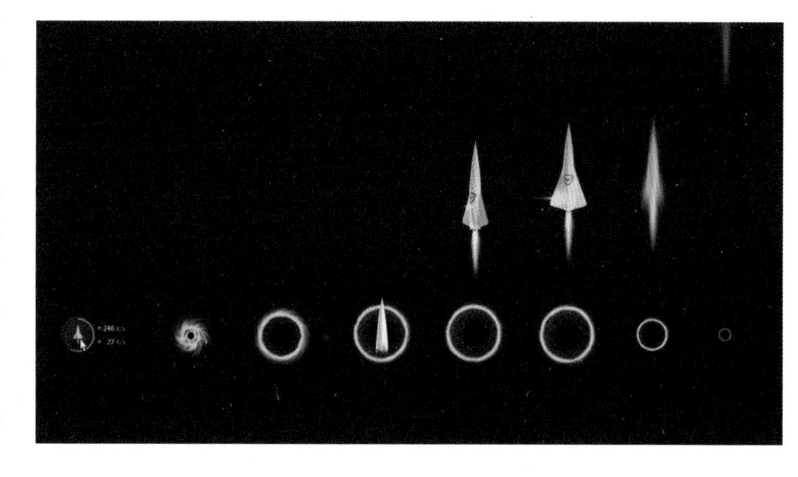

小火箭的蓄力加速

用户长按小火箭后，能够触发一个虫洞，一松手，就有一个快到极致的火箭从里面出现。之前整个火箭的发射时间只有不到 0.5 秒，要怎么才能更快？我们想到了用电影里《黑客帝国》用的“子弹时间”概念，逆向思考，让火箭从极快突然切换到极慢，通过强烈的对比，让你感受到它极致的速度和力量。

这样的火箭一穿而过，产生的加速效果当然是非同凡响的，“当当当”的动画闪过，有了一个通知——“你探索到了一个新功能！”

如同发现新大陆一般的喜悦。

2.5 开发思维

They love to dance in these fetters, and even when wearing the same fetters as another poet.

（“他们喜欢戴着镣铐跳舞，而且是其他诗人的镣铐。”）

—— 布里斯·佩里（Bliss Perry），美国文学评论家

闻一多最早在他的《诗的格律》一文中引用了佩里的这句话，想表达的是诗词的格律对诗人的约束是有益的——“恐怕越有魄力的作家，越是要戴着镣铐跳舞才跳得痛快，跳得好。**只有不会跳舞的才怪脚镣碍事，只有不会作诗的才会觉得格律是束缚。**”

这句话不仅是说给诗人听的，也可以说给设计师听。连艺术创作者们都要受到格律、绘画材料、风格的限制，更不用说为产品和用户代言而生的设计师了。以前的产品没有设计师，只需要开发人员就可以做出DOS、Windows、Linux这样的操作系统，以及初代的OICQ和Foxmail等软件。直到他们意识到产品思维的重要性、用户的重要性、界面美观的重要性，才诞生了用户体验设计师这个职业，也就是后来的交互设计师和视觉设计师。

正因为设计师是用户和产品开发之间的桥梁，所以设计师才不仅应该有用户思维，也需要有开发思维。因为如果不明白自家的产品究竟使用了什么技术，那设计出的产品很可能是天马行空的。“比创意谁不会，能落地才算本事！（by WingST）”

2.5.1 理解限制，实现设计价值

“不要将系统的限制或条件视为局限性，把他们看成构建创意设计的根基。”

—— Luke Miller（卢克·米勒），《用户体验方法论》

Miller的这句话道出了设计和技术之间的关系，我深以为然。

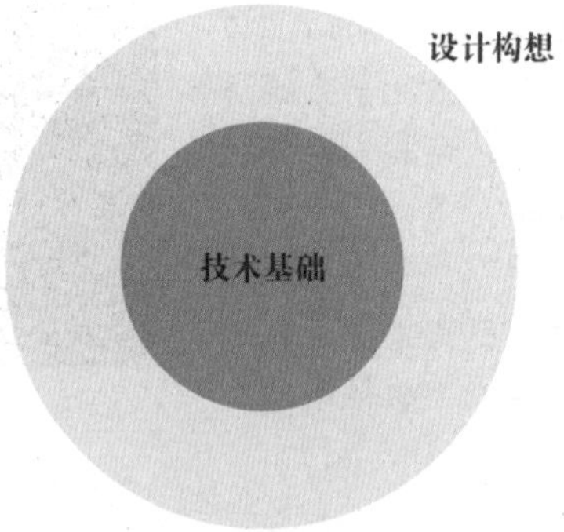

设计构想

技术基础

设计的构想

1. 设计师最擅长的是构想

在没有设计介入时，只是技术构成的产品易用性和易学性都是很差的，就像一个光秃秃的地表，确实很踏实，但毫无生气，还容易迷路。这时设计师来了，说这样不行啊，可以给你做这样那样的优化，于是给出了一个完整的设计构想，呈现的效果确实很漂亮。这时地表上有了植被、建筑和大气层，构成了一个新的产品，老板一拍桌子说：“看着不错啊，我们开工吧！”

2. 寻找设计的支点

给出的设计构想很漂亮，但是很多设计师到了实现这步就不知所措了：剩下的交给开发啊，我切图，

你实现不就好了，怎么这也不能做，那也实现不了？

其实很多时候并不能怨开发。不如一起来帮开发人员想想，你的设计究竟要怎样落地才能实现得更好？

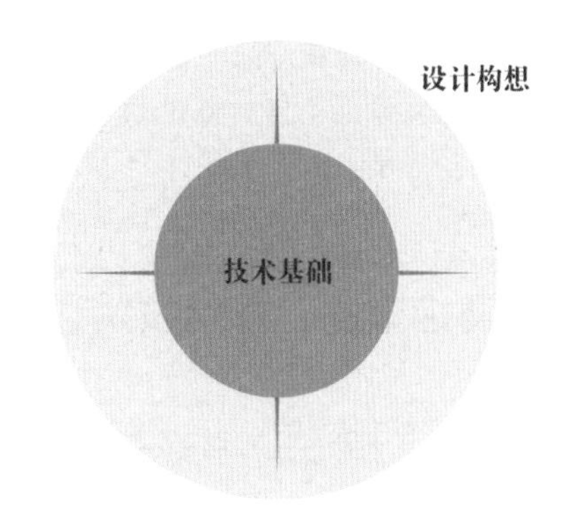

设计的支点

- 比如你想快速掌握用户的地理位置，就应该知道手机上是有 GPS 模块的，APP 有接口能够快速获取用户的手机定位信息，定位的经纬度可以换算成省市地区。
- 比如你想做一个可以根据用户的手机倾斜角度改变形态的设计，就应该知道手机上有一个叫陀螺仪的模块，它具体是怎样感知手机倾斜角度的，又能传回怎样的参数来代表这些角度？它的精度如何，能够很好地还原你的设计吗？
- 比如你想实现一个很酷炫的动画效果，就应该知道 Android、iOS 这两个系统上的动画实现原理，如果你做的是 Web 或者是 PC 端的设计，那与移动端的动画实现方式是不一样的，这些实现方式能还原你的动画效果吗？
- 比如你想做一个图像智能识别的功能或者智能语音翻译的功能，就应该明白这种功能是哪些公司做得比较强，他们分别能实现的程度是怎样的？你们的开发团队有相应的技术储备吗？是否能直接找这些公司合作呢？

就算你做的不是什么创新的设计，但是要保证你做出的设计能够很好地被开发人员还原出来，你也应该知道点九切图法、Retina 屏幕的切图比例、iOS 的基本控件库、响应式设计的实现原理等。**明白这些，你的设计才算找到了与技术连接的支点。**

3. 实现设计的价值

只有基于这些与技术连接的支点，设计构想才能真正落地，构成一圈新的“大气层”。由于技术基础和开发周期的限制，你的设计通常没办法 100% 实现，但只要支点够牢固，你的设计构想就能够最大限度地进行还原。

只有真正还原了的设计，才构成了设计的价值。

就像符合格律的诗歌才有韵味一样，设计师也是戴着镣铐跳舞的舞者。这些“技术镣铐”不是羁绊你舞步的障碍，相反的，正是因为戴着它们，你还能跳得比别人好，你才变得与众不同，你的设计才比别人的更有价值。

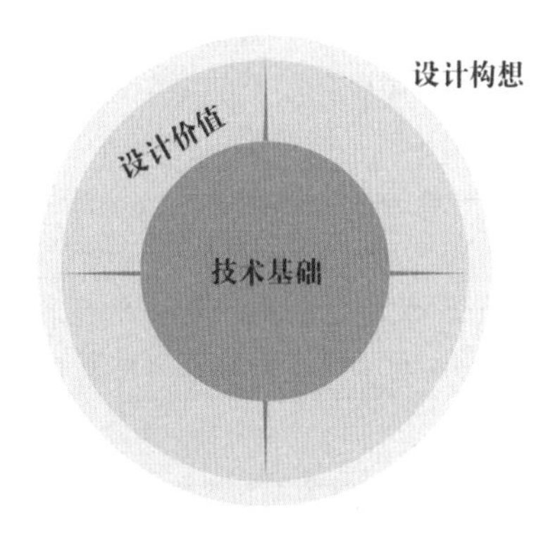

实现设计的价值

千万不要让你的设计变成天马行空的“大胆构想”。想得再好缺乏实现的可能，落地就会变成薄薄的一层烂泥，那些只是无价值的设计。

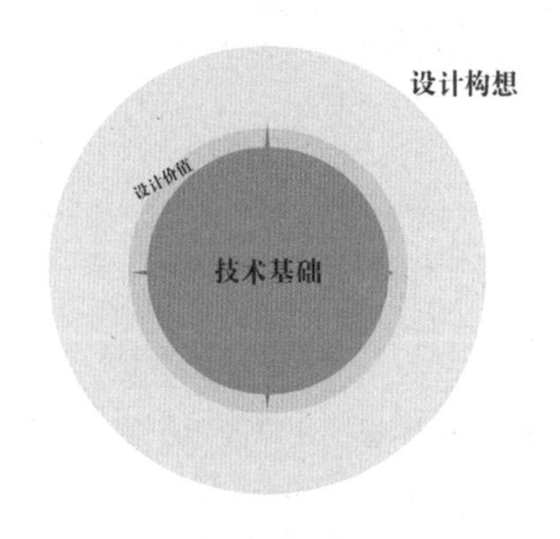

无价值的设计

2.5.2 拥抱限制，寻找技术边界

“尽可能地去了解你为之设计的系统的性能和限制。这有助于你提升绘制用户理想流程图和在设计中加入新特色和交互的能力。”

—— Luke Miller，《用户体验方法论》

要理解开发思维，就要先解释一下程序员常常挂在嘴边的“算法”究竟是什么。只有理解了算法，才算真正理解了开发思维。

1. 算法的本质

__算法（Algorithm）__是指__解题方案__的准确而完整的描述，是一系列解决问题的清晰指令，算法代表着用系统的方法描述解决问题的策略机制。也就是说，能够对一定规范的输入，在有限时间内获得所要求的__输出__。

—— 百度百科

关键词：解题方案、输入和输出。

根据这三个关键词，我们可以得出算法的数学方程式：

$Y = U(X)$

X 是输入，Y 是输出，$U(X)$ 是基于参数 X 最终能得出 Y 的函数（解题方案），也就是算法。

举个最简单的算法，当你按下开关，电灯亮了。你按下开关的动作是输入 X，电灯亮是输出 Y，而从开关的结构到电线的排布、电源的引入，这一整套电路方案和开关的设计就是算法 $U(X)$，它解决了按下开关让电灯亮的问题。

同样，在微信上长按，发送一段语音，这是输入 X，朋友收到你发来的语音，这是输出 Y，让这段语音从你的微信到朋友的微信的解决方案，就是算法 $U(X)$。你还可以继续想其他的例子，比如你在京东上下单，把货物从电商平台的仓库转移到你手里，这也是算法做到的；再比如你女朋友说她想要一套房子，那你想尽办法最终买来房子的过程，当然也是算法。

开发人员的伟大之处就在于，他们能够应用很多厉害的算法，能把你的设计通过代码还原成APP、Web 网站以及各种形态的软件产品。你的设计方案对于他们来说就是输入，最终的产品就是输出。

所以说，上面的这个方程式 $Y=U(X)$，其实就是算法的本质：你想要得到输出 Y，那就给出输入 X，然后会找到一个算法 $U(X)$ 帮你解决。

2. 改变输入方式

很多设计人员会抱怨开发人员的水平差，实现不了他们的设计。这种时候不妨想一想，你给开发人员的是不是下面这种传统的输入方式。

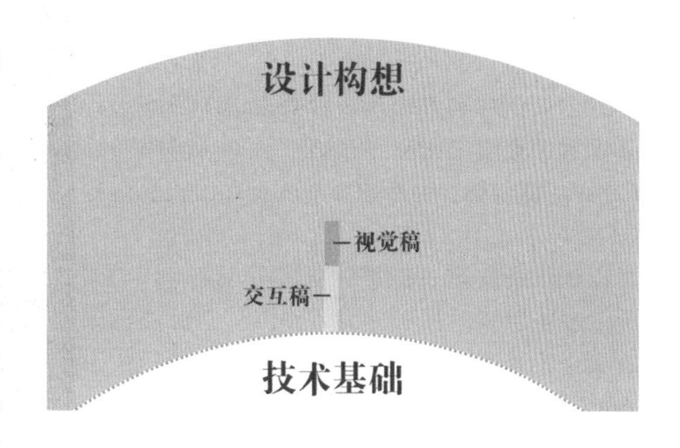

传统输入方式

你的设计构想很完美、很厉害，但是你给开发人员的不过是一张画满黑白线框和流程说明的交互稿，以及一张看起来华丽却不会动的视觉稿。你觉得他们对你的这种输入方式能理解多少？恐怕只有不到一半吧！剩下的那些，开发人员只好自由发挥了，否则东西做出来可是会有 Bug（缺陷）的，何况开发时间还那么少，领导们可不会找设计师催进度！

这下你明白了，在开发人员的眼中，你给的输入 *X* 就这些，他只能尽量用算法实现你想象中的输出 *Y* 了。至于和你想的是否一样，他不知道，先做出来看看再说。

但现实是残酷的，最终实现出来的往往是—— 南辕北辙。

何不试着改变一下输入方式？

还记得在视觉思维那节里提到的电脑管家小火箭改版吗？

我们为小火箭重新设计了一套新的发射动画，相比原来的时间更短、加速感更强，火箭在上升过程中还会旋转，确实很酷。这要靠交互稿和视觉稿当然都是说不清楚的，我们为它做了个高保真视频 Demo（演示）。

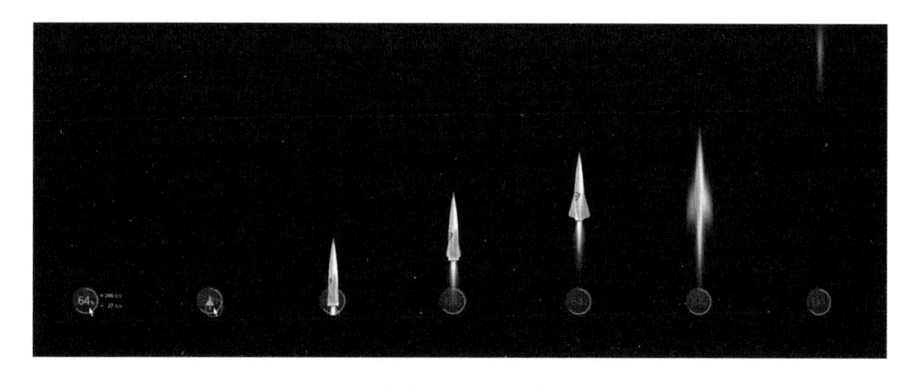

小火箭 V2.0 改版

开发人员：“嗯，看懂了，确实很快，但快到我都看不清啊，这要怎么做？”

我和视觉设计师：“……稍等，我们想想办法。”

我们当然不会让开发人员对着视频一帧一帧地研究，他们没有那么多功夫。我们反其道而行——设计总监用 Visual Basic 语言写了个程序演示，用一个很精简的函数就实现了视频 Demo（演示）中的那种多段加速的动画。

本以为，把这套代码直接给开发就行了，他们能看得懂。

然而，对方长久的沉默让我看出了他的心声：“这是什么鬼，懒得研究！”

VB 代码（出于保密原则，具体函数就不放出来了）

所以我只好使出“终极大招”——自学了Visual Basic，自己看懂了函数，然后在纸上一番埋头苦算，终于给出了一份详尽的动画“说明书”。

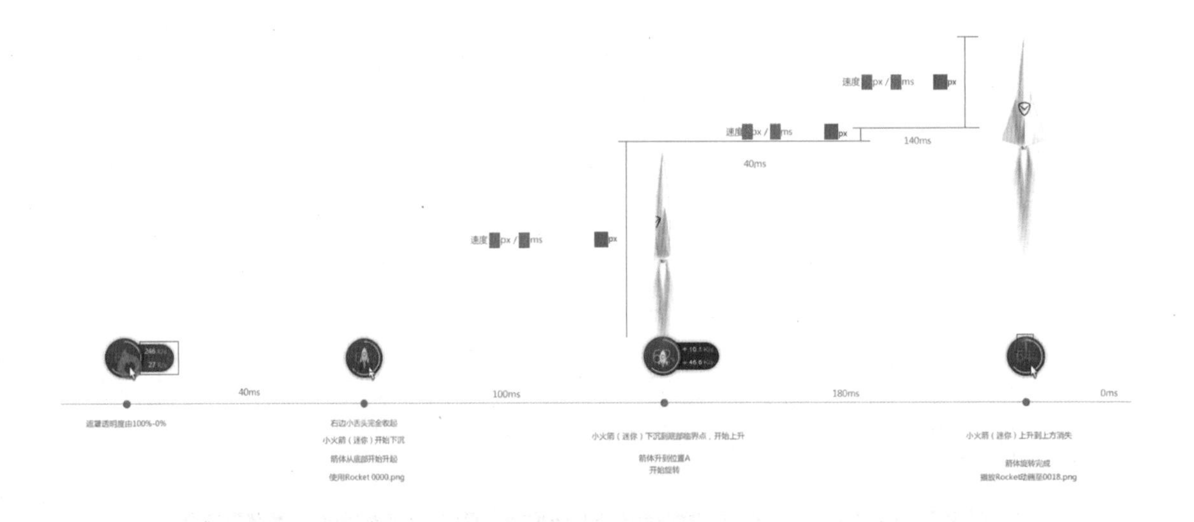

小火箭的动画说明书

这份说明书包含什么内容呢？

① 整个小火箭的动画，从点击开始，小火箭每一步的动画分解，细致到了每毫秒的动作。

② 在每毫秒的过程中，每个组件分别是怎么动作的，方向、速度如何，当然也包括了小火箭上升的几段过程的分解。

③ 小火箭旋转需要播放一套序列帧动画，开发能实现的最小颗粒度是 10 毫秒播放一帧，此处写明白每个时刻要从哪一帧播放到哪一帧。

写完之后，我带着这份说明书，搬一把椅子就坐在开发人员的后面了。

“来来来，看这个，我们一点点改，保证完美还原，效果不好算我的。”

这样一来，我们的设计支点就提高了，离我们的设计构想近了很多，最终实现的效果非常赞。

如果想要做一个创新型的设计，那不妨换成这种“输入方式”：**用高保真原型演示来一比一展示你要的设计效果，再通过动画说明书来完整说明设计的每一个细节，确保传达给开发人员的“输入 X”足够精准，这样他才能够通过算法来帮你实现足够完美的“输出 Y”。**

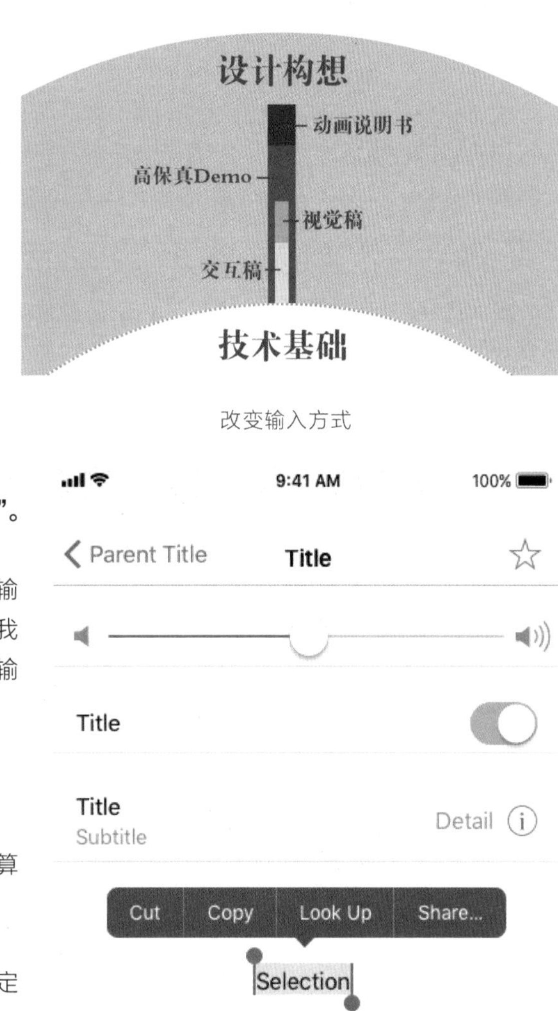

改变输入方式

Design Templant（设计模版）

细心的朋友可能会发现，我们在寻找最优“输入方式”的过程中，其实也用了算法的思维（我们甚至连代码都写了），不断改进自己给出的“输入材料”，才有了最后的“动画说明书”。

3. 模块化设计

为什么每次都要这么麻烦地做输入、输出和算法？为什么不能把已有的算法固定下来呢？

当然可以，开发人员最喜欢的就是把算法固定下来，这就是**“模块化”**。

熟悉 iOS 平台的一定知道，苹果公司会给每个版本的系统都提供“Design Template”（设计模板），其实这些就是开发人员在 Xcode 开发环境里可以用的“算法模块”。如果你设计的时候用的是这些模块，那他只要修改几个参数就能直接复用了。

举个例子，在 iOS 系统里有种从下往上弹的菜单叫作“Action Sheets”，苹果的设

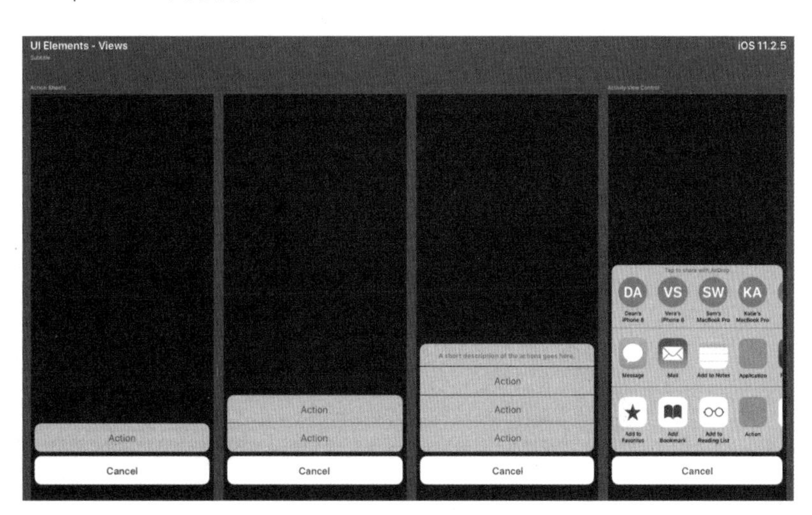

Action Sheets 控件

计和开发人员考虑到了它的各种使用情况，然后把它包装成了一个“算法模块”。

当你要使用的时候，可以只用 1 个“Action”，也可以用 3 个甚至更多的“Action”，你甚至还可以用到包含可以横向滚动的图标的那种方案。这一切的修改，对于你来说只是在设计模板中复制粘贴和改几个文字而已，但对于开发人员来说也一样，他也只要在苹果控件库里调出这个 Action Sheets 控件，然后改几个参数就行。

这种极大简化设计和开发流程的东西，就是算法模块，主动制造这种模块的过程，就叫作**“模块化设计”**。

可能看这种控件还没感觉，再来看看苹果的官网吧。

苹果的官网

这个 iPhone 的产品页面你一定很熟悉吧，它用的其实就是典型的模块化设计，我们来找找看。

iPhone 产品页面的模块化设计

如上图所示，它包含了页面导航模块、机型选择模块、页面主副标题模块、相关链接模块和产品图片模块等，这些内容都可以根据需要自由定制，只要简单做一个更换，就能马上变成另一个页面，如下图所示。

更换后的产品页面

是不是很省事？

不要小看模块化设计，用它设计出一套好看的页面之后再复用，对于设计来说就形成了设计规范，而对于开发人员来说，他能让这些代码变成可复用的算法模块 $U(X)$，以后你可以随意更换输入 X，他都能用这个模块快速地生成你想要的输出 Y。

因此，心中时刻都有模块意识的交互设计师，他会在合理设计页面功能的情况下，尽可能地复用设计，和视觉设计师一起把它们固化成模块，就像在搭建乐高积木一样。这样一来，只要完成了主要页面和主风格的设计，剩下再多的页面也不过是一种理性的拼装和因地制宜的修改而已。

你现在是否明白了为什么开发者们那么喜欢上 GitHub 这类开源网站？就像我们上 Dribbble 和 Behance 寻找设计灵感一样，他们也是在学习别人的算法模块啊！

第 3 章 眼界

Field Of Vision

在上一章，将交互设计师职业技能的第一部分——思维部分讲完了，本章讲“眼界”这部分。老实说，我是作为设计师个人在写些总结性质的文章，不是专业的学者或作家，因此所写到的内容并不一定就是全的，甚至会有不少遗漏的地方，你在阅读的时候，还需要多做思考，辩证地看待我提到的观点。

言归正传，开始讲**眼界**部分。

这是交互设计师的眼睛和藏书库。有句话说得好：“道理我都懂，却依然过不好这一生。”思维方式有了，你还需要有一定的专业知识、行业案例的积累才行，否则就算想得很好，但是真到要动手设计的时候，你会发现还是无从下手，因为你看得不够多。就像你要想成为一名文学作家，首先就得有十年以上的阅读量，涉猎古今中外各种文学名著和各种文体，你才有可能写出文笔流畅、故事生动的散文或者小说。就算你只想当一名“野生”的网文写手，那也得先看几千万字的各类网络小说，不是么？

3.1 交互模型

作为交互设计师，第一种需要具备的眼界当然就是和交互相关的——**交互模型**。

交互设计模型是捕捉和积累有效的设计方案，并将其应用于类似问题的方法，这是尝试将设计理论形式化，记录最好的实践方式，它可以帮助我们：

- 节省新项目的设计时间和精力；
- 提高设计方案的质量；
- 促进设计师与程序员的沟通；
- 帮助设计师成长。

这种模型化的设计概念源自建筑设计，克里斯特福 · 亚历山大（Christopher Alexander）撰写了两本影响力巨大的著作《建筑模式语言（A Pattern Language）》和《永恒的建筑设计方法（The Timeless Way of Building）》，书中首次描述了建筑设计模式这一概念，用以描述那些给居民带来幸福感的建筑设计精华。

而交互设计模式和建筑设计模式有一个重要的区别，它不仅关注结构和元素的组织，还关注相应用户活动的动态行为和变化。

—— Alan Cooper（艾伦 • 库伯），《About Face 4：交互设计精髓》

我在自学交互设计的过程中，发现了交互模型的这种规律，然后一直使用这种方式积累经验和辅助设计，这对我的转行过程帮助很大。后来我才看到原来 Alan Cooper 早就在书中提到了类似的交互设计模式，一方面遗憾没有早点看到，另一方面也算是和大师不谋而合了，很开心。

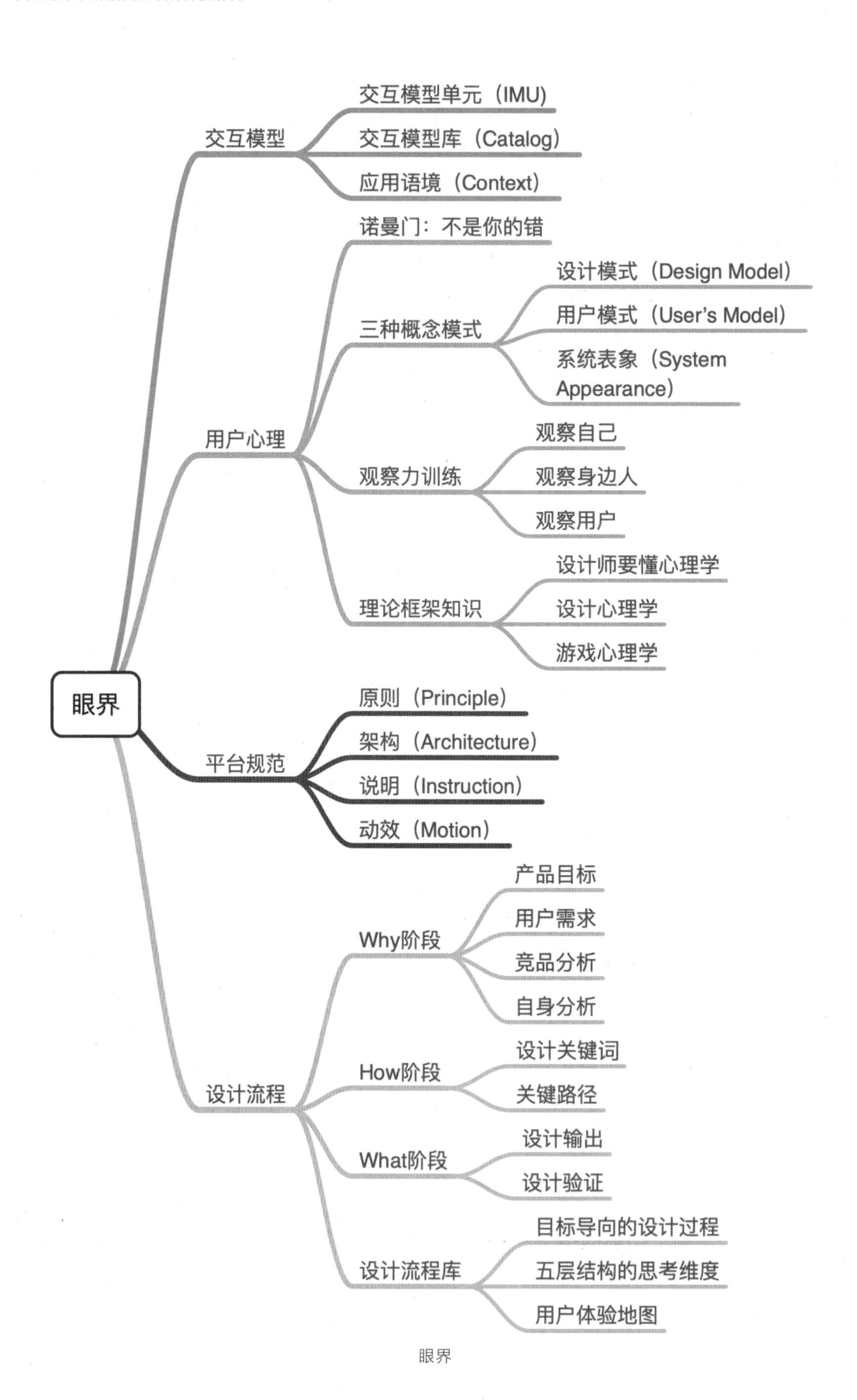
眼界
交互模型
交互模型单元（IMU）
交互模型库（Catalog）
应用语境（Context）
用户心理
诺曼门：不是你的错
三种概念模式
设计模式（Design Model）
用户模式（User's Model）
系统表象（System Appearance）
观察力训练
观察自己
观察身边人
观察用户
理论框架知识
设计师要懂心理学
设计心理学
游戏心理学
平台规范
原则（Principle）
架构（Architecture）
说明（Instruction）
动效（Motion）
设计流程
Why阶段
产品目标
用户需求
竞品分析
自身分析
How阶段
设计关键词
关键路径
What阶段
设计输出
设计验证
设计流程库
目标导向的设计过程
五层结构的思考维度
用户体验地图
眼界

3.1.1 交互模型单元

美国心理学家、体验式学习大师大卫 · 库伯（David Kolb）认为，不能用经验指导行动，应该从行动中归纳出经验，把经验升华为规律，再用规律指导行动。这就是他提出的**库伯学习圈，**我们同样可以用这种方式来学习和总结交互设计中的规律。

1. 行动中归纳经验

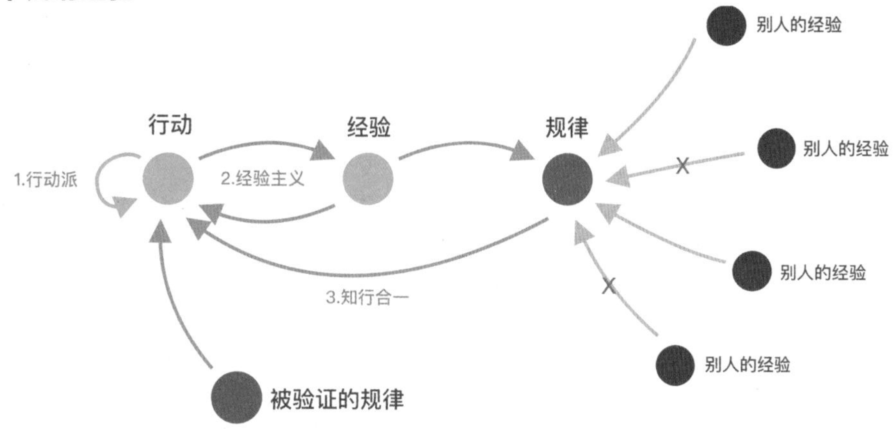

库伯学习圈

我们平时都会使用一些电脑软件和手机 APP，你有留意到它们的界面和操作吗？

比如 iPhone 的系统设置里，有一个 Wi-Fi 设置界面，相信大家都很熟悉。

Wi-Fi 设置界面

Wi—Fi 开关

在现实世界中，我们是使用按下按钮和拨动开关来启动和关闭电器的，在手机里我们如何开关 Wi—Fi 呢？其实也是模拟拨动开关的效果，点击界面最顶部的绿色开关，就会有一个拨动的小动画，开关会从绿变白，Wi—Fi 也就关闭了。

我把软件交互中这种简单的交互操作叫作**交互模型单元（Interaction Module Unit）**，简称 **IMU**。比如开关操作，这种左边有开关操作的功能名称，右边有一个点击会切换的开关控件，就构成了一个 IMU。

当记住了这个 IMU 可以作为功能开关之后，你下次需要自己设计功能开关的时候，就可以用上了。比如 QQ 音乐中就有同样的控件。

右图中的“定时关闭”“仅 WiFi 联网”和“流量提醒”就是和 Wi—Fi 开关同样的功能开关式的 IMU。

可能你会有疑问了，为什么要称它为**交互模型单元（IMU）**呢？它明明就是一个简单的控件而已，叫控件就好了嘛。

定时关闭
仅Wi-Fi联网
流量提醒

QQ 音乐中的 IMU

问得好，控件当然是一种 IMU，但是 IMU 不仅仅包含控件这种单位，它还包含更多的内容。

比如在 QQ 音乐的首页中，你应该在哪里放入一个里面包含个人中心和各种设置的系统菜单呢？它的交互操作是怎样的？内容该如何布局比较好？

于是你就发现了，QQ 音乐的设计师在界面最左上角放了个三条横线的按钮，点击之后就能展开菜单了。

QQ 音乐的首页

个性装扮 默认皮肤
VIP中心 畅享音乐特权
消息中心
免流量服务 在线听歌免流量
定时关闭
仅Wi-Fi联网
流量提醒
听歌偏好
微云音乐网盘
导入外部歌单
清理占用空间
帮助与反馈
关于QQ音乐
设置 退出QQ登录

QQ 音乐展开菜单

也就是刚才看过的包含三个开关的那张图，它其实是从界面的最左边滑出来的完整菜单。菜单里是从上到下的列表式布局，每一项都可以点击跳转到下级界面进行选择或者是直接进行开关操作，最下面还有设置界面的入口和退出登录按钮。

展开菜单列表式布局

2. 经验升华成规律

你可以把那个三条线的菜单按钮和整个滑出的菜单作为一个 IMU，把它作为菜单的一种展示形式，存进你的交互知识库里。

存进去之前，你还需要思考几个问题。

① 在什么情况下使用这个菜单 IMU 比较合适？（菜单中需要展示的内容比较多的时候）

② 这个菜单 IMU 适合展示什么类型的内容？（从上到下的列表式结构比较合适）

③ 它有什么局限性？（占用面积比较大，过场动画幅度大，更适合沉浸式的操作）

④ 如果不用从左滑入的动画，换成从上往下滑入会怎样？（可以改成从上往下或者从下往上滑入，但是也要相应地把菜单右侧的留白改成在下面或者上面）

只有把这几个问题思考清楚了，等你下次需要用到这个菜单 IMU 的时候，才能使用得好。

比如第四个问题如果你想明白了，就完全可以做出右图这种菜单。

乍看起来好像和刚才那个菜单 IMU 不一样，但是不就是换成从下往上滑入的方式嘛！里面的内容同样还是列表式布局，留白改为放在上面了，下面还多了一个“关闭”按钮。

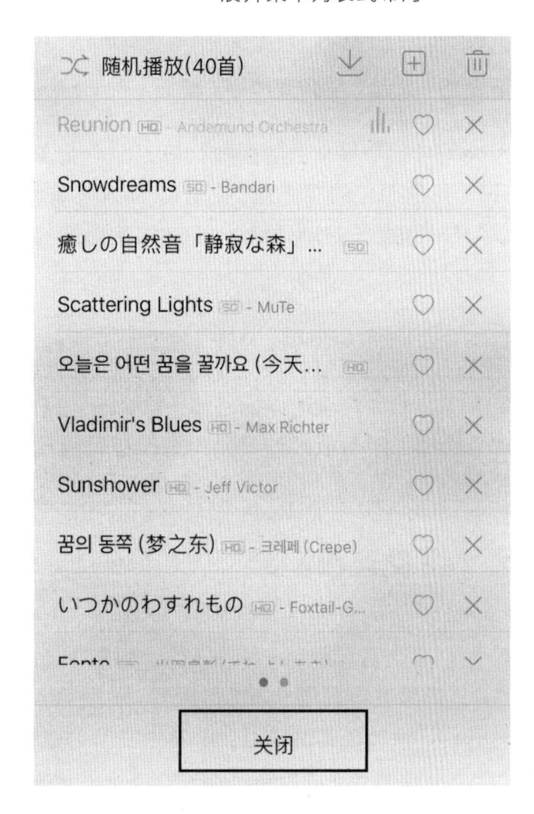

从下往上划入菜单

为什么下面要多一个关闭按钮？

之前左侧的菜单 IMU 并没有“关闭”按钮啊，只要点击右边的空白区域就可以关闭菜单了。想想看，这个为什么不能点击上面的空白区域来关闭菜单？

对，因为这是手机上的 APP 界面，而手机屏幕的上方手指是不太好点的。

所以在下面加一个“关闭”按钮，使用起来会更方便。

于是你又得到了一个**底部菜单 IMU**，它是从底部向上滑入的，内容是列表式，下方多了一个“关闭”按钮。

是不是很有意思？

你完全可以继续思考，这个新的菜单 IMU 真的只能是列表吗？还能用来放其他类型的内容吗？如果把纵向的列表改成横向的图标会怎么样？

当然可以啊，然后你就又会得到一个新的**底部菜单 IMU**，如右图所示。

当需要分享歌曲的时候，可以打开这个菜单，它可以放很多社交 APP 的入口，用来选择要分享的平台，如微信、QQ 和微博等。

下面的“关闭”怎么变成了“取消”？

因为刚才那个是歌曲的播放列表，上一个操作是“打开”，所以对应的操作是“关闭”。而这里是你点击“分享”按钮触发的分享菜单，于是对应的操作就变成了“取消分享”，简称“取消”。

底部菜单 IMU

是不是很神奇，明明我们最开始看到的只是一个菜单 IMU，怎么想着想着就变成了三个？

不止如此，你完全可以把任何一个你看到的 IMU 都进行如此的思考和改造，根据你的应用场景制作成合理的**新 IMU**，这就是**用规律指导行动**。

3.1.2 交互模型库

作为一个交互设计师，我在刚入行的时候，每天都在：**按照上文说的思考方式，把所有见到的 APP 界面进行截图、分析和拆解，然后存入我脑海中的 IMU 库里。**不仅仅是手机 APP 里有，电脑软件、网页还有游戏里全都有大量的 IMU 供你参考，这真是一个令人兴奋的积累过程。

1. 我的 PC 截图库

这里不仅包含所有 PC 端竞品的截图，还包含我们自己软件的各种截图，甚至各种 Tips 和安装的过程都有截图。当然还有各种做得不错的网站截图，可以说是非常全了。

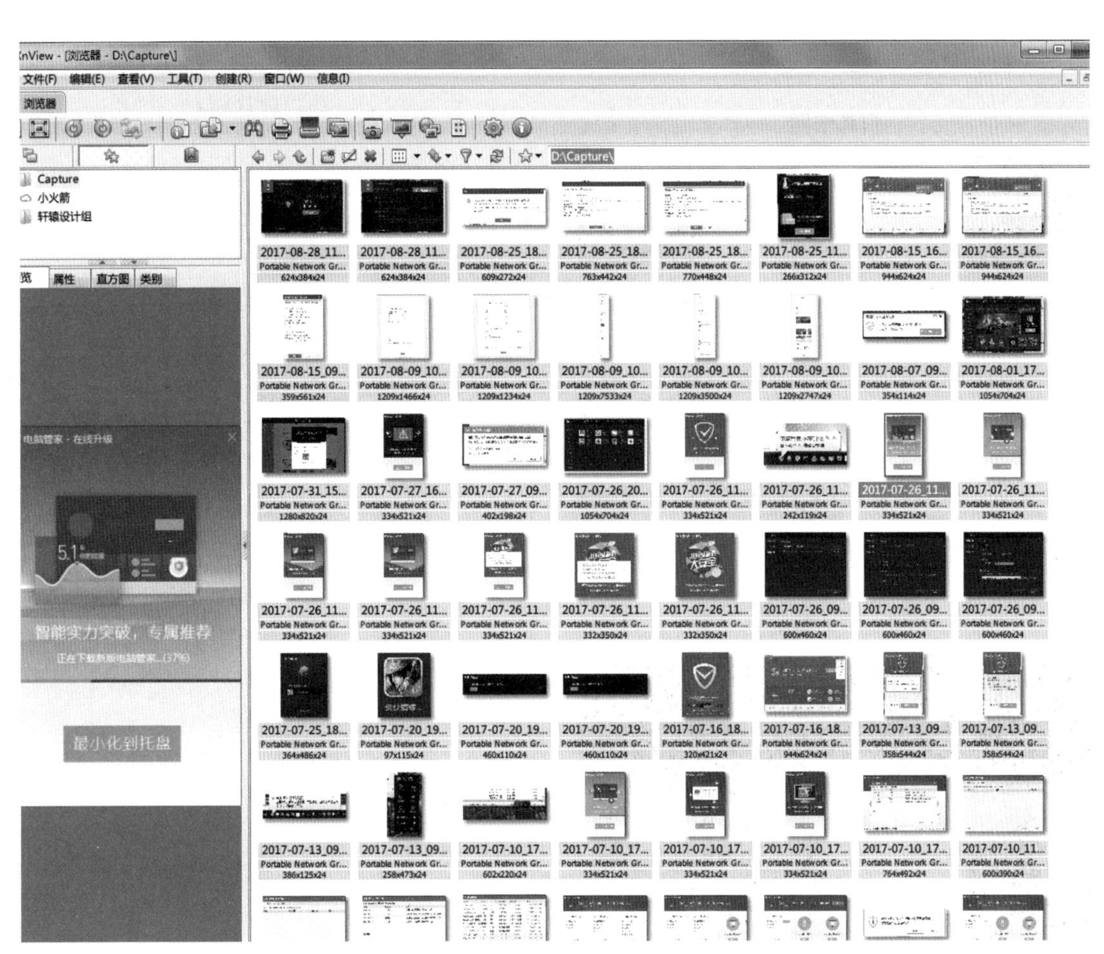

PC 截图库

2. 我的手机截图库

手机上的 APP 那就更多了，但不知多少人会有这种随手截图的习惯。APP 虽然一直都在那里，但是随着设计版本和时间的变化，它们也会做各种变换。如果你看到有趣的交互方式不趁早截下来，等你真的要找的时候可就没有了，Path 和 Instagram 的界面都变了好多次了。

但是请注意！

截图库 ≠ 交互模型库！！！

还记得吗，**所谓的交互模型单元（IMU）是需要你对界面中的交互展示方式、操作方式进行分解和分析，思考每个 IMU 的作用、使用条件、环境以及各自的优劣，**才算是真的完成了收集，截图仅仅是帮助你记忆的一个环节而已。

所以请别再问我交互模型库的存储方式，它当然应该存在你的大脑里。

IMU 这个概念其实也是《刻意练习》这本书里提到的**心理表征**的一种。

心理表征是一种与我们大脑正在思考的某个物体、某个观点、某些信息或者其他任何事物相对应的心理结构或具体或抽象。

—— Anders Ericsson（安德斯·艾利克森）

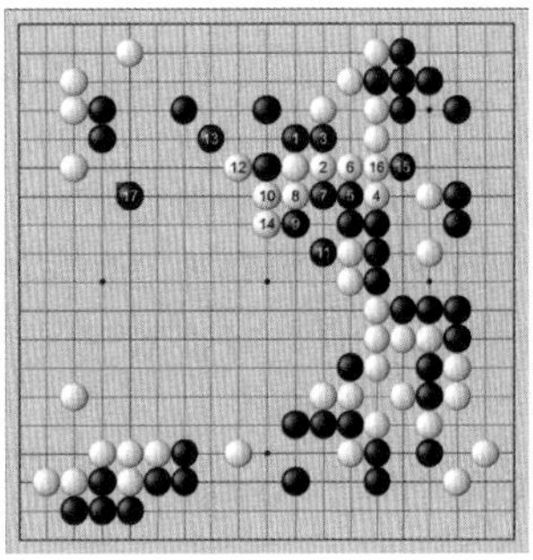

围棋

做交互设计也和围棋、象棋大师在下棋的时候的思考模式很像。在这种情况下，

手机截图库

应该用哪一种走法（也就是 IMU）来应对呢？正是心中有足够多、理解足够深刻的心理表征，才有可能在非常短的时间内在脑海中进行大量的“检索”，从而得出最合适的走法。

还记得在《倚天屠龙记》里，张三丰是如何传授张无忌太极剑这门功夫的吗？刚开始张无忌是有样学样，按着张三丰教的招式一步步学下来，等到学完之后，张三丰问他还记得多少，这家伙竟然只记得一大半？

“无忌，我教你的还记得多少？”“回太师傅，我只记得一大半。”

“那，现在呢？”“已经剩下一小半了。”

“那，现在呢？”“我已经把所有的全忘记了！”

“好，你可以上了！”

是张无忌智商不高吗？

并非如此。正相反，他一下子就掌握了这门功夫的精髓。

只有当你积累了足够多的 IMU，建立了自己的交互模型库之后，你才有可能随心所欲地设计新产品和新应用。而对这些 IMU 的理解深刻与否，则决定了你做出来的东西是生搬硬套的，还是达到了**“重剑无锋，大巧不工”**的境界。

3. 收集类软件推荐

俗话说：“工欲善其事必先利其器。”这里我推荐一下自己平时在使用的图片收集类软件吧。

FastStone Capture
截图

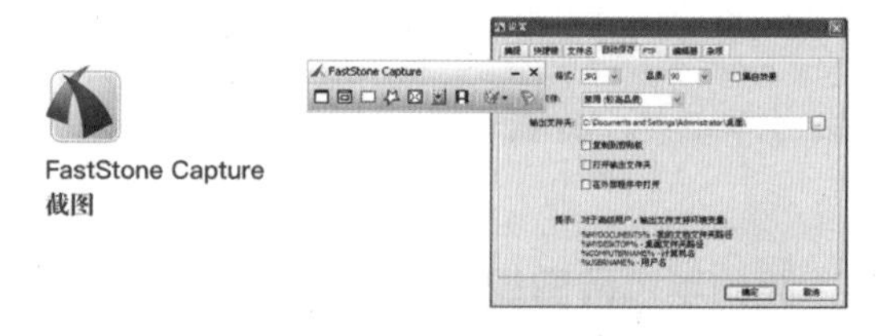

XnView
图片浏览

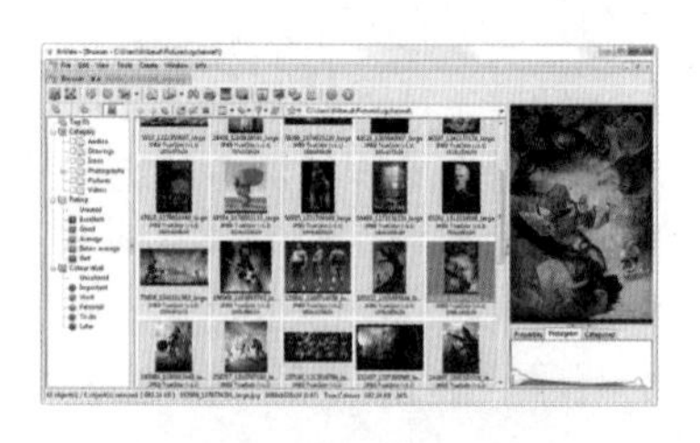

Eagle
图片浏览

收集类软件推荐

- **FastStone Capture（截图）：** 极为小巧的截图工具（只有几 M），功能却能满足大部分需要。我最喜欢的功能是自动截取活动窗口（不用手动选定窗口）、滚动窗口截图（网页截图神器）、自动保存到文件夹（省时省力），它甚至还有屏幕取色器和屏幕标尺（测量屏幕上两点间的像素距离），可以用来走查开发的设计，还原效果。另外，它居然还有屏幕录像功能……

- **XnView（图片浏览）：** 替代 ACDSee 的软件，也是只有二十几 M，并且支持几百种图片格式（包括 PSD 和 PDF），还能随意调整窗口布局，查看大图片的性能也非常好，还可以对图片进行简单的编辑、批量重命名。

- **Eagle（图片浏览）：** 新发现的图片收集类软件，对标 Inboard，却有比它更强大的图片预览（支持 GIF、视频）和筛选功能（标签分类、图片形状、颜色），最关键的是全平台。

上述的三款软件，前两种已经伴随了我职业生涯的全部 9 年时间，一直用得非常顺手，强烈推荐！唯一可惜的是都只有 Win 版，随着我最近转战 Mac 平台，开始用得少了一些。第三款 Eagle 是最近发现的，确实比较好用，并且支持全平台，大家也可以试试看。

3.1.3 应用语境

语言环境（语境，Context）主要指语言活动赖以进行的时间、场合、地点等因素，也包括表达、领会的前言后语和上下文。

——百度百科

有了这么多的 IMU，我们能随便拿来就用吗？非也非也。

交互设计模型永远不能脱离应用语境而像零件或是乐高积木一样机械地拼凑使用。提出建筑模式语言的亚历山大指出，情境在模式表现形式上具有决定性作用，因此，建筑模式是预制建筑的对立面。模式展开的环境极其重要，它的子模式、母模式以及相近的其他模式（比如上文提及的 QQ 音乐的那几种弹出菜单）同样十分关键，在使用交互设计模型时也同样如此。

应用语境包含的几个因素

① **时间（流程节点）：** 用户是在什么流程中的什么环节打开这个界面的，这决定了是用一个新界面好，还是只需要在当前界面弹出一个选择控件。

② **场合（平台环境）：** 当前平台是 Windows、Mac 这样的桌面平台，还是 iOS、Android 这样的移动平台，又或者是跨平台的 Web 环境？这决定了你要使用哪种类型的 IMU。如果你在移动端上用了一个 PC 上的下拉菜单，那用户会破口大骂的，手指根本点不到那里面的选项啊！

③ **地点（具体界面）：** 同样是给页面分类，在 APP 的首页中，你应该优先使用下方的主导航；在 APP 的下级页面里，你就应该使用上方的 Tab。

我在知乎上发布《交互设计中的规律》之后，有朋友提出疑问说 IMU 的这种方式不合理，因为没有考虑到设计的实现模型和用户的心理模型的问题，也有前端同学提出这种方式没有考虑到前端开发，可能具体沟通的时候会有困难。

其实他们可能都没有仔细看完我的文章，我们当然不能孤立地看待每个 IMU，哪有可以不用考虑用户心理和应用场景的设计方式？

感谢你提出意见，不过我确实有考虑这种情况，请参见如下原文。

在什么情况下使用这个菜单 IMU 比较合适?（菜单中需要展示的内容比较多的时候）这个菜单 IMU 适合展示什么类型的内容?（从上到下的列表式结构比较合适）它有什么局限性?（占用面积比较大，过场动画幅度大，更适合沉浸式的操作）如果不用从左滑入的动画，换成从上往下滑入会怎样?（可以改成从上往下或者从下往上滑入，但是也要相应地把菜单右侧的留白改成在下面或者上面）

只有把这几个问题思考清楚了，等你下次需要用到这个菜单 IMU 的时候，才能使用得好。我并没有说这每一个 IMU 要脱离于界面样式和用户的心理模型而存在，只是在基于我们对这种操作形式深刻理解之后，把一种常用的、被验证是可行的模块存进我们的知识库中，便于以后调用而已。

每一个设计除了样式本身，我们都需要考虑用户心理和具体的技术实现、应用场景，这些只是作为经验积累而存在，具体在应用的时候还是要分析这些模块是否适合当前产品和场景，才有可能设计好。

正如 Alan Cooper 所说，**“设计模式的运用，没有捷径，也没有立竿见影的解决方案。”**珍妮弗·泰德维尔（Jenifer Tidwell）在这本《设计交互界面（Designing Interface）》书中广泛收集了各种交互设计模式，她同样也发出了这样的警告：**“模式不是拿来就能用的商品，每一次模式的运用都有所不同。”**

我找了一圈，目前并没有什么书能够帮你收集到足够多的交互模型，那本《设计交互界面》已经是 2012 年出版的书了，国内早已没货，书中的案例也过时很久了。

所以想要理解这些交互模型和应用语境，真的没有什么捷径可走，唯有一步步地积累而已。

3.2 用户心理

上面讲解了交互设计师应该如何积累自己的交互模型，这是一个我们应该每日练习的基本功，没有捷径可走。下面要讲的用户心理，虽然同样是所有用户体验设计师的基本功，但是能够学好的同学就没那么多了，包括我自己也还是在学习的过程中。

可能你会好奇，为什么我在这个技能树上列了三个和用户有关的技能：用户思维、用户心理和用研方法。说起来这还得怪我们这个行业，毕竟叫**以用户为中心的设计（User Centered Design，UCD）**嘛，“深入”了解用户是我们的天职。

其实这三者被分别列在三个地方就已经说明问题了。

① **第一个是思维层面，**时刻在脑海中保持着从用户角度思考问题的习惯，是为用户思维。

② **第二个是眼界层面，**要深刻研究心理学，洞悉人性，还要了解脑科学的研究成果，用以辅助设计，是为用户心理。

③ **第三个是手段层面，**要掌握用户研究的方法，知道如何使用这些工具来分析产品的用户属性、验证产品的可用性，是为用研方法。

对于设计师来说，这三者都很重要，但要说最难的，无疑是用户心理部分了。因为设计师大多出身于设计类专业，对于心理学的研究普遍都不深刻，而这同样也是我这种半路出家之人的短板，需要好好学习和巩固。

要讲和设计相关的心理学，就必须得提到这位大师的理论。

3.2.1 诺曼门：不是你的错

看着眼前美观豪华的门却不知如何打开，颇具现代感的水龙头你却不知道热水和冷水到底是哪一边，因为不会使用家里的组合音响而生出跟不上时代的挫折感，其实问题全不在你！全怪设计者考虑不周——而我们却在代为受过！

——唐纳德 • A • 诺曼
（Donald Arthur Norman）

二十世纪八十年代，诺曼博士在加利福尼亚圣地亚哥大学的研究中心最早提出了以用户为中心的设计（UCD）的概念，并出版了《设计心理学 1》。提出了应该由设计者来解决用户的问题，避免用户犯错误，而不是由用户来承担这种心理挫折感。

由于他在书中列举的那些难以打开的门、令人迷惑的电灯开关和无法弄明白的淋浴控制器太过让人印象深刻，以至于后来大家碰到任何难用的、带来不必要麻烦的东西都会称之为**“诺曼门”**，或者是“诺曼开关”“诺曼淋浴器”……

我在生活中就碰到过这么一个“诺曼门”。

生活中的“诺曼门“

这是市中心书城某拉面馆的门，平时这里面坐满了人，而我们这些想进去吃面的顾客很自然就会去推门，然后就会发现推不开（也拉不开）。我发现并非只有我才有这个问题，当我坐在里面吃面的时候，我发现每隔几分钟就会有人过来推门……

为什么会这样？

其实你仔细看，门上是有一张告示的。

告示文字：

尊敬的顾客 您好
请到正门排队用餐
谢谢合作

门上的告示

但是这上面是一个大大的排队图标啊！我一眼看过去以为是在这里排队，根本不会看字的。于是就推门了，等到推门、拉门都不灵的时候，我才会注意到门是锁着的，然后才会去看上面的字……

这就是一个典型的、让人误操作的“诺曼门”。

并不是设计者没有考虑到要告知用户，但是他没有想到，用户认为这种透明的后门根本没有几家店会锁的，何况还有一个含义不明的图标在那里。

对于这些难用的产品的探索，是对以用户为中心进行设计这一思路的起点。过去的设计人员总是没有充分考虑用户的需要，致使用户陷入迷惑或是出现难以避免的操作失误，甚至因此出现航空事故、医疗事故，但是这并不是用户的错，而是设计中存在着弊端。

3.2.2 三种概念模式

如果用户拥有正确的概念模式，就能比较容易地学会使用任何物品。当出现问题时，也能比较容易地找到问题出在什么地方。

哪类用户的概念模式比较多？无疑是使用过很多产品，或者受教育程度比较高的那些高端用户了，他们更容易理解产品背后的设计和运作逻辑。但如果我们的产品还需要给中老年用户和新手用户使用，让他们也能建立起正确的概念模式，那就一定要做到：

- 操作原理显而易见。
- 所有的操作动作都符合概念模式。
- 产品的可视部分应该按照概念模式反映出产品的当前状态。

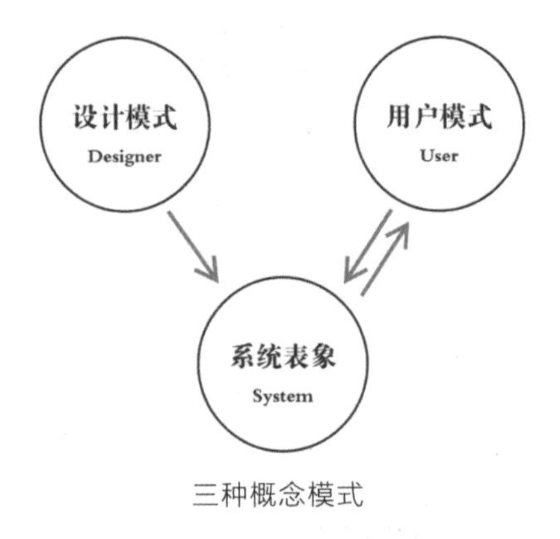

三种概念模式

概念模式分为 3 种：设计模式、用户模式和系统表象。

① **设计模式（Design Model）：**这是设计人员头脑中对系统（产品）的概念；

② **用户模式（User's Model）：**这是用户认为的该系统的操作方法；

③ **系统表象（System Appearance）：**这是系统的外显部分，包括系统的外观、操作方法、操作反馈以及操作说明。

在理想状态下，用户模式应该和设计模式相吻合，但实际上，用户和设计人员之间的交流只能通过系统本身来进行。也就是说，用户只能通过外观、操作反馈等系统的外显部分来建立概念模式，因此系统表象格外重要。设计人员必须保证产品的各个方面都与正确的概念模式保持一致。④

上面所说的三种模式，也可以分别叫作概念模型（设计模式）、心智模型（用户模式）和实现模型（系统表象），这里不再深究。

---

④ *引用自《设计心理学 1》，作者：唐纳德·诺曼。*

A. 概念模式不匹配的情况

如果概念模式不匹配，会产生怎样的效果？

诺曼博士举了一个燃气炉的例子。

如右图所示，这是燃气灶从正上方往下看的示意图，上面四个大的是燃气炉的炉灶，下面一字排开的是四个控制它们开关和火力的旋钮。

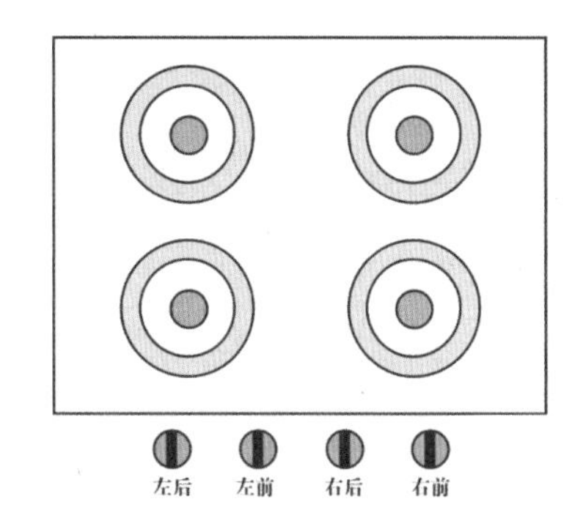

难懂的概念模式

现在问题来了，你能马上反应过来哪个旋钮控制哪个炉灶吗？

- 设计师想的是，既然旋钮和炉灶是一一对应的，那我就一字排开就好了，左边两个旋钮对应左边的两个炉灶，右边两个旋钮对应右边的，然后标上对应关系就好了，规则很清晰。
- 而用户想的是，最右边的旋钮和右前方的炉灶离得比较近，应该是对应的吧？试了下没错。那最左边的旋钮也是对应左前方的炉灶了？咦，怎么变成左后方的了？

这就是两种模式不匹配产生的问题，用户无法从系统表象上直接看出规律，每次都必须借助文字才能判断正确，这真是一种难用的“诺曼燃气灶”啊！

B. 自然匹配的概念模式

其实设计师只要花点心思，完全可以设计出符合用户模式的燃气灶，如右图。燃气灶呈现一个很明显的从左到右的结构，这时下方的旋钮再一字排开，用户一看就很容易对应上了，甚至不需要再加什么文字说明。

这种燃气灶，用户只要使用一次之后就能够确认这种自然匹配关系，以后也不会发生使用错误的情况。

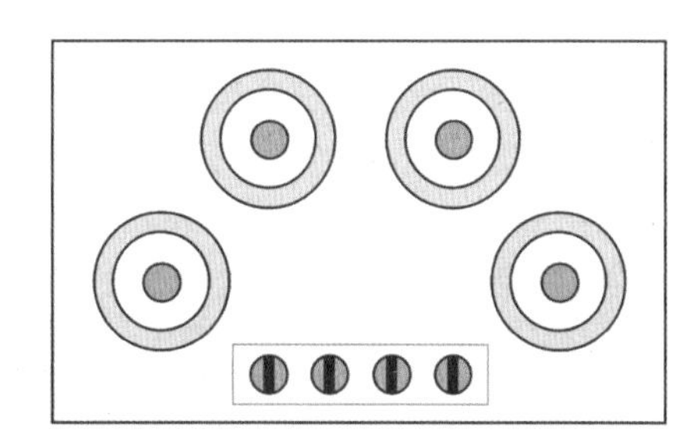

自然匹配的概念模式

这就是三种概念模式匹配的好处。

而我们平时在设计中，为了尽可能地让这三种概念模式匹配，就不妨多采用一些成熟的、约定俗成的设计模式。这样用户用起来习惯，设计起来也容易许多。

这就是为什么要多学习别人的交互模型，所谓的“不要重新发明轮子”讲的也是这个道理。不要为了创新而创新，让人们用起来更顺畅、更易懂是最重要的。

3.2.3 观察力训练

要以用户为中心做设计，就得更了解用户和人性，才有可能做出更加符合用户模式的设计。

怎么了解呢？

这很方便，我们研究的不是草原的、深海的、天上的动物和植物，不用上天入地带各种仪器，我们研究的就是人类自己，我们身边全是使用产品的用户。

先从观察做起。

1. 观察自己

这是做用户体验这一行的职业病吧，生活中碰到任何有趣的、新奇的或者不爽的东西，我们都会加以留意，反复把玩，甚至拍照留记录。

- 比如上文中的某面馆“诺曼门”的例子，就是一发现问题马上记下来的。
- 比如平时坐电梯的时候研究各种电梯按钮，为什么同一栋楼的不同电梯按钮排布方式都不同，甚至有些开关门的按钮还会和警报按钮弄混。
- 比如使用某个 APP 的时候，发现它启动后的新版介绍变成了视频，但是那种中间不能有任何操作的新版介绍让人缺少一种控制感，不太爽……

我还有一个习惯，会把自己用得不爽的地方，直接在客户端里或者邮件的方式给产品反馈，然后观察他们产品经理的响应速度。结果是，国外产品的响应速度非常快，而且是产品经理直接回邮件；而国内做得非常好的还是腾讯，基本都会有客服来找我，甚至是产品经理直接 QQ 联系我，然后我就会告诉他我的内网 RTX 名称，然后让他直接找我（就问你惊不惊喜，意不意外？）……

平时给各种产品的用户反馈

因为这个，我还和一些产品的产品经理成了朋友，他们也愿意把最新的产品设计告诉我，甚至还会和我讨论一些设计上的问题——毕竟我在找 Bug 的时候还给出了自己的解决方案，几年前我还甚至直接给漫画控 APP 画了一个简单的交互，这种设计师用户去哪找啊！

2. 观察身边人

除了观察自己，多看看身边的人是怎么使用产品的，这也很有意思。

毕竟自己是设计师，对于市面上大多数产品的设计模式都很熟悉。所以多看看身边的其他人在使用产品时和你有什么不同，比如你的同事、朋友或者父母，他们有时能给你一些意想不到的启发。

想找中老年用户、学生用户甚至是儿童用户？他们就在你身边，不要等到要做产品的时候才想到找他们访谈，那种正式的询问方式可能问不出多少东西。但如果观察他们日常使用产品的姿势、习惯以及思考方式，你反而更容易理解他们在使用时的痛点。

这时不妨把你自己当成是一个科学家，而他们就是你的免费研究对象，想想就很激动。

3. 观察用户

这种机会很难得，如果你能够参与或者发起公司产品的用研工作，或者有其他机会直接接触到你的目标用户，那一定不要放过。

你的目标是和他聊天，看他平时是在何时何地使用你的产品的，用什么姿势、手势，心理的预期是什么，在操作过程中碰到过什么挫折，感受是什么，这些统统都是很宝贵的一手资料。

如果你还能亲眼看到他的使用过程那就更好了。例如，你知道滴滴打车的司机端是怎么设计的吗？那些司机大叔又是怎么抢单的呢？你上车之后不妨多留意下一他的手机屏幕，你就会发现：大字号、大按钮加上语音播报的方式真的很适合他们的使用场景，同时每一步的操作都做了很多减法。司机们在开车的时候让他们操作这些软件功能，一定要怎么方便怎么来。

就算这些不是你做的产品，你也可以通过观察它们的用户来练习自己体察用户需求的能力。当你看得多了，收集了足够多的用户样本，才有可能做好自己的设计。

3.2.4 理论框架知识

其实前面说的都是铺垫，这种和用户心理相关的内容，观察和体验只是辅助学习的方式，最重要的还是要直接找业内的专家学习系统性的知识。

既然要设计用户体验，那设计的理论根据是什么？最根本的还是取决于我们对用户的了解。

- 什么样的展现方式更易阅读？
- 他们是如何思考、如何做决定的？
- 该如何吸引用户的注意力，用户常犯的错误有哪些？
- 男性和女性的使用习惯、思考习惯有什么不同？

熟知了这些，方能有效地帮助我们做设计中的决策，这些才是真正的干货。

下面推荐一些相关书籍。

1. 设计师要懂心理学

首先推荐的是戴维·迈尔斯（David G.Myers）的这本**《心理学》**，它是一本厚达 756 页的 16 开的大部头的书，已经出到第九版了，是全美

700 多所高等院校的心理学教材。

《心理学》

我原以为这种专业书会很难读，但出乎意料的是，作者迈尔斯在书中讲的那些原理、实验都像是有趣的故事，读起来又生动又长知识，我个人非常喜欢。不过它的缺点也非常明显，就是真的太厚了，完全读完得花上不少时间。更适合的打开方式是先快速通读一遍，然后用来时不时翻一翻。

有的读者可能会问了：那有没有更短小精悍、更适合设计师读的心理学类书籍呢？就算是我真的读完了上面那本厚厚的书，我也不知道该怎么跟设计结合，怎么办？

问得好，答案如下。

《设计师要懂心理学》1 和 2

这两本**《设计师要懂心理学》**1 和 2 可以说是非常适合了！当年唐沐带领的腾讯 CDC 团队发现了第一本的外文版后如获至宝，把这本书视为设计师的必读书之一，然后组织团队里的设计师一起把它翻译成中文并引进到国内了，由此可见它在 CDC 团队心中的意义。

这两本都是很薄的小册子，作者 Susan M. Weinschenk 查阅了几十本心理学的书、上百篇论文，精心挑选出了最适合设计师了解的 100 个和设计有关的心理学常识和案例，每个知识点后面还会附上设计师可以用到的设计技巧。前一本写的时间较早，Susan 在看到种新科技（比如 VR 和 AR）的发展之后，觉得有必要对这些知识做一个补充，所以又写了第二本。

主要内容

① **人如何观察：**眼见和脑见，中央视觉和周边视觉，相邻物体必然相关等。

② **人如何阅读：**人阅读时扫视的方式，电子阅读比纸质阅读更难，人更喜欢短行阅读等。

③ **人如何记忆：**人一次只能记住 4 项事物（所谓 5 ± 2 法则是错的），再认比回忆容易等。

④ **人如何思考：**人天生爱分类，会创造心智模型，越不确定就越会固执己见，心流模式的介绍等。

⑤ **人如何决策：**多数决定都是潜意识做出的，人将选择等同于控制，人在不确定时会让他人做决定等。

⑥ **人的动机来源：**变换奖励更有效，人越接近目标越容易被激励，精神奖励比物质奖励更有效等。

其实还有很多，就不一一列举了。

值得提醒的一点是，这本书虽然介绍了很多概念，但是由于过于浓缩，以至于每个点都解释得不是很深入，甚至有些都看不太懂。所以这两本更适合作为设计师的心理学入门读物，可以把大量的心理学常识串起来，心里先有个底，然后去阅读其他的心理学著作（比如上面那本迈尔斯的），这样就会轻松很多。

2. 设计心理学

《设计心理学》

这本书就不用多说了，做用户体验的人都听过**诺曼博士**的大名，上文也介绍过了。他所著的这套《设计心理学》中提出的很多理论都深入人心，也正是书中的“情感化设计”方法让大家真正开始关注用户情感层面的感受，而不是仅仅把设计停留在满足基本的功能需求层面。

他提出了设计的三个层次：

① **本能层次的设计：** 产品的外观和界面；

② **行为层次的设计：** 使用的愉悦和效用；

③ **反思层次的设计：** 自我形象的投射，个人内心的满足，产品的记忆性。

这个层次模型不仅可以应用在产品的工业设计上，更可以用在界面设计、流程设计甚至是品牌设计上，真可谓是设计的重要“心法”了。不过这套书也很厚，还有四本之多，你需要用正确的阅读方法，方能有更多的收获，不会半途而废。

刚才说的那套《设计师要懂心理学》和这套《设计心理学》有什么区别？

前者就像是一本和设计相关的心理学索引词典，知识点很多、覆盖面很广，但是如果要从头到尾读下来并不是很友好；而后者更像是一本外国人写的小说，是诺曼博士结合日常生活中的观察，总结出的心理学应用，更适合培养我们形成一种好的思维习惯，后者读起来要通俗易懂很多，从它的畅销程度上也能看出来。但它的缺点也很明显——太啰唆了，这四本中一本的厚度就相当于前者的两本。

3. 游戏心理学

《游戏化实战》

游戏一直是大众非常喜欢的东西，关于如何在产品中加入游戏化元素相关的理论也非常多。但我觉得这本是讲得最好、最适合设计师阅读的。这本书的作者提出了自己的一套游戏化设计理论，叫作**八角行为分析法（The Ocatalysis Framework）**。

这是美籍华人游戏化专家、行为学家 **Yukai Chou** 发明的著名的游戏化分析理论。他用这个方法分析了很多的产品，如 Facebook（脸书）、Amazon（亚马逊）、Twitter（推特）和 Google（谷歌）等，也在全球很多地方做过讲座。

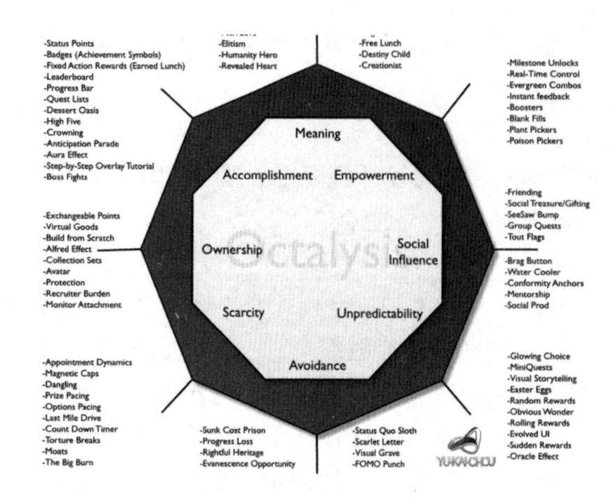

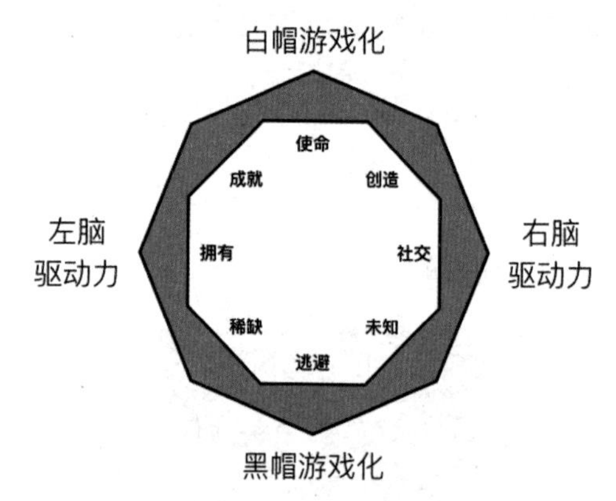

八角行为分析法

这个八角行为分析法共有八个边，把这八个边上的内容称之为游戏化的**八大核心驱动力**，分别是：

① **史诗意义与使命感(Meaning)：**玩家认为自己所做的事情，其意义比事情本身更重要。

② **进步与成就感(Accomplishment)：**我们取得进展、学习技能、掌握精通和克服挑战的内在驱动力。

③ **创意授权与反馈(Empowerment)：**能驱使玩家全身心投入创造性的过程，不断找出新事物，并尝试不同的组合。

④ **所有权与拥有感(Ownership)：**用户感到他们拥有或控制某样东西，因而受到激励。

⑤ **社交影响与关联性(Social Influence)：**激励人们的所有社交因素的集合体，包括师徒关系、社会认同、社交反馈、伙伴关系，甚至是竞争和嫉妒。

⑥ **稀缺性与渴望(Scarcity)：**人们想要获得某样东西的原因仅仅是它太罕见，或者无法立即获得。

⑦ **未知与好奇心(Unpredictability)：**当某样东西超出了你日常的识别系统，你的大脑会立即进入高速运转模式，来关注这一突如其来的事物。

⑧ **亏损与逃避心(Avoidance)：**我们都不希望坏的事情发生，不希望之前的努力白费，不想承认自己做了无用功。

作者通过对这八个点的详细解读，将和游戏相关的心理学知识都串联起来了，并且任何一款产品都能够用这个框架来分析解读，看它的游戏化分数、做得好的和不好的地方，写得非常赞。

3.3 平台规范

说到设计规范，这可能是很多设计师会忽略的一个东西，或者就算注意到了，也并没有引起足够的重视。现在来讲一讲，为什么设计规范甚至是平台规范对我们来说很重要？

你觉得苹果、谷歌、微软的设计团队怎么样？你有什么向往的设计公司或团队呢？

可以想到，这些团队的设计师都是精挑细选出来的人才，他们都有各自擅长的领域，这些精英们一起设计出来的软件系统当然就是他们集体的智慧结晶。同时，既然是团队合作，那一定会有配合的问题，他们是怎么保证团队内部不同的设计师做出来的东西能够有统一的风格和交互方式呢？一个 iOS 系统，里面除了系统层的设计，还包括各种内置软件的设计，以及让第三方团队设计的软件，他们又是怎么做到看起来就像是同一个人做的呢？

他们一定有统一的规范，用来让所有人对于这个产品、这个平台有同样的认识和理解，才有可能做到这一点。

这就是平台规范的意义。

之所以用“平台规范”而不是“设计规范”，就是想让大家意识到，规范其实不只是给设计师看的，还包含给开发人员看的部分，甚至所有接触到这个产品的设计开发过程的人都应该了解，所以用“平台规范”会更为贴切一些。

当然，有些产品只对外公开了设计规范，或者本身还不是一个平台性的产品，设计师也可以先关注他们的设计规范，从那里也能学到很多东西。

是的，其实规范这东西最大的意义不只是用来遵守的，作为设计师，那些精英团队所写出的规范，完全可以作为学习的对象，里面包含着他们对自己产品和平台的思考，以及对自己设计理念的总结。

且不说我们要在这些平台上做设计的时候需要遵循他们的规范，换个角度想，我们既然向往这些设计团队，那为什么不从这些规范开始学习呢？

看平台规范的时候，可以从这四个方面入手：

① **原则（Principle）：**产品整体的设计原则，和其他产品在理念上的区别。

② **架构（Architecture）：**规范的架构设计，可以了解它的产品全貌。

③ **说明（Instruction）：**每个控件的使用规范，开发可用的 API 接口。

④ **动效（Motion）：**他们是怎么做动效的，这些动效是怎么配合设计原则的。

3.3.1 原则

我们做任何一款产品的设计，首先要知道这款产品是在哪个平台上的？如果会同时上线多个平台，那每个平台之间的区别是什么？做的时候分别要注意什么地方？

常见的平台有：

- **桌面端：**Windows、Mac OS。
- **移动端：**iOS、Android。
- **网页端：**桌面 Web、移动 Web、H5、小程序。
- **可穿戴设备：**手表、VR、AR 等。
- **其他：**比如电视、车载导航、智能家电的屏幕等。

这些是对外的大平台，往小看，如果我们设计的是一个微信、支付宝上的功能，或者是改进腾讯电脑管家上的一个功能，这时都可以把微信、支付宝、电脑管家或者自家的产品当成是一个小平台，我们应该基于之前产品的原则和规范来做设计。

由于各个平台之间存在着差异性，它们会着重告知自己的特殊原则，比如 iOS10 就强调如下三点。[⑤]

① **清晰（Clarity）：**纵观整个系统，任何尺寸的文字都清晰易读，图标精确易懂，恰当且微妙的修饰，聚焦于功能，一切设计由功能而驱动。留白、颜色、字体、图形以及其他界面元素能够巧妙地突出重点内容并且表达可交互性。

⑤ *引用自：优设网文章《中文版来了！ UI 设计师必读的 iOS 10 人机界面设计指南 （一）》。*

② **遵从（Deference）：**流畅的动效和清爽美观的界面有助于用户理解内容并与之交互，而不会干扰用户。当前内容占据整屏时，半透明和模糊处理能够暗示其他更多的内容。减少使用边框、渐变和阴影，让界面尽可能轻量化，从而突出内容。

③ **深度（Depth）：**清楚的视觉层和生动的动效表达了层次结构，赋予了活力，并有助于理解。易于发现的且可触发的界面元素能提升体验愉悦感，让用户在成功触发相应功能或者获得更多内容的同时还能掌控当前位置的来龙去脉。当用户浏览内容时，流畅的过渡能提供一种纵深感。

从这三点可以明显看出 iOS10 的设计特点，它围绕着自己的高清屏幕、毛玻璃效果以及扁平化的设计风格，制订了核心设计原则。

不妨对照这三条原则，再去看手机里的操作系统。你能发现苹果的设计师们是如何严格遵守这些原则，从而设计出独具特色的界面交互的吗？

iOS10 还有一些通用的设计原则，我们同样能用在自己的产品设计中。

- **美学完整性：**视觉表象、交互行为与其功能整合的优良程度。
- **一致性：**内部一致的标准和规范有助于塑造统一的用户模式。
- **直接操作：**用户直接操作对象（而不是通过控件）能够提升用户的参与度并有助于理解。
- **反馈：**用户的每个交互行为都需要有对应的反馈，如果有进度的话要有明确的提示，还可以适当加入动效和声音。
- **隐喻：**当界面的视觉表象和操作行为与用户熟悉的日常体验相似时，用户就能更快速地学会这款应用。
- **用户控制：**应用可以对用户行为做出智能提醒和建议，但不应该替用户做决定。

在做设计的过程中，如果真的理解透彻 iOS 给出的这些设计原则，并且用这些原则来检验自己的产品，做出的东西就不会太差。因此在真正有足够的设计经验和领悟之前，完全没必要重新发明轮子（再次强调）——真的没有那么多新原则。

3.3.2 架构

除了看规范的内容之外，其实每一个规范文档的结构也有很多值得我们学习的地方。

1.Windows 平台设计规范

如果要做一个完整的软件系统，比如腾讯电脑管家，那要怎么开始设计，要考虑哪些内容？既然这些都是桌面端的应用，那不妨参考微软的 Windows 设计规范⑥，如下图所示。

可以看出，设计这类软件时，布局、样式和控件是重点要考虑的三块内容，甚至在样式那里还要细化设计到每一种控件，有了这个目录在，我们在设计的完整性上就有了保证。

当然，未必是全部都要重新设计。这需要考虑设计成本，你完全可以只挑选其中的一部分进行设计，有些部分不需要或者用得极少的话，可以直接用 Windows 的或者 Web 默认样式，但是提前了解全局和默认样式总是有好处的。

---

⑥ 引用自：微软 UWP 设计规范，《Introduction to UWP app design》。

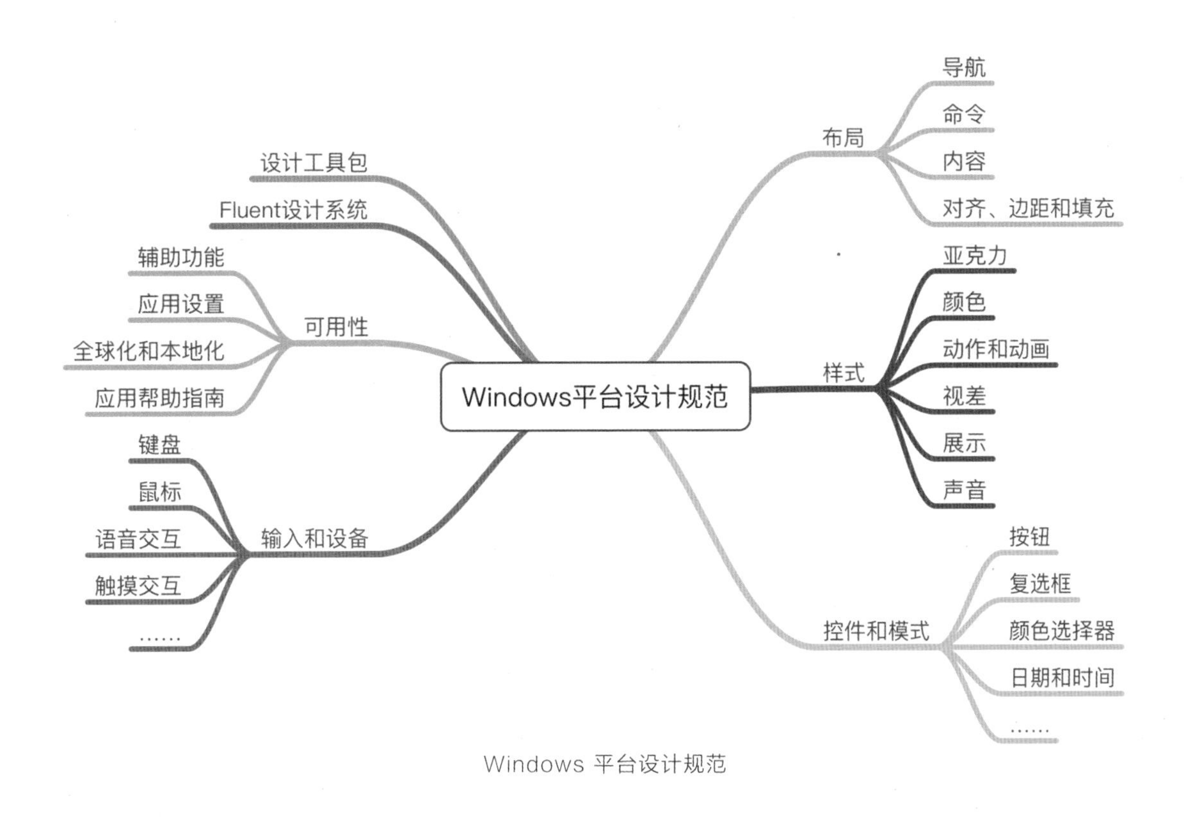

Windows 平台设计规范

2. 腾讯文档品牌设定

如果你需要做一套新的品牌设计，那不妨参考腾讯文档做的品牌设定说明⑦，如下图所示。

腾讯文档虽然只是一个新品牌，但这是腾讯 ISUX 团队亲自操刀做的品牌设计，整个设计流程和内容方面还是很值得借鉴的。他们设定品牌目标、提取关键词的过程，具体落地时的样式规范，这些都可以作为品牌设计的范本来参考。

怎么样？这么看来，无论你想做什么类型的设计，是不是都有可以借鉴的目标了？

有一点值得提醒，这些平台规范往往都是以网站的形式作为呈现，而且内容特别多，有些还是英文版的，所以大多数人容易望而却步。**推荐大家在看的时候最好根据自己的情况，先选定 iOS、Android 或者微软三者之一作为目标，边看边记笔记。看完一家。消化后再看其他的，这样效果会更好一些。**

但是这三家的设计规范更新得很快，比如上面说的 iOS10 的中文版规范，但其实官网上早就更新到 iOS11 了，而以前 Windows 有一版全中文的规范特别详细、有用，现在也更新成英文的 UWP 版本的规范了。所以要学习的话千万要趁早，多存档（保存 PDF、书签），不要等到找不到了才追悔莫及。

⑦ 参见腾讯 ISUX 设计团队博客的文章：《腾讯文档品牌设定》。

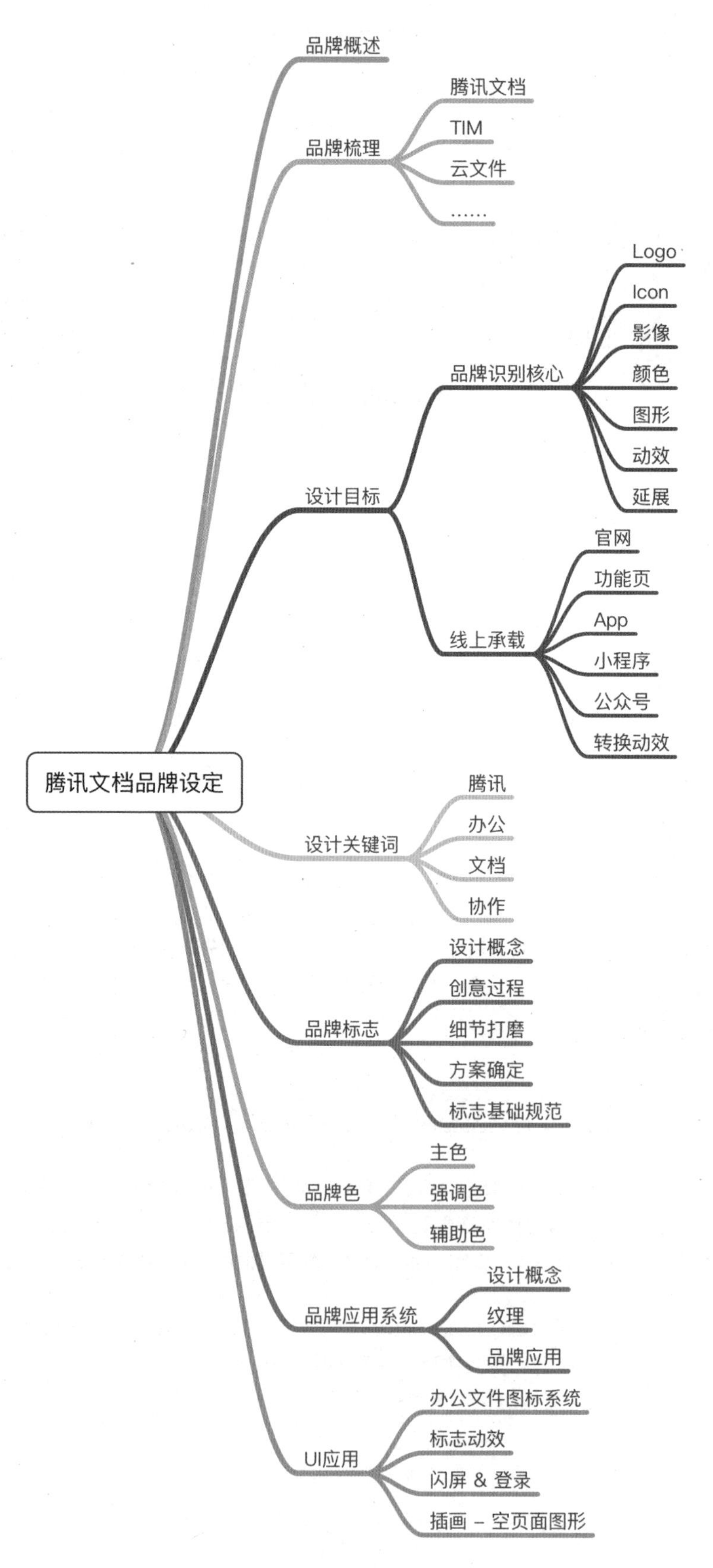

腾讯文档品牌设定
品牌概述
品牌梳理
腾讯文档
TIM
云文件
……
设计目标
品牌识别核心
Logo
Icon
影像
颜色
图形
动效
延展
线上承载
官网
功能页
App
小程序
公众号
转换动效
设计关键词
腾讯
办公
文档
协作
品牌标志
设计概念
创意过程
细节打磨
方案确定
标志基础规范
品牌色
主色
强调色
辅助色
品牌应用系统
设计概念
纹理
品牌应用
UI应用
办公文件图标系统
标志动效
闪屏 & 登录
插画 – 空页面图形

腾讯文档品牌设定

3.3.3 说明

如今苹果为它的多个平台都撰写了详细的人机交互规范，包含桌面系统（macOS）、移动系统（iOS）、可穿戴系统（watchOS），还有电视（tvOS）和车载系统（CarPlay），这里简直像是一本平台交互说明的百科全书。你想做任何一个类型的平台的设计，都可以过来参考他们制订的交互规范，可以学到不少好东西。

再次强调，你要学的是他们写的、对应平台的交互知识，就算你做的是 Windows、Android 这些平台上的设计，一样能学到很多好东西，别被思维框架限制了！

以上说明除了都是英文版的之外，也没有什么缺点了，所以好好学英语真的很重要，至少要能看懂这些文档吧。

好了，知道你现在再恶补已经来不及了，用谷歌浏览器自动翻译吧，单击鼠标右键后选择**“翻成中文（简体）”**，亲测可用。

中文版说明

举个例子，在 iOS10 的人机交互规范中，它对于如何设计数据输入界面的说明，就是一个很好的学习范本。

示例：数据输入（Data Entry）[⑧]

无论是点击界面元素还是使用键盘，信息输入都是一个冗长的流程。当一个应用在做一些有用的事情前，会要求用户进行一连串的输入，进而拖慢了流程，那么用户会很快感到失望，甚至会彻底地抛弃这个应用。

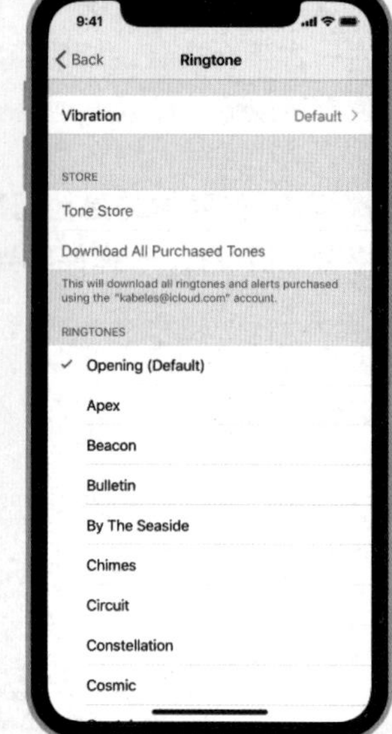

数据输入设置

可能时展示选项

尽可能地提高信息输入的效率。比如，考虑使用选择器或是列表来替代输入栏，因为从一列提前设定好的选项中选择一项，这比打字容易。

可能时从系统中获取信息

不要强迫用户提供那些可以自动或是在用户许可内就能获取的信息，比如联系人或是日历信息。

提供可靠的默认值

尽可能地预填最可能的信息值。提供一个可靠的默认值能缩短做决定的时间，从而加快流程。

只有在收集必需信息之后才能进行下一步

在允许“下一步”或“继续”按钮前，确保所有必要的输入框都有信息。尽可能地在用户输入之后就立刻检查输入值，这样他们就能立即改正。

只要求必要的信息

只有系统运行真正必需的信息才使用必填栏。

简化值列表的导航

尤其是在列表和选择器中，必须能够简单地选择值。考虑通过将值列表按首字母排序或是其他逻辑顺序排列，从而加快浏览和选择的速度。

在输入栏显示提示，以辅助说明

当输入栏没有其他文字时，可以包含占位符文字——比如“邮件”或“密码”。当占位符文字已经能足够说明时，不要再单独使用标签来描述。

无论你有没有设计过这类控件，他们提供的这些原则都是很好的参考。如果你正愁没人对你做一个系统性的指导，那这套规范简直就是一套教科书级别的干货，而且还是苹果由设计团队提供的、免费的！

---

⑧ 引用自：优设网文章《中文版来了！ UI 设计师必读的 iOS 10 人机界面设计指南（二）》。

3.3.4 动效

平台规范中不仅包含了交互说明，我们还能从中学到很多做动效的知识。最出名的当然要数谷歌的 Material Design 里的动效系统了。来看他们团队对于动效的说明。

1. 谷歌的动效说明⑨

A. 为什么动效很重要

动效展示了 APP 的组织方式以及可执行的操作。

动效提供了：

- 不同视图间的引导。
- 提示用户使用手势后会发生什么。
- 元素之间的层次和空间关系。
- 转移用户注意力，不去关注场景背后发生的程序行为（如获取内容或加载下一个视图）。
- 让产品变得有个性、优雅和让人喜爱。

B.Material 是如何运动的

Material 系统是从现实世界的力学中获得的灵感，比如重力和摩擦力。这些力学理论反映在用户的输入对屏幕元素的影响以及元素间的相互作用。

① **响应：**Material 充满能量，它可以在触发的位置快速响应用户的操作。

② **自然：**Material 描绘了受现实世界中的力学启发的自然运动。

③ **聪明：**Material 会聪明地了解其周围环境，包括用户和周围的其他 Material。它可以和附近的元素互动并对用户意图做出适当的反应。

④ **示意：**运动中的 Material 会将你的注意力在正确的时间引导到正确的位置。

C. 好动效是怎样的

① **动作是很快的：**交互动效不应该让用户有更长的等待时间。

② **动作是清晰的：**过渡动效应该清晰、简单和连贯，应该避免一次做太多动作。

---

⑨ *引用自：谷歌官方设计文档《Material Motion - Motion - Material Design》。*

③ **动作是凝聚的：** Material 元素的速度、响应性和意图是统一的。同时，你所定义的动效体验在整个 APP 中都应该是一致的。

除了上面关于动效的基本定义，他们还写了很详细的做动效时应该注意的细节，以及各种动画曲线的应用场景。推荐喜欢动效的人去好好了解一下。如果说交互说明方面苹果团队是大佬，那动画说明方面毫无疑问谷歌团队才是大佬！

2. 微软的动效说明[10]

微软在 Windows 10 以后，也做了一套自己的 Fluent 设计系统，也是很有特色的。下面举例介绍一下他们对于动效的说明吧（他们称之为动画）。

A. 什么是连贯动画

连贯动画让你可以通过为一个元素，在两种不同视图之间的转换创建动画来创建动态和引人注目的导航体验。这有助于用户维持用户上下文并提供不同视图之间的连贯性。在连贯动画中，当 UI 内容发生变化时，元素似乎在两种不同视图之间保持“连贯性”，从其在源视图中的位置掠过屏幕，到达其在新视图中的目标位置。这强调了不同视图之间的共同内容，并创建了转换过程中美观且动态的效果。

B. 查看实际操作

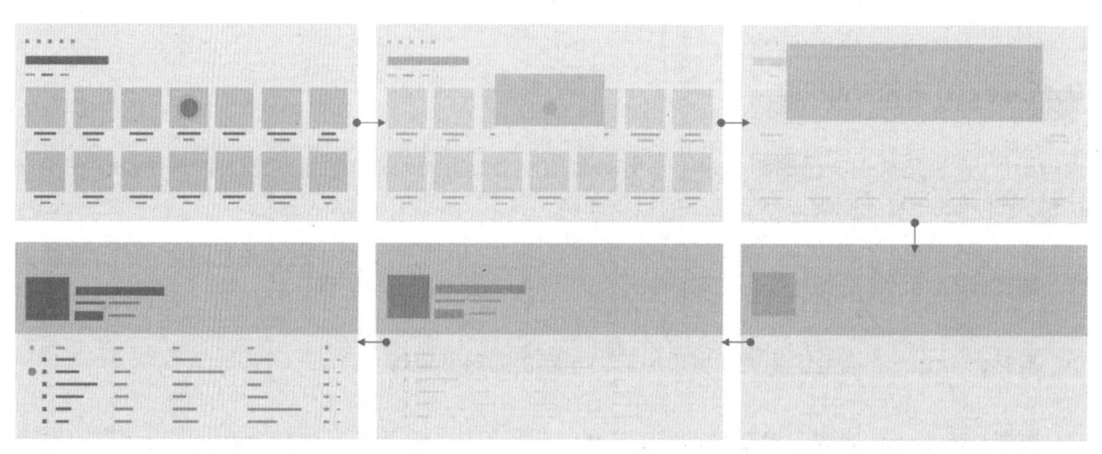

应用使用连贯动画来为一个正在“继续”变成下一页标题中一部分的项目图像制作动画。该效果有助于在转换过程维持用户上下文。

C. 为何选择连贯动画

在页面之间导航时，很重要的一点是让用户了解导航过后会出现哪些新内容，以及这些新内容与他们在导航时的意图有何关联。连贯动画提供了一个强大的视觉隐喻，通过将用户的注意力转移

---

⑩ *引用自：微软 UWP 设计规范，《适用于 UWP 应用的连贯动画》。*

到两个视图之间共享的内容，强调了二者之间的关系。此外，连贯动画为页面导航增添了视觉效果和润色，这有助于让你应用的动态设计与众不同。

D. 如何实施

设置连贯动画涉及两个步骤：

① 准备源页面上的动画对象，这向系统表明源元素将参与连贯动画。

② 启动目标页面上的动画，将参考传递到目标元素。

在这两个步骤之间，源元素将以冻结状态显示在应用中的其他 UI 上方，让你可以同时执行任何其他转换动画。出于此原因，你在两个步骤之间不应等待超过 **250 毫秒**，因为源元素的存在可能会让人分心（注：这个对动画时间的规定可以记住）。

3.3.5 常用平台规范

你可以在搜索引擎中输入以下文字来查看一些常用的平台规范。

iOS 的 Do's and Don'ts

苹果的人机交互指南

iOS10 人机交互指南（中文版翻译）

Google Design

Google Material Design – Motion

微软的 UWP 设计规范

腾讯文档品牌设定

3.4 设计流程

每个设计团队都会有自己的设计流程，根据面向对象和平台的不同，可能会有些差别，但是大体上都会分为以下三大阶段：

① **需求分析；**② **方案设计；**③ **设计验证。**

前两个阶段，我想任何设计团队都会做吧？只有做得好与坏的分别，这也是最考验领导层战略眼光和执行力的地方。我们平时说的设计流程，其实更多的都是在看前两者有什么可改进之处，但是第三个阶段极容易被忽略。

现在的顶级的互联网设计团队，都越来越多地认识到设计验证的重要性，所以都会投入很大力气去看用户数据、产品数据以及做用户调查，或做 A/B Test，或快速修正设计方案，或重新调整产品方向。没人能保证自己凭经验和直觉一定就能做出令市场满意的产品，所以设计验证这一步相当于检查射出的箭是否正中靶心，或者离靶心有多远，然后有针对性地做调整，此谓“有的放矢”。

再由对设计验证的重视，倒推而来，对前期的需求分析也不会马虎，特别是做创新产品的时候，都会先做好足够的市场分析和用户调查，才会出手，力求一出手就能迅速地抓住用户痛点，引爆产品。

为什么会把“设计流程”放在“眼界”这一分类下呢？

因为互联网环境变化得非常快，今天还是在为 PC 平台做设计，明天就出了移动互联网，接着又来了 VR、AR，各种新技术、新平台层出不穷。同时还有大量新兴的独角兽创业公司，他们的流程可能和传统的有很大区别。到底怎样的流程才是最好的？

这并没有绝对的定数，所以一定要保持开放的心态，时刻学习和借鉴更优秀的流程，因此它应该属于眼界的范畴。

根据我们 DNA 设计团队（腾讯电脑管家设计团队）平时做设计的方法，我把设计流程总结为三个阶段：

① **Why 阶段：**我们为什么要做这款产品？要做给谁用？我们做这个有什么优势？

② **How 阶段：**通过上面的分析，我们应该用怎样的方式来做？

③ **What 阶段：**我们具体应该做成什么样？这里包含设计输出和设计验证。

我在产品思维部分其实有讲过，这就是西蒙 · 斯涅克的“黄金圈”法则。

只讲流程可能不太好理解，用一个项目的案例来讲吧。这次选择的还是我做腾讯电脑管家小火箭改版的案例，它是我之前投入过很大精力的产品，最终给出的成绩也确实令人满意。

由于这是一个产品升级改版的设计项目，我把这套设计流程类比成围棋对弈，需要知彼（竞品、用户）、知己（发现问题），先防守好地盘（继承和发扬之前的优势），再图进攻（创新和突破），最后在细棋阶段也不能放松，完成收官（细节和验证）。

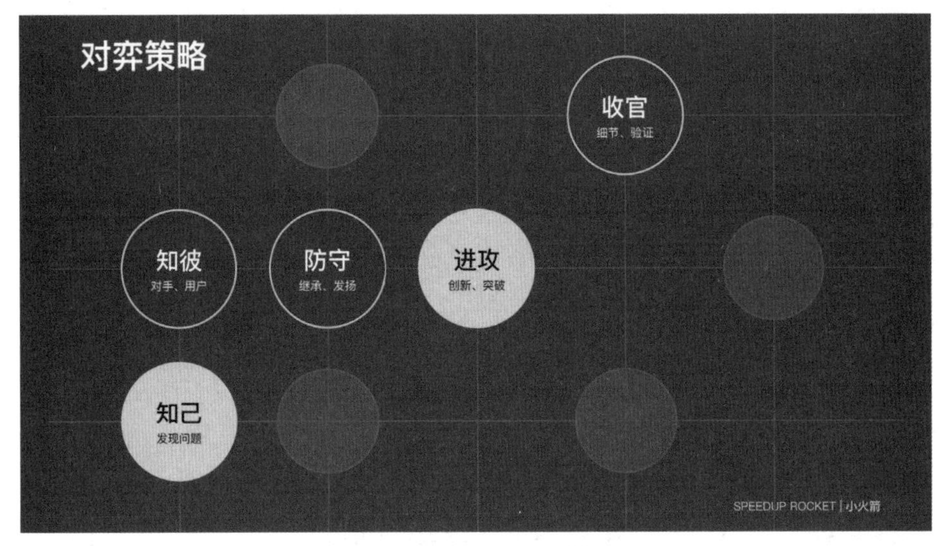

把设计流程类比成对弈策略

3.4.1 Why 阶段

1. 产品目标

在设计之前，需要先弄清楚产品要达成什么目标？是要占领新的市场，还是巩固旧有的用户？是要提升产品 DAU（日启动量）或 UV（页面访问用户数），还是提升商业转化率？

电脑管家的加速小火箭之前其实已经获得了很大的成功，有极高的用户开启率，人均日使用次数也很多，还被各类竞品争相模仿。但是我们从后台的数据、用户访谈和自己的体验中发现，现在

电脑管家小火箭改版项目

已经到了一个平台期，现有的产品形态已经满足不了用户的需求了，需要更新设计，再次提升用户的使用率和产品黏性。

对于这个日使用次数上亿的产品要如何修改，我和视觉设计师 Nefish 都感到责任重大。

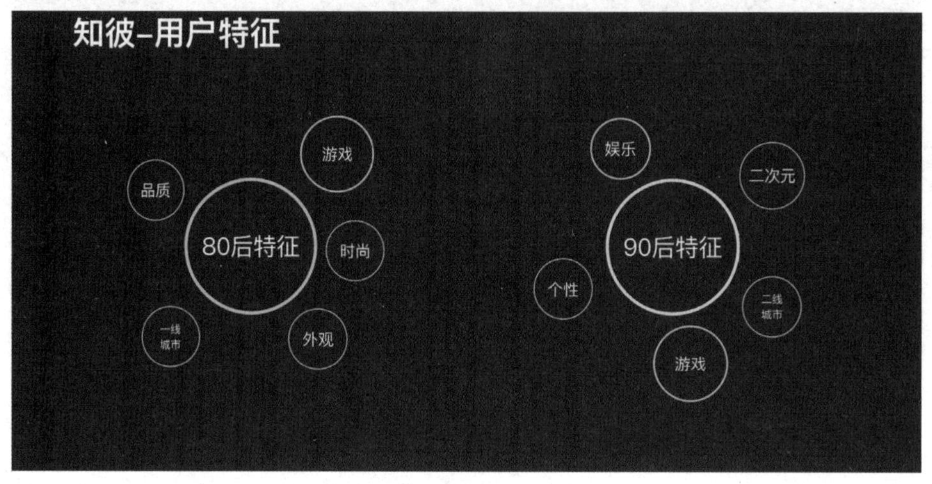

用户特征

2. 用户需求

我们通过数据和问卷收集了现在小火箭的用户人口属性，发现主要的使用人群是 80 后和 90 后，这两个群体都有自己鲜明的用户特征。

这里的方法主要是通过用研的方式调查和统计，有后台数据当然更好。

他们的共同关键词是游戏、娱乐和个性，我们对这三点进行头脑风暴和进一步展开，得出了和用户喜好相关的、更具有设计指导意义的关键词。

用户关键词

3. 竞品分析

详细体验了一轮竞品，分析它们做得好的和不好的地方，以及我们自身的特点在哪里。这一步其实大家都会做，但有一点需要注意，就是竞品可以不是你本行业内的竞品，完全可以是表现形式上类似的产品，比如你要做一个 Web 后台的表单系统，你可以参考京东的商品列表、下单流程等。

特别是国外的优秀案例，更值得我们去仔细分析。他们有着和我们不一样的思考习惯以及设计思路，多看看有助于开阔视野，这样可以不用和国内竞品在一个圈子里打滚。

还有一点要特别注意，在分析的时候切忌直接人云亦云地照抄，你要知道他们的用户群体是什么，和你的有什么差别，想清楚他们为什么这么设计。既不小看对手，也不把对方奉为圭(gui)臬(nie)。

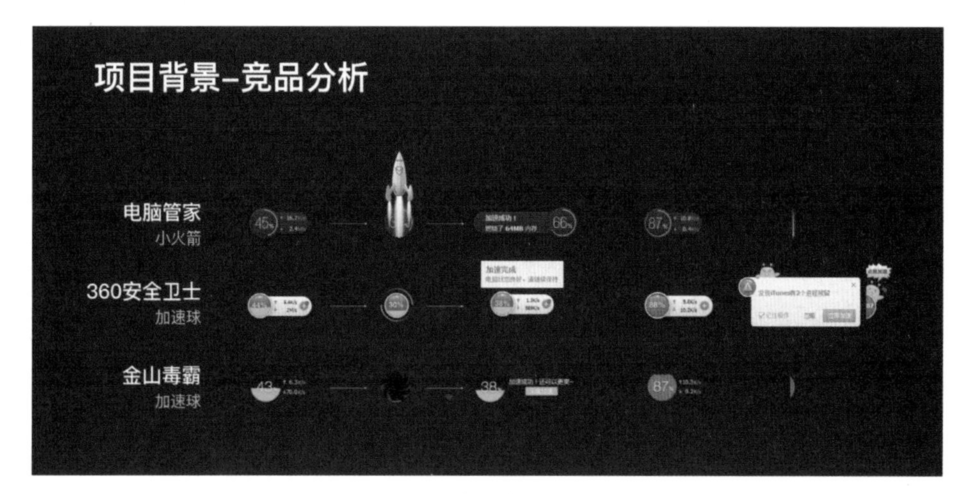

竞品分析

4. 自身分析

对使用小火箭的用户、使用一段时间后不用的用户、以及长时间不用的用户做了问卷调查，分析他们为什么喜欢使用和不喜欢使用，最终得出五个可改进的点。

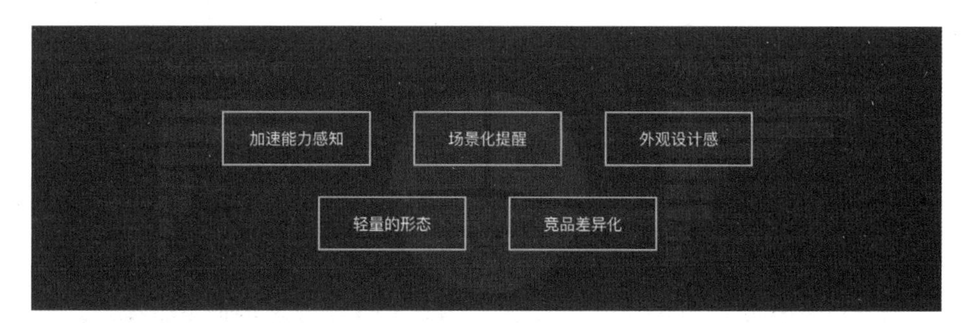

五个可改进的点

如果是做迭代改进式项目，可以只分析问题，但如果是做创新型项目，就需要再加上一个维度：我们团队做这个产品有什么优势？

- 我们找到了别人没解决的用户痛点？
- 我们的技术能解决别人无法解决的难题？
- 我们设计上的创新能起到很大的推动作用？
- 我们有比别人更强的商务合作与推广的渠道能力？

以上这些如果你分析了半天，自己做这个产品并没有什么优势，那就需要让团队的人一起好好想想，为什么要做这个东西了，别浪费时间和金钱。

3.4.2 How 阶段

这个阶段是很容易被设计团队忽略的，大家很喜欢研究用户和竞品，直接就开始设计了。但是想做一个优秀的产品，还是需要从产品的维度继续进行思考，得出了用户关键词、竞品特征以及自身优缺点，要怎么指导设计？

1. 设计关键词

小火箭从设计之初就有三个设计关键词：有用、有趣和轻量。要想继承之前版本做得好的地方，首先就要明白这三个词代表的是什么。

- **有用：** 作为一款在用户电脑桌面上的加速控件，小火箭必须能起到加速的作用，这是它的立足点。
- **有趣：** 竞品的桌面控件仅仅满足了有用，在趣味上不足，而小火箭这个形态本身就是希望用一个游戏化的形态让用户觉得好玩。
- **轻量：** 因为常驻桌面，所以小火箭必须很轻、很简单，绝不能骚扰用户，否则用户会毫不犹豫地退出和卸载。

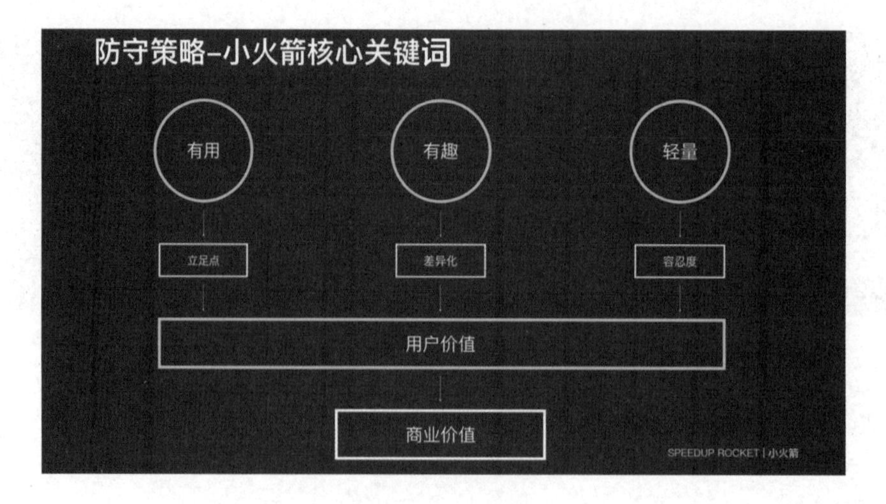

小火箭核心关键词

这三点首先满足的是用户价值，只有用户愿意用、喜欢用，小火箭才有可能给我们带来更多的商业价值。

这种基于核心关键词的设计思想，也适用于创新型产品。而这几个关键词，应该由前面的 Why 阶段分析得出。我们在改版前重新思考后，觉得和原先的关键词并不冲突，所以继续沿用了下来。

2. 关键路径

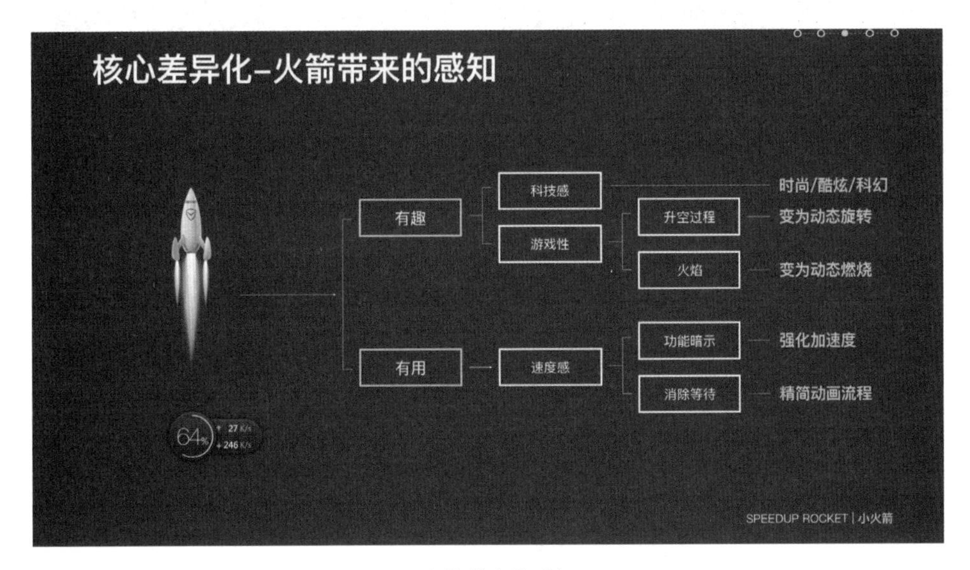

火箭带来的感知

基于小火箭的核心关键词，我们继续扩展出了现在是如何做、之后该如何改的思路。

仅仅是继承和优化之前的优点是不行的，我们基于这次改版的核心产品目标——使用率，详细分析了为什么用户会喜欢用或者不想用，逐个给出解决办法。

这些细致的解决办法是怎么得出的？

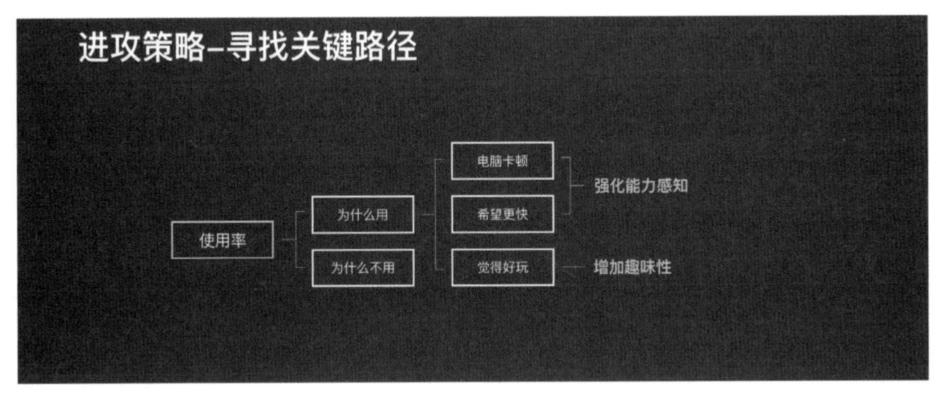

寻找关键路径 1

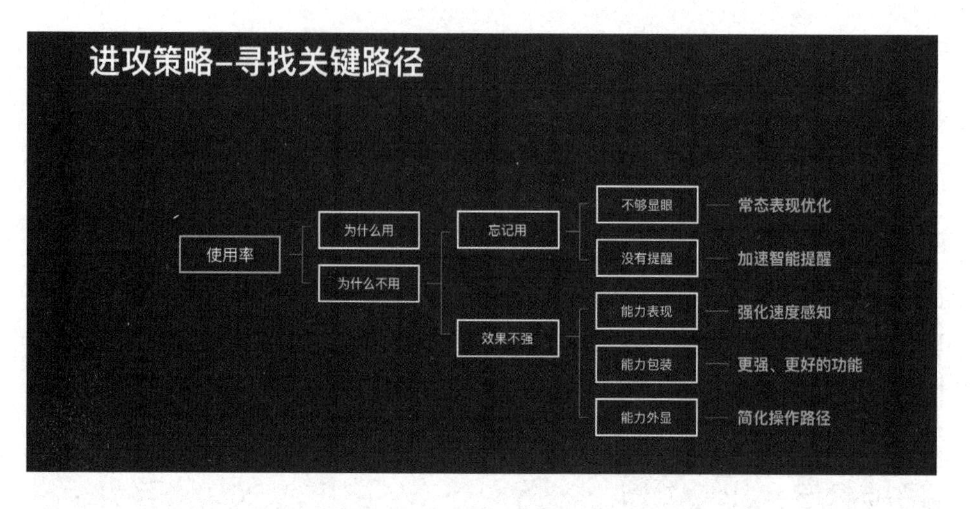

寻找关键路径 2

当然不是拍脑袋就能想出来的，其实全部和前面 Why 阶段的分析有关。比如要强化能力感知是分析自身问题得出的；前面小火箭要旋转、要燃烧等这些酷炫的效果，是因为用户群体关键词是游戏、娱乐和个性；加速智能提醒，是因为竞品这点做得更好。

千万不要小看 Why 和 How 这两个阶段的分析，做还是没做，做得好还是不好，真正有经验的设计师可以从你的最终设计呈现上一眼就看出来。你前期的思考偷懒了，那就用后面的设计工作量来补吧。

磨刀不误砍柴工，俗话说得确实好。

3.4.3 What 阶段

这一阶段包含两个部分：第一部分是设计师最熟悉的设计输出，第二部分是需要意识、勇气和能力建设的设计验证。

1. 设计输出

下面把这个部分需要输出的内容做个简单的整理。

① **主流程图：**在画交互框架前，建议新人交互设计师（无论是新入行还是新加入一个领域）都先画一下主流程图，可以避免犯一些低级的流程错误。

② **交互框架：**这是交互稿的主要呈现形式，在腾讯内部，交互稿主要是用一整张静态图呈现的，里面包含产品目标、设计目标的说明，以及所有界面的黑白稿和交互说明。

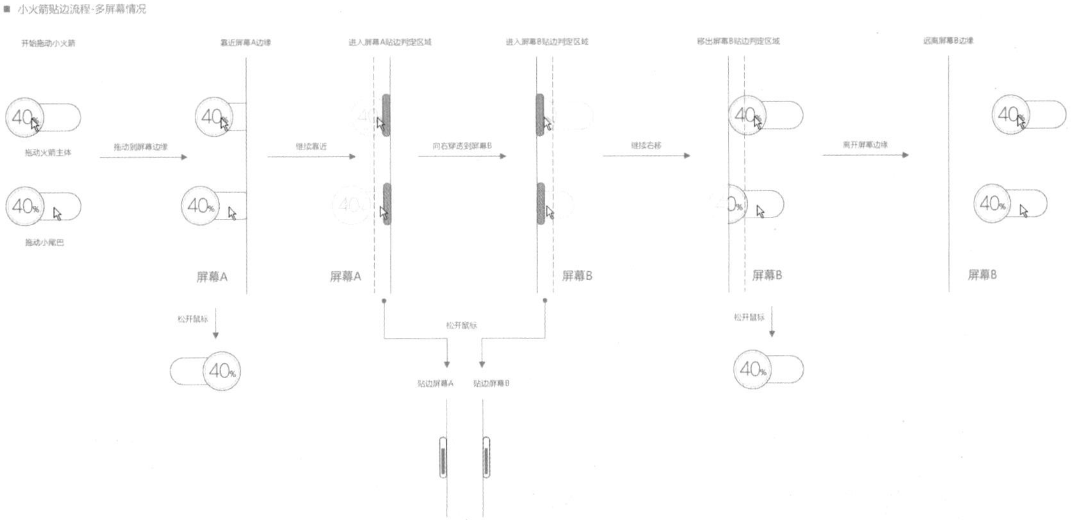

优化贴边态—小火箭贴边流程

- **主流程交互：** 对应主流程图，把这块的交互先画出来，评审之后再画下一步。
- **新装流程：** 如果是桌面端软件，那新安装这一步的流程必不可少。
- **新手引导：** 这一步虽然不是必需的，但如果功能比较复杂或新版功能改动多，那还是要考虑。
- **分支流程：** 除了上面三种流程之外，剩下的分支流程界面。
- **异常状态：** 空状态、网络异常、网页 404 等，一定要有一个异常状态检查表，不要遗漏这类界面。
- **动画原则：** 如果有界面动画，那么在做交互的时候就要考虑到，提前和视觉设计人员沟通好，在稿件中做简单的描述或展示。

③ **视觉界面：** 这是视觉稿的主要呈现，同样是用一张大的 PSD 把所有界面、界面名称陈列出来。

- **主风格定义：** 这是第一步，视觉设计师会和交互设计师沟通好，选择几个主要的界面来设计主风格，评审之后再画下一步。
- **主图形：** 界面中有时需要一些大的主图形，如启动闪屏、首页大图等，需要重点设计，一般会和第一步一起设计出风格。

- **主要界面：**前两步确定后，设计师会根据交互稿继续补充主要的视觉界面。

- **次要界面：**这一步需要注意，不是所有的界面都需要设计，有些重复性的、控件可复用的界面可以让开发根据交互稿进行拼凑组合，但是视觉设计师得给出完整的标注规范。

- **控件状态：**按钮状态、下拉、进度条等都需要视觉定义。

- **LOGO 设计：**LOGO 的设计时间比较长，一般在项目前期就会启动命名和设计流程，这里还会影响到主图形的设计。

④ **高保真 Demo：**在开发思维篇中提过，只有交互稿和视觉稿是不够的，要想保证重要产品能够完整呈现你的设计，最好有高保真 Demo 来给老板、客户和开发人员进行展示。

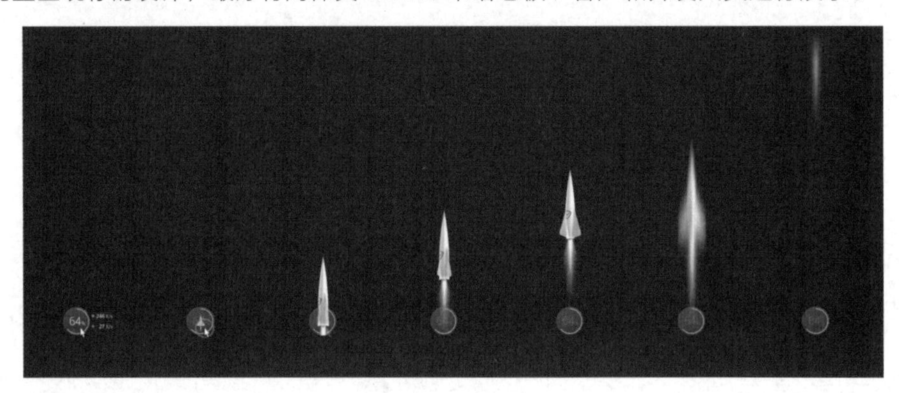

用 AE 做的高保真 Demo

- **动画 Demo：**用 AE 或 Flash 这类动画软件做演示，一般不是可交互的。

- **高保真原型：**用 Principle、Framer、Axure 或者 Proto.io 做的交互原型，一般会用视觉稿进行切图制作，可交互，几可乱真。

可视化 Demo 设计

- **动画说明书：**在开发思维中有提到，这是写给开发人员看的详细动画分解，有助于他们 1:1 还原你的动画设计。

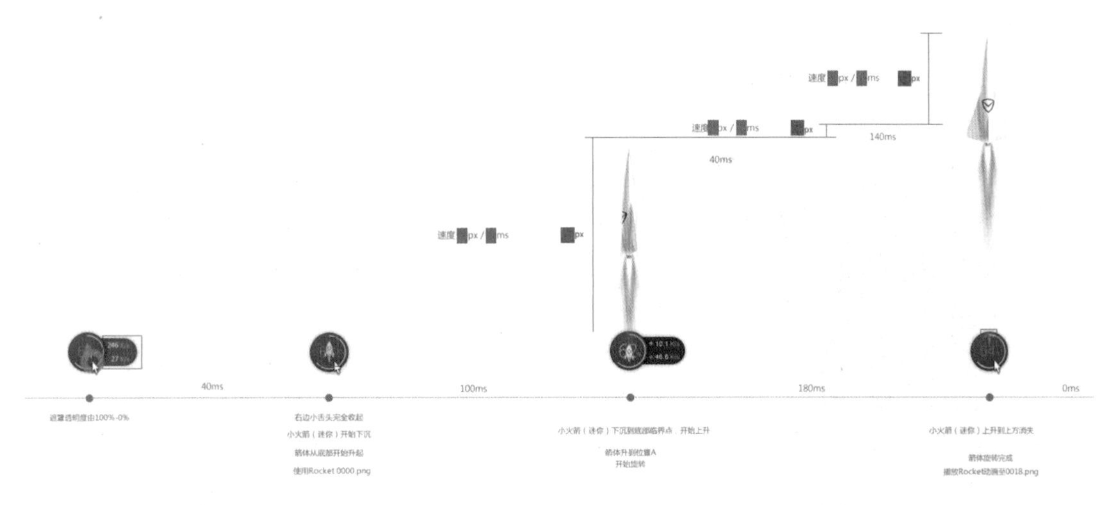

小火箭的动画说明书

2. 设计验证

这一部分的重要性在开头已经强调过了，它关系到设计的还原以及设计是否有效，值得每一位有志于提高自己设计水平的设计师认真对待。设计不是搞艺术，只有经得起市场检验的设计才是真正好的设计。

- **设计走查：** 从开发人员根据设计稿和 Demo 做出第一版成品之后，交互和视觉设计人员就要开始检查开发的还原程度，把不对的地方整理后列成一份图文并茂的设计走查文档，将开发效果和设计稿进行对比说明，并且给出修改的优先级。
- **可用性测试：** 这个步骤可能会在原型设计阶段就做，也可以放在开发出测试版之后做，取决于这款产品的重要程度。
- **专家测试：** 让设计专家、产品专家和资深用户来体验产品，提出改进意见。产品较小或者资源有限的时候，会用这个步骤替代可用性测试。
- **用户内测：** 在产品正式上线前，可以用开发版给热心用户或公司内部用户进行小规模测试，收集稳定性 Bug 和设计问题。
- **用户访谈：** 常和可用性测试一起做，除了让用户体验产品问题，还可以进行深入访谈，了解目标用户的使用场景、使用习惯以及对产品的观感。
- **灰度上线数据验证：** 产品刚上线时，可以使用灰度下发或者少量放号的方式，让部分用户先开始测试，并且收集他们的启动量、使用率等指标的变化，如果出现大规模异常，就要及时停止上线并检查问题。
- **上线数据跟进：** 产品上线后，产品经理和设计师还需要定期观察数据，一个是上线数据需要一定时间之后几个指标才会稳定，另一个是防止出现一些 Bug 和设计问题，在不良影响扩大之前应该快速解决。

- **满意度调查：**产品上线后（迭代型的产品在上线前也要做），需进行问卷式的满意度调查，收集用户对于产品的评价。

用户评价调查

小火箭改版设计在上线前就做了小范围的用户测试，并收集了他们对新版设计的评价。

可以看出，用户对于如此多的设计改动点并没有不适应，对新版的设计非常认可，这样也就能够非常放心地将产品正式上线了。

后来的数据也非常好，用户的启动率和使用次数都有大幅提升，再次验证了这次改版设计的有效性。

对这块设计呈现感兴趣的同学，可以参看之前的视觉思维部分的内容。

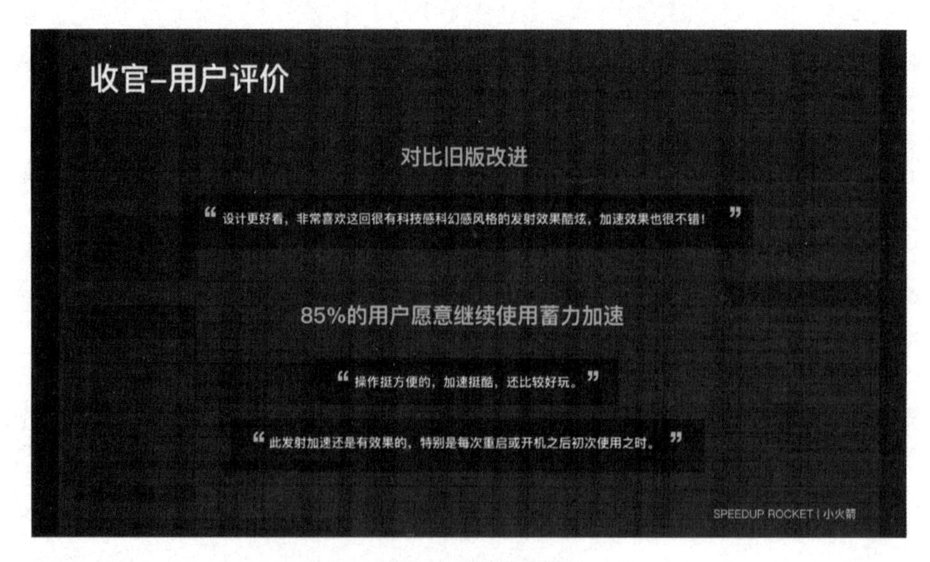

用户具体评价内容

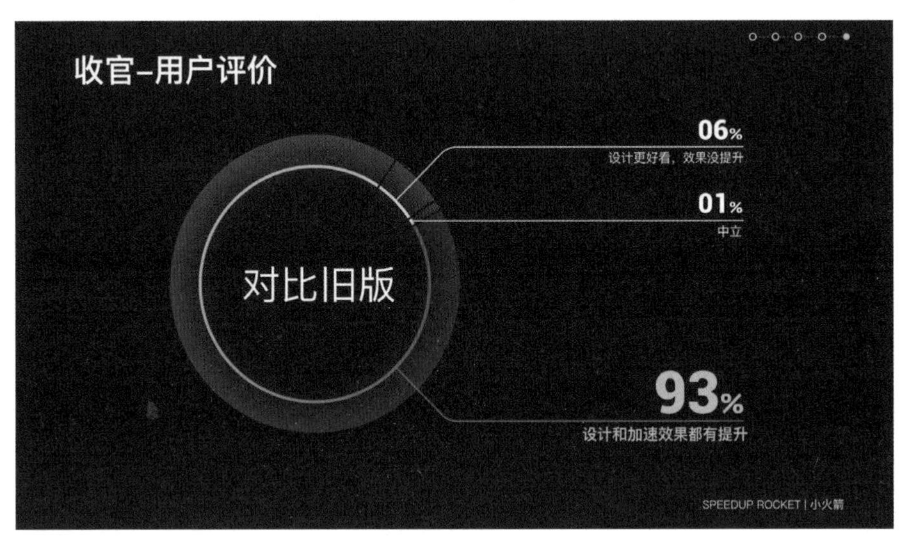

用户评价分析

3.4.4 设计流程库

上面介绍的主要是我们团队在使用的设计流程，仅供参考。相信你们也有自己的一套系统的设计流程。除此之外，平时还要多注意收集一些设计流程，有更好的地方我们可以及时进行迭代和改进，这就是我说的眼界。

典型的流程当然不止下面三个，从 BAT 等各大互联网公司的设计团队中，你还可以找到更多。

1. 目标导向的设计过程

在**《About Face 4：交互设计精髓》**中，Alan Cooper 首次提出了目标导向的设计过程，对用户体验设计领域造成了重大影响。就算到如今，这个流程里也依然有很多值得我们学习和借鉴的地方。

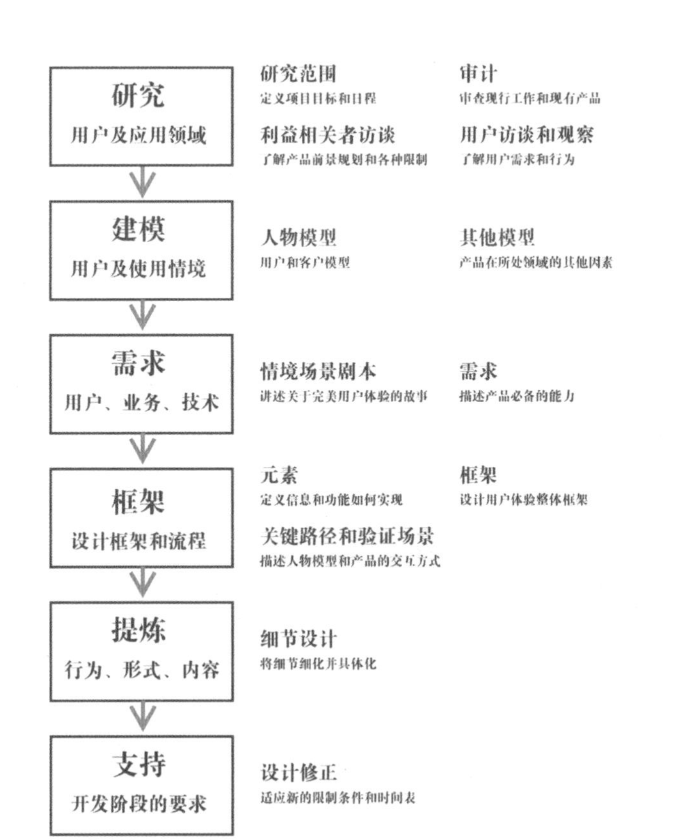

目标导向的设计过程

2. 五层结构的思考维度

（Garrett, J.J）加瑞特在**《用户体验的要素以用户为中心的产品设计》**中提出的用户体验五要素，除了可以用来理解在整个设计过程中几位角色的分工和思考维度的不同，同样也可以作为设计流程的指导。

知乎 @ 尤文文在《国内知名 UED 团队的设计流程是怎样的？》问题下的回答很有启发性，这五层结构其实就是一套完整的设计流程。

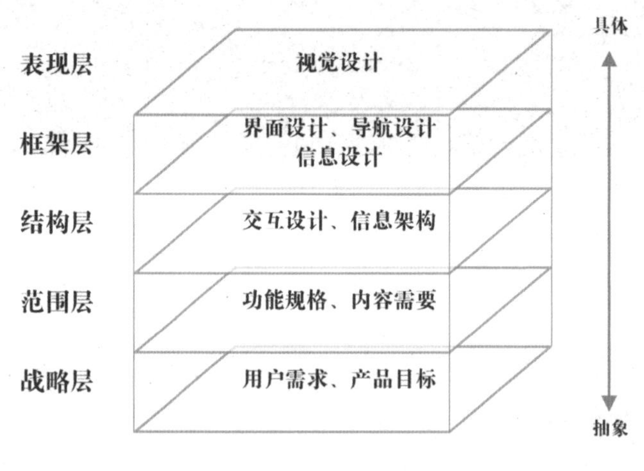

用户体验的五个要素

3. 用户体验地图

我在用户思维那篇文章中已经介绍过用户体验地图这种方法，它其实是可以作为一套设计流程来使用的，你可以参考更详细的介绍。

①《用户调研必修课：用户体验地图完全绘制手册》

文章译者：特赞（Tezign）

②《以干货开场，如何有效地做用户体验地图》

作者：星玫

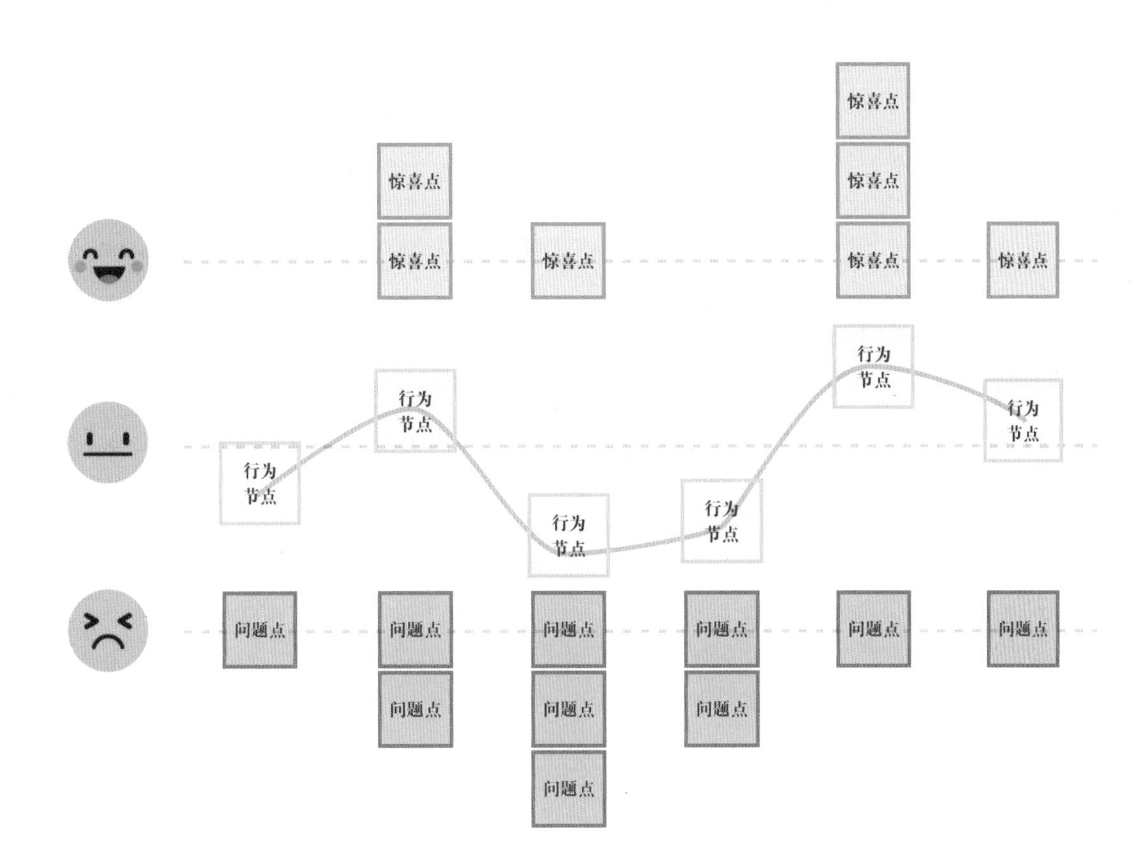
惊喜点
惊喜点
惊喜点
惊喜点
惊喜点
惊喜点
惊喜点
行为节点
行为节点
行为节点
行为节点
行为节点
行为节点
问题点
问题点
问题点
问题点
问题点
问题点
问题点
问题点
问题点
问题点

用户体验地图 - 情绪曲线

第 4 章 手段

Means Of Design

我花了两个多月的时间，写完了交互设计师职业技能的前两个部分：思维和眼界。这两个部分的重要程度和工作量是成正比的。

接下来，讲讲交互设计师应该掌握的“手段”，也就是偏技术和工具型的技能。

这是交互设计师的双手和武器库。这应该是所有设计师最容易注意到的技能，也是最容易掌握的技能了，毕竟如果不会一两个原型工具和设计软件，都不好意思说自己是交互设计师吧？但是这个“武器库”中又存在着很多容易被人忽略的东西，比如高保真原型工具、用研方法和编程语言等，这些武器用好了不仅能为你加分，更有可能帮你度过一些原本过不去的难关。同时，就算是再熟悉不过的 Axure 和 Sketch，里面也有很多提高效率的小技巧。你比别人每天快的这一点点，就决定了你是真的精通还是假的熟练，也决定了你做项目的效率。

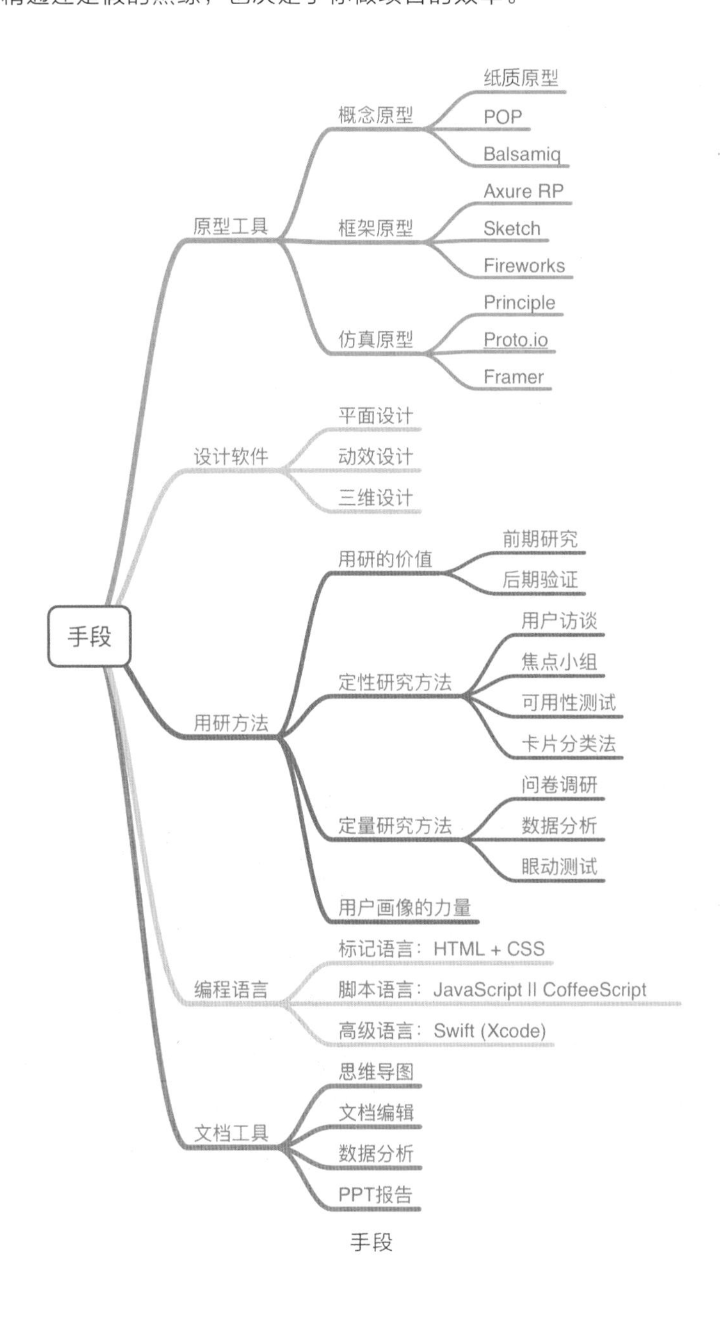

手段

4.1 原型工具

既然是交互设计师，手段部分首先要讲的当然就是交互原型工具了，根据它们各自擅长画的原型类型，我把原型工具分为三类：

① **概念原型：**用简单的草图将口头原型可视化，甚至能做页面跳转和简单的可用性测试。

② **框架原型：**包含所有页面和逻辑细节的原型呈现方式，这也是交互原型最主要的输出形式。

③ **仿真原型：**适合用来表现复杂的动画逻辑，用来给客户、老板做演示，或者是做正式开发前的可用性测试。

4.1.1 概念原型

如果你是一位新入行的交互设计师，或者你要做一个全新的产品设计，强烈建议你要重视这个阶段的原型设计。

产品经理给你提了一个需求，你们做了充分的讨论之后，到底所说的这个方案做出来的效果是怎样的？可能你们口头上达成了一致，但是两个人想象中的东西完全不一样，可能你觉得最好吃的是苹果，他却认为是香蕉。

这个时候，最好用图来说话，而且是可以快速画、快速改的草图。

1. 纸质原型

除了口头原型，最好理解也是最快速的方案就是——纸质原型。

纸质原型可以在纸上快速手绘，也可以在电脑上画好之后打印出来。

如果是为了讨论后快速呈现创意，你可以选择前者；如果是已经基本敲定了部分界面，需要在此基础上继续做头脑风暴，那你可以选择后者，把原型全部打印出来，贴在会议室的白板上，边讲解边讨论，有问题直接在旁边涂改。

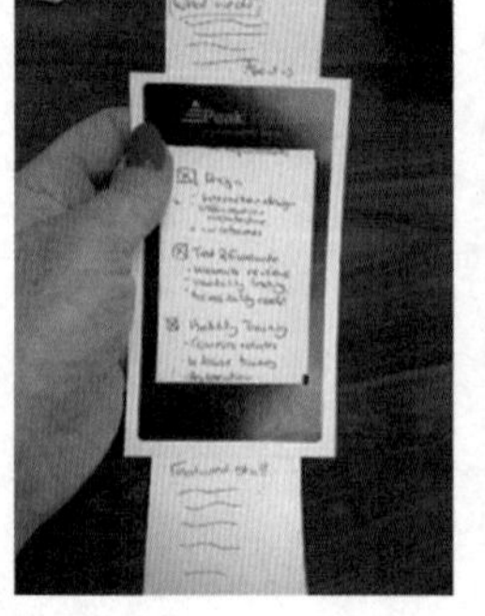

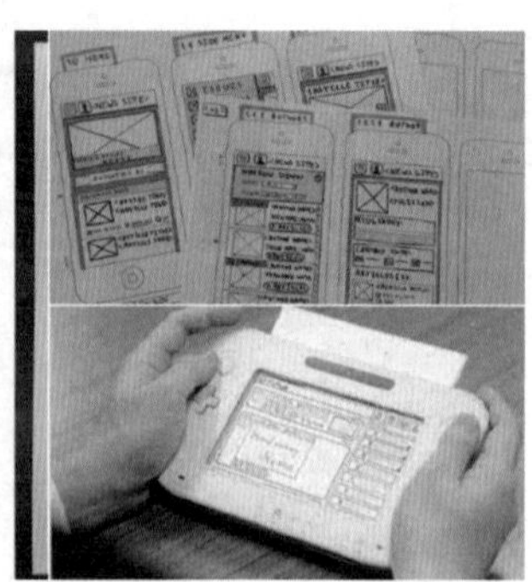

纸质原型套模拟机器外壳

你可能不知道的是，纸质原型也能用来做用户测试：在纸质原型外面套一层机器外壳，见右图，当用户做一个模拟操作之后，测试人员再给用户更换下一级界面，从而达到快速测试的目的。

2.POP

当有了一系列的手绘原型后，你可能想把它们保存下来，也许你会觉得这种套纸壳的方式成本比较高，那有没有软件能够帮我们把纸质原型进行再加工？

当然有的。

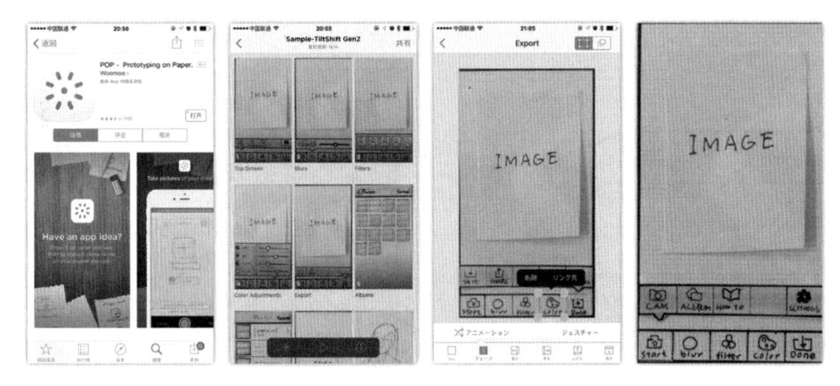

POP—纸质原型的移动端利器

如果你是做移动端产品的，还有一个福利推荐给你，这款叫作“**POP – Prototyping on Paper**”的软件可以用来将你画好的纸质原型拍照存档，然后用简单的创建点击区域和跳转链接的方式，把所有原型页面串联起来，做成一个可以在手机上快速体验的原型。

有了这个，一会工夫你就能做出一个可操作的“APP”了。

3.Balsamiq

可能有人会说，我不擅长手绘，有没有可以不用手绘，又能快速画草图的软件？

这款叫 Balsamiq 的软件历史也很悠久了，我最开始入行的时候还挺喜欢用这个的，毕竟上手简单，画原型速度快，一般用来表达创意足够了。而且它支持 Windows 和 Mac 两个平台，甚至还有 Web 版，在适配性方面是没问题的。

右图这就是它的主界面，风格是不是很有手绘风格？

不止如此，Balsamiq 最强大的地方在于，它有大量的控件，你拖一拖、改一改，一个 APP 或者网站就出来了。同时，这些控件还支持快速修改内容，比如下面的多标签控件和列表控件。

Balsamiq 主界面

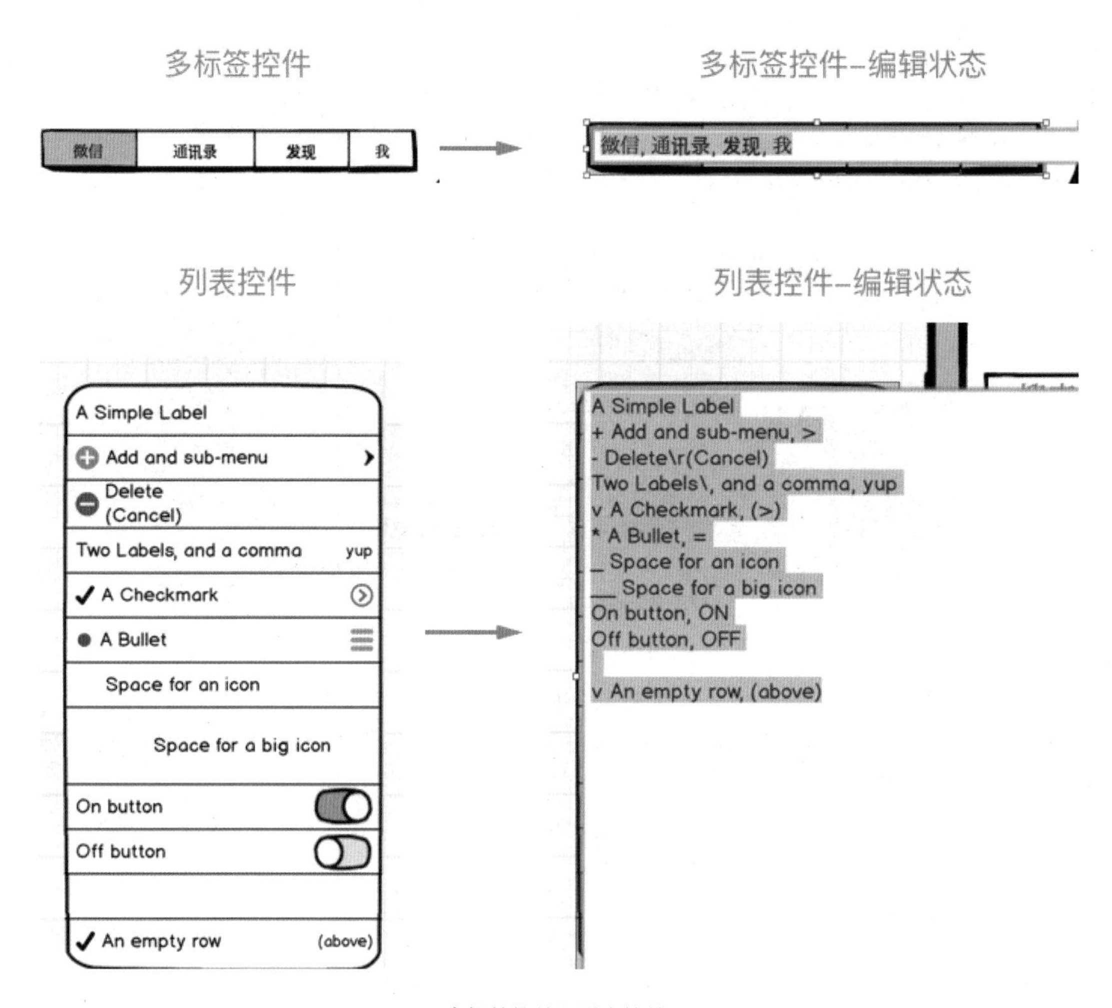

多标签控件和列表控件

你基本上不需要画任何东西，只需要按照它给你的模版修改格式就好，比如上面 iOS 风格的开关，你只需要在这个控件里写上：

On button, ON

就会出现一个“ON”状态，标题是“On button”的开关控件了。

当你全部设计好后，可以导出 PDF 格式的文档，页面还支持点击和跳转，其他人收到文档就能直接查看，可以说是很方便了。

4.1.2 框架原型

概念原型主要用来讨论和快速修改，产品经理也可以用它给设计师们提需求。

交互设计师最主要的输出物还是用 Axure 和 Sketch 等软件画的交互框架。

1.Axure RP

只要提到原型工具，就不得不提到它——Axure RP，它对于交互设计师来说已经是必会的软件，相当于 Photoshop 之于视觉设计师，PowerPoint 之于幻灯片设计者。

下图是我之前在金蝶做的一个交互稿，出于保密原则，只放一个翻页系统作为示意。

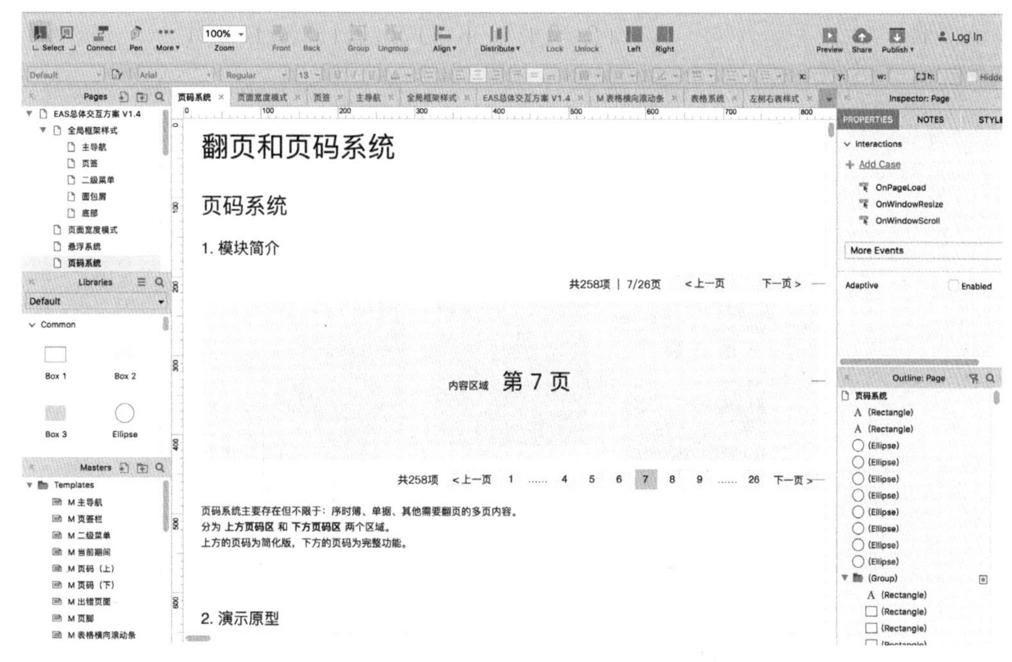

用 Axure RP 制作交互稿

Axure 的优点

① 上手门槛低，可以很容易就能学会用它画原型。

② 页面结构清晰，适合设计网站和界面很多的 APP。

③ 可以创建项目内复用的母版，也可以导入他人创建的控件库，提高制作原型的效率。

④ 只需要通过点击和菜单操作就能很方便地创建交互动作和页面跳转逻辑。

⑤ 将视觉设计师的设计稿切图后导入，可以制作保真度很高的原型。

Axure 的缺点

① 画出的原型稿效果比较粗糙，快捷键不够方便。

② 所有交互动画都需要手动设置，如果动画比较复杂，设置的复杂程度和难度都很高。

当年我真是花了很大力气研究各种动画效果，可以说几乎你要的效果我都能做出来。

但是Axure的交互动画真的很不好用，以前我为了实现一个下拉刷新这类的动画，经常要琢磨半天，然后应用一大堆设置，才能实现一个比较粗糙的效果，而且在其他地方还不能复用。

关于 Axure 的入门教程和使用技巧，网上非常多，这里就不多作介绍了，大家可以自行搜索。

想要看书的话，你可以去看看 Axure 官方推荐的中国区培训讲师“小楼一夜听春雨”写的**《Axure RP8 入门手册：网站和 App 原型设计从入门到精通》**，我之前看的那本太老了，就不推荐了。

2.Sketch

相信大家对这个名字一定已经很熟悉了，如果说 Photoshop 是最老牌的设计软件，那 Sketch 无疑就是新锐中最简洁、最具生产力的代表。特别是移动端 APP 的设计，无论是交互设计师、视觉设计师，甚至是开发人员，都已经在大量使用 Sketch 来做设计。

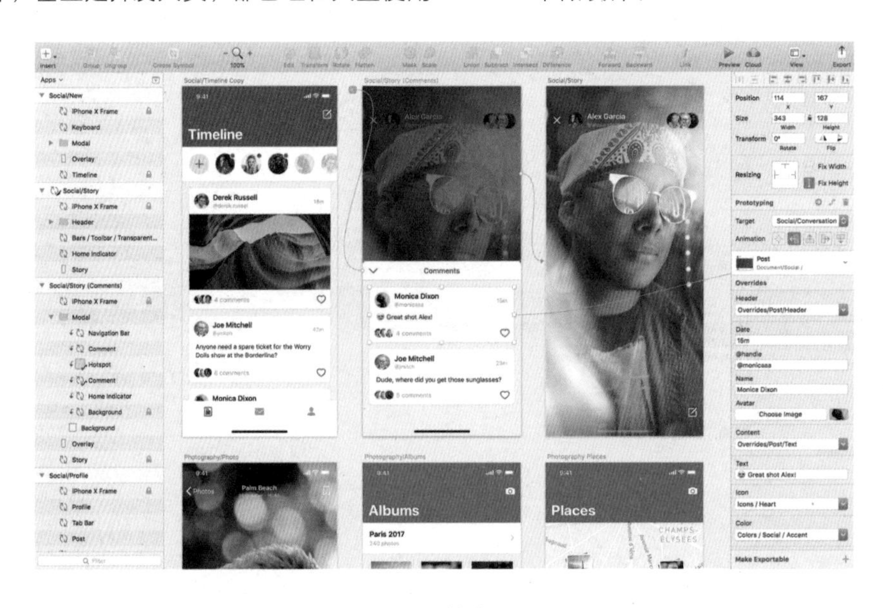

Sketch 软件界面

Sketch 的优点

① 相比 Photoshop，它作为设计软件的上手门槛算得上是极低了。

② 所见即所得的设计模式，新手可以不用考虑图层的问题。

③ 全矢量的绘制方式，加上提供各种尺寸的画布，元素可以无损缩放和自适应位置，各种设备屏幕适配起来很方便。

④ 可以通过创建元件模版的方式，提高设计复用的效率，如果做好了一套完善的元件规范模版，甚至还能做到一两步的操作就能给所有设计稿换肤。

⑤ 丰富的插件库，有自动切图标注、创建原型动画、Icon Fonts 图标库等，用好这些可以进一步提升工作效率。

⑥ 大量日常操作都可以用快捷键完成，对于交互设计来说足够用了，用来画原型框架的效率比 Axure 和 Fireworks 高上一个档次。

⑦ iOS、Android 都提供了各自系统的控件库，如果你是做原生 APP 风格的设计，直接用那些拼一拼就能很快做出来，同时他们做的这些控件库也可以作为设计元件模版的参考。

⑧ 和 Mac 上那些高保真原型工具如 Principle、Framer 等都能搭配使用，直接把设计稿导入到它们里面，继续做动画。

⑨ 最近的版本（49.0）也开始支持创建基本的原型流程动画了，离一站式原型设计工具不远了。

Sketch 的缺点

① 最大的缺点就是只有 Mac 版，而且是订阅制的收费模式，不能买断终身。

② 对于位图的处理能力远远比不如 Photoshop，更适合做 UI，如果是修大图和照片，还是老老实实用 Photoshop 吧。

③ 对于原型动画的支持有限，现在主要是用来画平面的交互框架稿，高保真还是留给专业工具来做。

Sketch 也是我现在的主力画原型的工具，为了用它，我甚至自费买了一台 27 寸的 iMac 放在公司，就为了使用 Mac 上的这些设计软件。如果你觉得 Axure 画的原型太丑，用 Photoshop 和 Illustrator 画原型太麻烦，那真的十分推荐你试试 Sketch，它之所以能成为现在国内外互联网设计团队的主力设计工具之一，当然是有理由的。

它的上手难度确实不高，如果只是画画交互设计，你甚至连教程都不用看。

你可以百度搜索“oursketch”，这里可以下载到很多有用的插件、素材，还有一些教程和快捷键说明，一个网站就够用了。

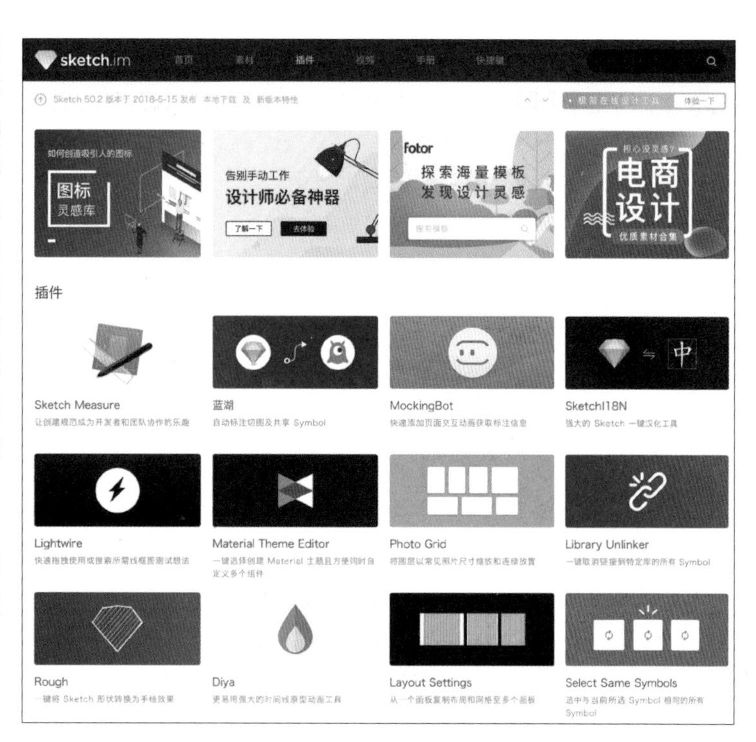

Sketch 网站首页

3.Fireworks

Fireworks 是以前腾讯 CDC 团队一直用来设计交互的工具，它最大的好处也是所见即所得，还能同时处理矢量图和位图，而且和 Photoshop 同为 Adobe 系列软件，操作方式很像，上手也很容易。

- Adobe系列，和PS兼容好，操作类似
- 源文件为PNG，通用性强
- 同时具备矢量和位图的编辑能力
- 弱化图层概念，所见即所得操作
- 具有页面和模板功能，可以导出PDF文档

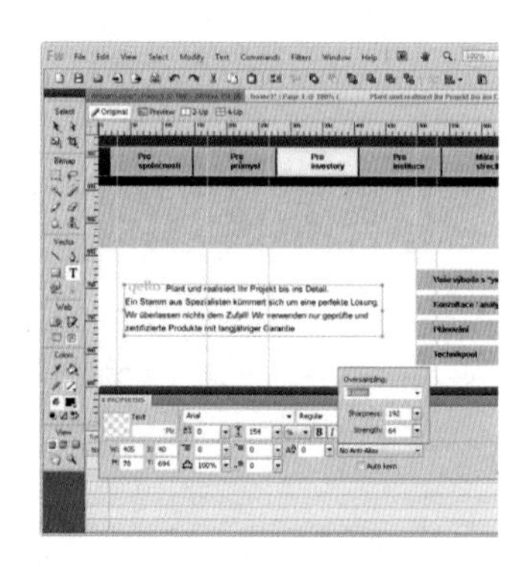

Fireworks—CDC 团队的交互工具

它虽然也有图层和页面管理功能，但是源文件竟然是 ***.fw.png** 的格式，可以被一般的看图软件当作 PNG 图片来查看，和团队其他成员之间的交流非常方便，做好之后直接发给产品经理就好。

它支持 Windows 和 Mac 平台，如果没有 Mac 用不了 Sketch，那用 Fireworks 也是一个不错的选择。但它最大的问题是，Adobe 已经放弃这条产品线了，最新的版本停留在了 CS6，当然目前来说还是够用了。

4.1.3 仿真原型

在之前的开发思维和设计流程中都强调过高保真原型的重要性，作为新时代的交互设计师，如果还不会几种高保真原型工具，你都不好意思跟人打招呼……

这个分类下的软件也有很多，此处讲三个具有代表性的。

1.Principle

Principle 的特点

Fprinciple 软件界面

- **平台：** Mac。
- **难度：** 低（上手速度快）。
- **效果：** 中（能实现的主要是动画效果，提供的交互动作接口较少，不具备条件判断的功能，做不了复杂的交互逻辑）。
- **输出：** Mac 原生程序（对方点开即用）、GIF 动画、视频录像。

它的上手难度真的很低，能实现的动画效果也很不错，推荐给所有人使用，至少做个移动端的简单演示 Demo 足够了。

2.Proto.io

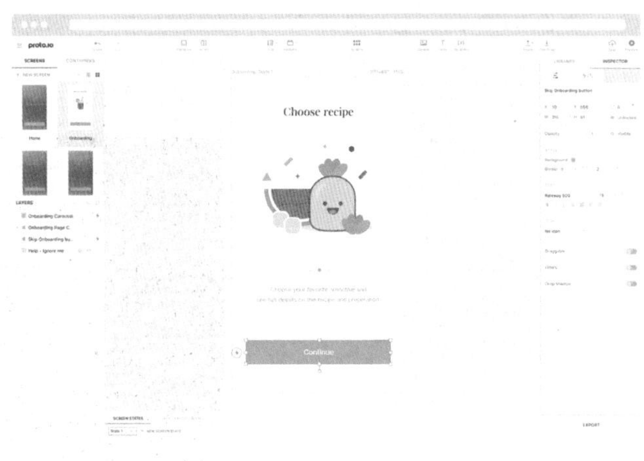

Proto.io 软件界面

Proto.io 的特点

- **平台：** Web。
- **难度：** 中（类似 Axure 的操作，最大的难度在于它是英文版的）。
- **效果：** 非常好（在不使用用代码的前提下，它能够实现的交互动画效果是最多、最强大的，仅是有时间线和动画曲线设置这点就已经比 Axure 强了一个数量级，而且还在不断更新）。
- **输出：** HTML，类似 Axure 的输出物，可以打包发给对方，也可以提供在线网址给对方访问，可以设置权限。

我们团队之前用它设计出了很多效果非常棒的高保真原型。比如当时在做腾讯电脑管家 V11.0 的改版时，我就用它设计了垃圾清理模块的 Demo。

当时我们就是用这些 Demo 提前做了可用性测试来验证用户的接受度，再加上详细的动画说明，最终让开发人员完美还原了设计效果。

腾讯电脑管家 V11.0 垃圾清理模块的 Demo

3.Framer

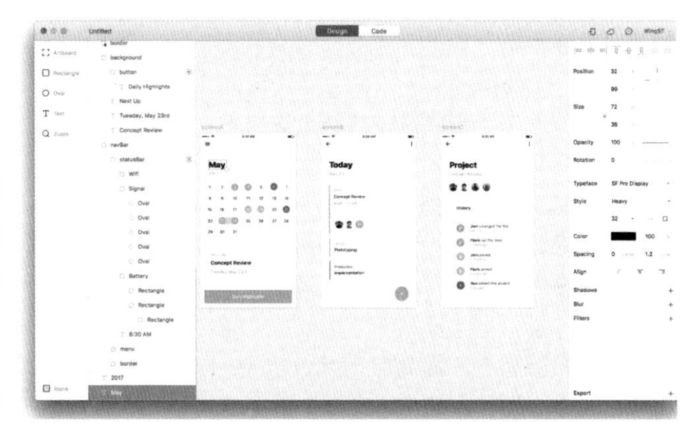

Framer 软件界面

Framer 的特点

- **平台：** Mac。
- **难度：** 高（设计界面和 Sketch 一样方便，但是做动画的难度比较高，它就是传说中要写代码的原型工具）。
- **效果：** 非常好（由于有了代码的支持以及丰富的交互动作接口，它几乎能实现你想要的所有效果，还能边做边测试，可以说是终极高保真原型设计工具了）。

- **输出：** HTML，也是类似 Axure 的输出物，同样也能上传到云端进行分享，也可以设置访问权限。

右侧这张图让你感受一下用代码做动画。

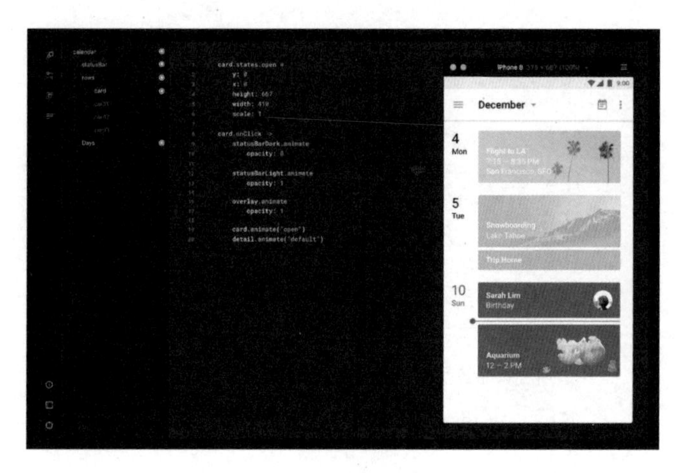

用代码做动画

其实说是要写代码，但是它的代码学起来真的算是很简单的，是使用一种叫作 CoffeeScript 的语言，比起 JavaScript 来说简单太多了。

选择适合你的工具就好

无论是框架原型还是仿真原型，可以用的工具都有很多，还有很多没有介绍的，比如墨刀、Flinto、Origami、ProtoPie 和 Hype。这里只是介绍了几个具有代表性的、我们自己在用的软件，你完全可以再去看看其他的软件。

毕竟，用什么软件是要看你的设计流程、你的团队要求，输出决定输入嘛。你想要怎样的效果，就用怎样的软件来实现，适合自己的才是最好的。

4.2 设计软件

PROTOTYPING TOOLS

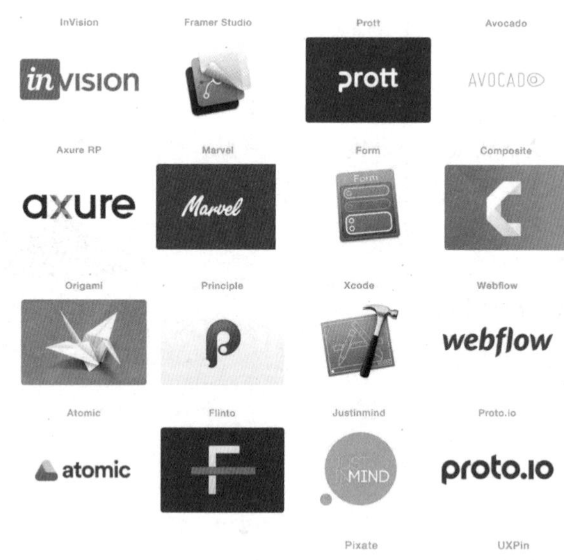

为什么交互设计师要会设计类的软件？

有人说既然你是个画原型的，那就用好你的原型工具就够了，剩下的事情交给视觉设计师去完成不好吗？为什么你连视觉设计师用的软件也要学？

这也有一定道理，所以这一节算是选修吧。

之所以说有道理，是指我不希望新入行的交互设计师把过多的精力花在学各种设计软件上。毕竟本职的交互逻辑和产品思维才是正道，先精通一两款原型软件就够了。

但我还是希望有志于提高自己综合水平的交互设计师，如果你希望有朝一日成为全栈设计师，如果你希望以后能够独立管理一个设计团队，如果你希望以后能够自己创业做独立软件，那还是很有必要学习一下这几类设计软件的。

有一个秘诀，学过这类设计软件的同学应该都知道，**一旦你能够精通一款 Adobe 系列的平面设计软件，那以后再学其他的设计软件或者原型工具，上手起来都是再轻松不过了。**

这就是一法通，则万法通吧。

因为 Adobe 系列的软件历史悠久，整体的交互和操作方式都已经成体系化，非常规范，用户也是最多的。其他软件厂商与其重新发明轮子，不如按照大家的习惯来，所以现在只要和设计相关的软件，总是会带有一点 Adobe 软件的痕迹。

设计类的软件，比起原型工具来那可是多了不止一个数量级，并且又是选修的，这节就简单讲三种类型，不作具体展开。而且说实在的，我自己很多也只是略懂，还有很多需要学的。

Photoshop 软件界面

4.2.1 平面设计

传统的平面设计三巨头：**Photoshop、Illustrator 和 CorelDRAW，**相信学过设计的同学至少会其中的一个吧。

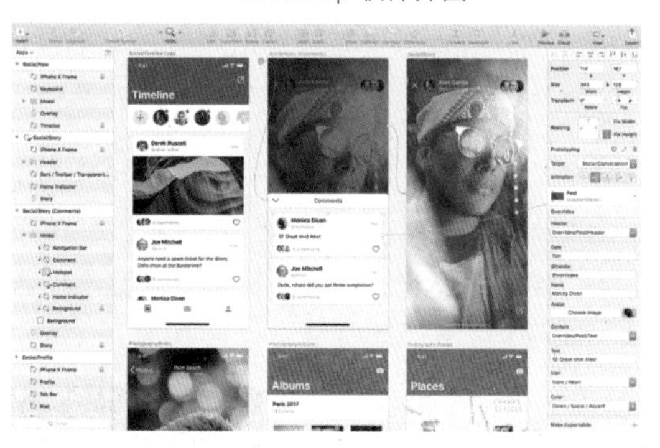

Sketch 软件界面

Photoshop 可以说是万能的图形软件了，无论是处理照片、画图标或者做 UI 都行，而 Illustrator 更擅长的是矢量插画和 LOGO 设计，CorelDRAW 则更适合传统的平面排版输出。后两者所谓的擅长也只是相对而言，其实能做的事情也还是很多的。

除了这三个软件，还有 Mac 平台的强劲新锐 **Sketch，**它其实最开始是作为取代 Photoshop 在 UI 设计界的定位而出现的，只是用着用着，现在还可以作为原型工具使用了，除了它的功能确实强大之外，上手容易、操作方便也是一个重要原因。

Affinity Designer 软件界面 1

不仅有 Sketch 挑战 Photoshop 在 UI 设计界的地位，在它擅长的图像处理和插画方面也有另一个对手——**Affinity Designer。**

相比 PS 那每年高昂得吓人的正版授权费，Affinity Designer 的价格可谓相对很低了。同时它的功能也同样强大，在分屏预览、响应式设计以及画板等功能上都有很不错的表现。

Affinity Designer 软件界面 2

对于交互设计师的意义

- 作为一个设计师的基本素养，应该会使用 Photoshop。
- 画原型的时候可以自己处理图标、插图。
- 做高保真原型的时候，可以自己拿着 PSD 切图和导出。
- 会做 UI 的交互设计师是强大的，可以单枪匹马完成一个 APP 的所有设计工作。

4.2.2 动效设计

说到做动效，最经典的软件就是 Adobe 系列的 **After Effects** 了。我的同事 Nefish 就是使用这款软件的动效高手，腾讯电脑管家小火箭的很多动效都是他在 AE 里先做出 Demo，确定最终效果后，我们才写出动画说明书，给开发进行还原的。

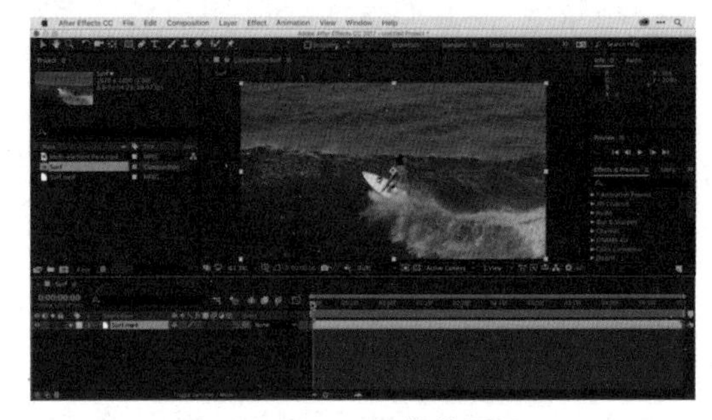

Affinity Effects 软件界面

比如我们小火箭的深度加速功能，可以让用户选择几个需要关闭的进程，然后就会有一个加速的过程。我们将这个过程和小火箭这个概念结合起来，包装成一个坐在小火箭内部，在宇宙中加速穿梭的感觉，如下图所示。

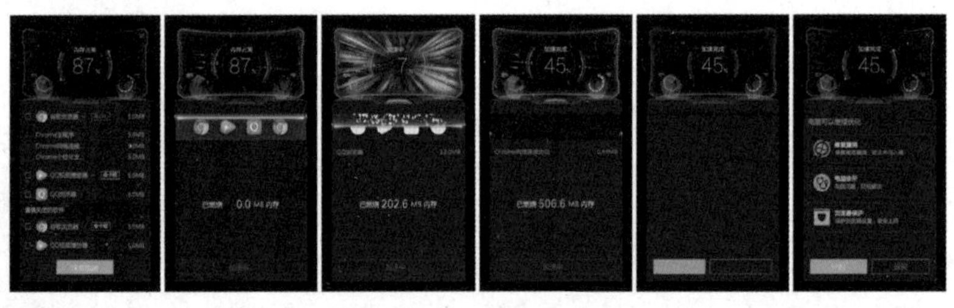

小火箭的深度加速功能

如果没有 AE 这样方便的工具，想要实现这种如丝般顺滑的动画效果是千难万难的。

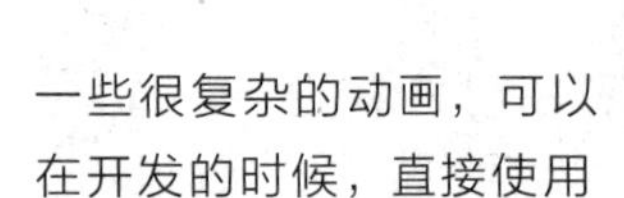

一些很复杂的动画，可以在开发的时候，直接使用 AE 导出的序列帧来还原动画效果，这样就一定能够保证百分之百还原设计了。不过相应的，也会增加一些图片的数量和体积，这里需要做一个平衡和优化。

对于交互设计师的意义

- 交互不应该只有逻辑跳转，还需要有过渡动效，掌握一个强大的动效工具可以加深我们对交互动效的理解。
- 也可以作为高保真原型的一种补充，很多团队的高保真直接就是用 AE 做的。
- 它还可以用来做产品的宣传视频，当团队中没有这样的人才时，你可以果断补位。

4.2.3 三维设计

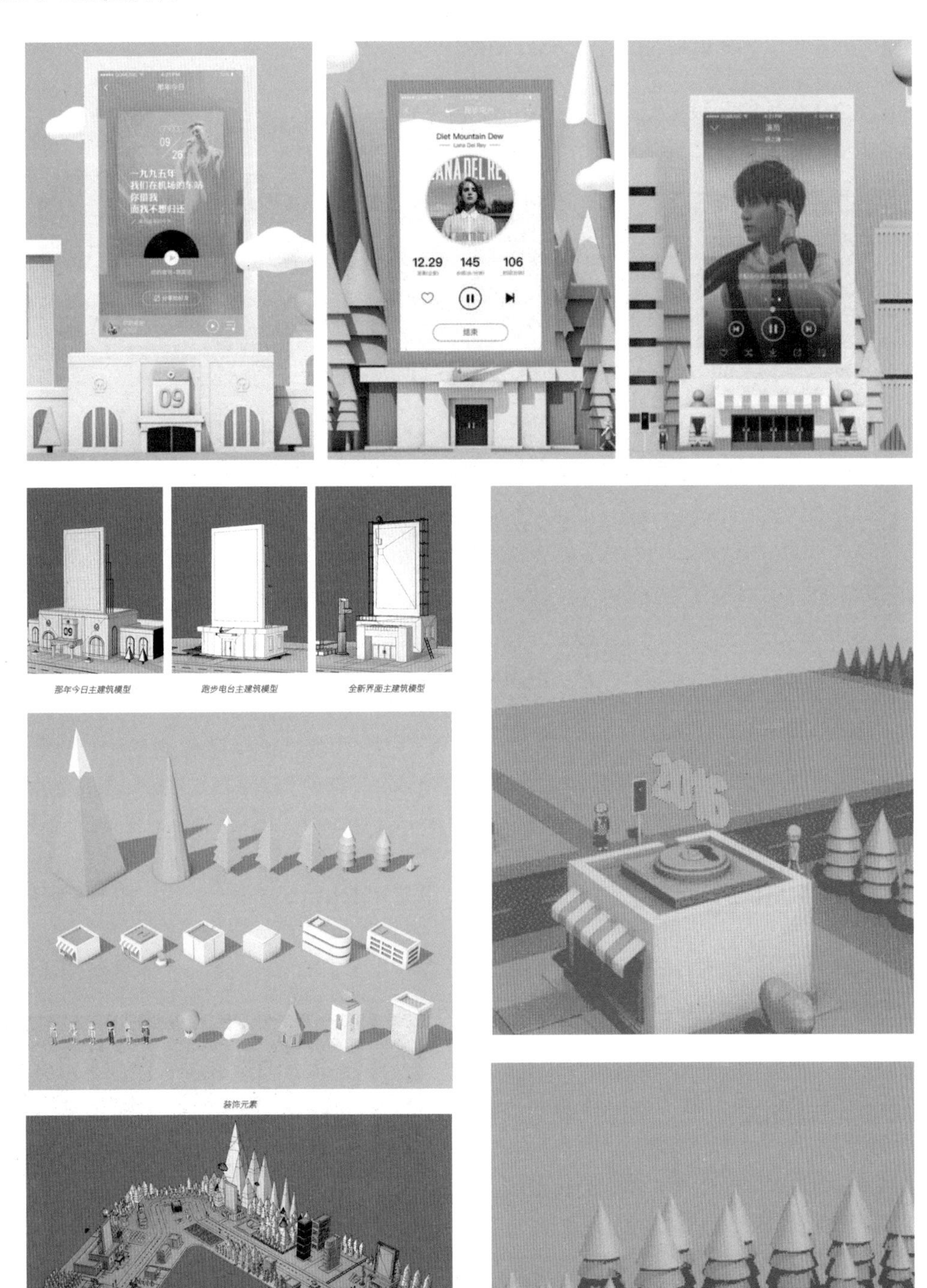

QQ 音乐 7.0 新版闪屏

如果你的平面功夫已经很好了，动效也会了，是不是就没有可以挑战的东西了？

当然不是，你还可以挑战更高的维度——**3D 动效！**

我的好友，QQ 音乐的高级视觉设计师 Geeco 就做过这种事情，从零开始学 **Cinema 4D**，最终做出了非常酷炫的 QQ 音乐 7.0 新版闪屏。

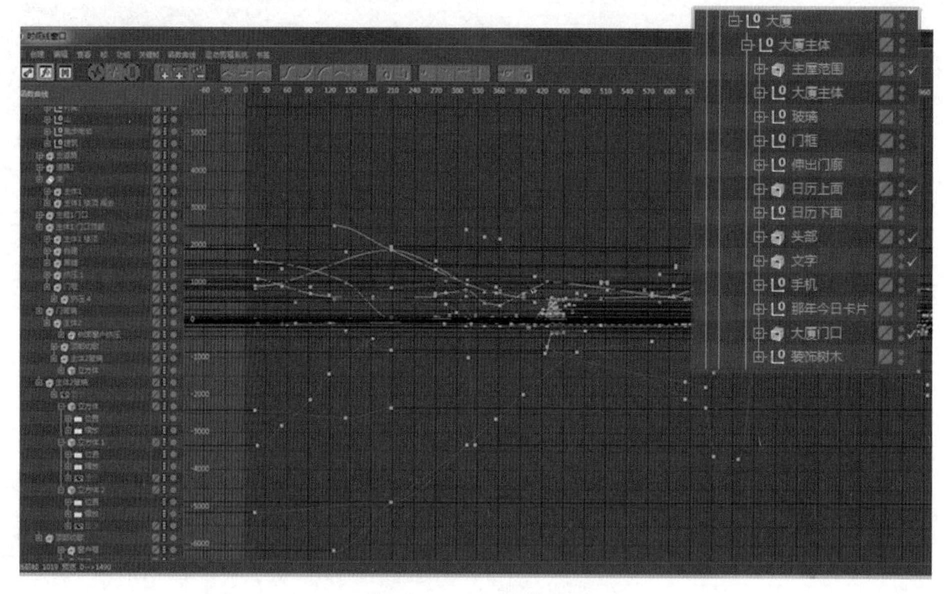

Cinema 4D 软件界面

除了 Cinema 4D，你的选择还有 Rhino（犀牛）、3dsMax 这种 3D 建模软件。如果有编程基础，想挑战更高维度的，还可以去试试 Unity 3D 和 Unreal Engine 4（虚幻引擎 4）这样的游戏引擎。

它们都有各自的应用场景，比如我们的 3D 小火箭，就是用 **Rhino** 建模出来的，如下图所示。

关于游戏引擎，我们设计中心的设计师们还用虚幻引擎做出了很酷炫的大数据可视化产品潘洛斯，展示效果已经秒杀竞争对手几条街，获得了领导层和市场的强烈好评。

3D 渲染出来的小火箭

对于交互设计师的意义

- 有些动效如果用 3D 来实现，会更酷炫。
- 比别人多一个维度的思考空间。
- 游戏交互设计师对游戏引擎的了解是必需的。

对于交互设计师来说，软件的体验和学习是永无止境的，你精通的软件越多，就越有可能比别人多一点竞争力。

前提是，你得先有一个牢固的专业理论基础。

4.3 用研方法

既然是**“以用户为中心的设计”（User Centered Design）**，那就代表着一切设计的根基都应该是基于对用户的理解的。

所谓用户思维，当然不是凭空产生的，你说你了解用户，那就请拿出研究报告来。

所以用户研究方法和用户研究员这个职位就应运而生了。

一位有经验的用户体验设计师，他一定对于这些研究方法很熟悉，同时还有相当多的研究用户的经验，知道怎样的设计不容易让用户犯错，知道常见的几类人群喜欢的设计模式。

在团队规模比较小，设计资源和时间比较紧张的时候，前期可以先参考设计师的经验，在对市场和用户做一个简单的分析之后就可以开始做设计和开发。

但这只是一种权宜之策，等于是把检验产品的时间放到了产品上市之后。

与其冒险一搏，那为什么不提前做好研究和测试呢？

如果要保证产品的可用性足够好，设计团队一定要投入一些资源和时间进行用研工作。最好的情况是让用研参与到整个设计过程中来，真正去了解目标用户，让用户来体验和测试产品。经验积累、心理学知识，甚至拍脑袋都有可能帮你解决很多问题，但只有通过用研检验的产品才有可能是真正的好产品。

4.3.1 用研的价值

用户研究可用的方法有很多，比如用户访谈、焦点小组、可用性测试等，大体可以分为两大类：一类是更注重问题发掘的定性研究，另一类是偏重分析和统计的定量研究。而在研究的过程中，每种方法又会有所侧重，有的侧重观察用户操作，有的则侧重听取用户意见。

因此我们可以按照这些画出一个二维四象限图，如右图所示。

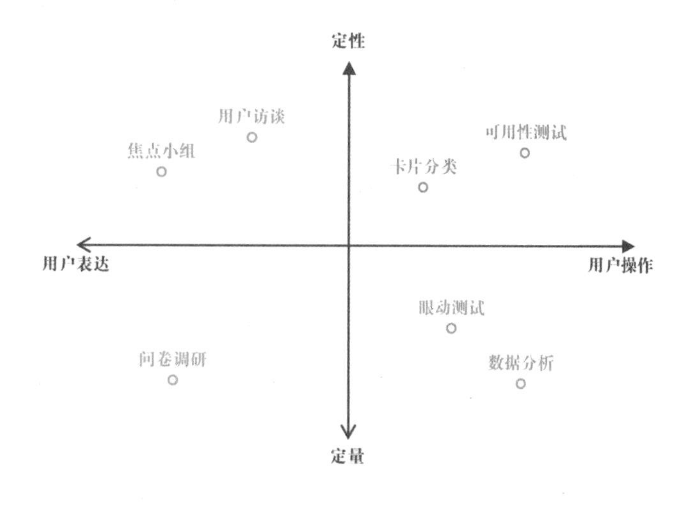

用户研究方法

方法有这么多，到底该什么时候用呢？价值在哪里呢？

1. 前期研究

- 当你要做一款新产品时，不确定到底怎样的方向会受到用户的喜爱，所以你想找用户来问问。

- 当你要改进现有的产品时，不知道那些离开的用户到底有哪些不满意的地方，所以你想找用户来问问。

- 当你发现有一款竞品做得特别好时，不知道是哪些用户在用，到底喜欢它哪一点，所以你想找用户来问问。

- 还有很多，比如当你想确定产品目标用户的属性、使用场景、生活习惯的时候……

这时候你就需要用研了，**通过这些方法，你就拥有了观察用户的眼睛，既能发现自己的问题，也能找到新的创新方向。**

这个阶段最常用的方法是：问卷调研、焦点小组和用户访谈，研究行业报告和后台数据也是不错的方式。

2. 后期验证

好不容易设计出了一款产品，想要知道这个方向是否靠谱，完全可以在开发前先用原型验证一下。

在设计过程中团队意见有分歧，这个功能到底做还是不做，按钮是放左还是放右，做个简单的测试和问卷就知道了。实在不行，还可以在上线后用 A/B Test 的方式直接看关键数据。

产品或者功能上线前后，通过观察关键节点的数据变化，就能知道这次的改动是否成功。如果出了问题，就应该果断砍掉或者回滚。

做产品就像打仗一样，前面设计的时候再热血沸腾，自我感觉再良好，也要拿出去找用户真枪实弹地做个验证。不管黑猫白猫，只有能捉到老鼠的才是好猫。

4.3.2 定性研究方法

定性研究更像是一种问诊，通过与用户互动和讨论的方式来发现用户的潜在需求和使用产品的意见。

1. 用户访谈

所有用研方法里，最直接的方法就是去找用户访谈。这种看起来像是聊天一样的方法，有经验的用研人员能够发现很多有价值的问题。

现在用研人员采用的访谈方法，是休·拜耳（Hugh Beyer）和卡伦·霍尔茨布拉特（Karen Holtzblatt）所开创的名叫**“情境调查”（Contextual Inquiry）**的研究方法。

这种方法的最大特点是，访谈人员要把用户当成“师傅”，自己则是一个新手“学徒”，徒弟请师傅（用户）告诉自己，他平时是如何使用产品的。**一旦用户开始将自己的体验教给访谈人员，他就不会只讲结论，而是会从头到尾尽量按照顺序讲解自己的体验，这样就会让我们尽可能地获得真实完整的用户使用产品的信息。**

情境调查的四个基本原理[11]

① **情境：**同用户交流和观察的地点尽量选择用户正常的工作环境，或是适合产品的物理环境，不要选择干净洁白的实验室，这点很重要。观察用户的活动，提出问题，要在用户自己熟悉的环境中展开，环境中布满了他们日常使用的物品，这有利于挖掘出他们行为相关的所有重要细节。

---

⑪ *引用自《About Face 4：交互设计精髓》，作者：Alan Cooper，P36。*

② **伙伴关系：** 访谈和观察时，要采取合作的方式探索用户，对工作的观察和对工作流程、细节的讨论可以交替进行。

③ **解读：** 访谈人员大部分的工作就是研究收集到的用户行为、环境和谈话内容，进行综合分析，解读信息，发现设计意义。不过访谈人员还是应该谨慎，避免不经过用户证实而做出主观臆测。

④ **焦点：** 访谈人员应该巧妙地引导访谈，这有利于捕捉与设计问题相关的数据，而不是用调查问卷提问回答，或者让用户自由发挥。

既然叫作"情境调查"，上文提到的情境就非常重要，重点在于还原用户的使用现场，就算实在不能还原，也应该布置一个让用户相对放松的环境。

让用户相对放松的环境

在腾讯就会有一些专门的访谈室提供给用研人员，有布置得非常温馨的、适合聊天的房间，也有放着几台电脑，装扮成用户书房一样的房间，目的就是消除用户的紧张感，尽量还原情境。

2. 焦点小组

另一种常用的访谈方式是 **"焦点小组访谈"(Focus Group Interview)，** 简称小组访谈。由专业的用户研究员主持，邀请 6 名用户同时参与讨论和头脑风暴，用于发现新的需求或者验证产品思路。

小组访谈的主要内容是参加人员之间的讨论。先由主持人抛出主题，接着由某个参加人员对该主题发表意见，然后其他人就会对该观点发表赞成或者反对的意见。

通过记录和分析该讨论过程，就会清楚关于此次主题的多角度看法，以及这些看法之间是如何相互影响，直至得出结论的。换句话说，通过小组访谈得到的信息大多数都是意见，作为补充，有些不是很全面的体验（比如"我认为这里用起来不太方便""我想要这样的功能"）也会被访谈者提到。

小组访谈的标准是一个小组 6 个人，共两个小时，这里面还会包含一些主持人的发言时间和无效时间，用户发言的时间大约占 80%。平均下来，每个用户的发言时间只有 16 分钟（2 小时 x 80% / 6 人）。[⑫]

这个时间非常短，仅仅一个简单的用户体验过程就能用完 16 分钟，而且人数相对比较多，互相之间容易有意见的冲突和附和的情况。要从中得出有价值的信息非常难，所以这种方式对主持人的要求很高。

现在这种方式用得越来越少了，主要是一些大公司在对产品品牌感知做调查的时候，以及想了解新产品上市后用户的真实反馈才会用到。

3. 可用性测试

产品可用性测试（Product Usability Testing） 是典型的实验型方法。把用户请到一个会议室进行一对一访谈，并且还会要求用户完成事先设置的一系列产品使用的任务，比如添加商品到购物车，完成注册流程等。这个会议室叫作可用性实验室（Usability Lab），有一整面墙都是镜子（单面透光玻璃），镜子另一面的监听室里会坐着产品经理、设计师等相关人员，一同观察整个访谈和测试过程。

⑫ *引用自《用户体验与可用性测试》，作者樽本徹也（日）*

第一次参与自己产品测试的设计师，往往都会有种“百闻不如一见”的感觉——原来这个功能用户是这样理解的啊，怎么连这么明确的指引都看不懂，我做的设计有这么烂吗……

整个测试的过程，有以下几个步骤。

① **招募（2周）：**用研人员会请外部的调研公司发布调研需求，按照设计团队的要求寻找一定数量的目标用户，一般是6~8人，因为6个用户就能发现89%的问题。

② **设计测试（1周，和招募并行）：**在测试开始前，用研人员会要求设计师给出一系列想问用户的问题，以及想让用户完成的测试任务，一般都会聚焦到产品最核心的操作流程，或是新改动的功能特性等。

③ **实际操作（2~3天）：**可用性实验室里有各种专业的设备，比如计算机、摄像头、麦克风等，会对整个测试过程进行录像和录音。把用户请到实验室后，用研人员会先问几个简单的访谈问题，缓解气氛，然后就会请用户按照任务列表进行操作，并使用**“发声思考法”（Think Aloud Method）**，将每一步有什么感受，是怎么想的都说出来。

④ **分析与报告（1~2周）：**实际操作结束后，用研人员还会重新观看测试时的录像并做记录，然后对所有用户的测试完成情况进行记录和统计，归纳问题和改进建议，最终做成一份可用性测试报告。

使用这种可用性测试的方法后，往往都能发现很多潜在问题。虽然也会有优点的反馈，但问题和优点的比例大概是10:1，这对设计师肯定是巨大的打击。

这正是这种测试的目的所在，因为它是一种“反证式”的测试。因为在设计的过程中，往往都会觉得自己做的功能没问题，用户一定能够使用。那到底会不会呢？这就要请用户来证明。

- 如果这个功能用户不会用或者觉得别扭，那就是可用性问题，得改。
- 如果这个功能用户会用，那就继续下一个，直到发现问题为止。

所以，这本来就是一个用来发现问题的方法，有问题很正常，这也正是它的价值所在。

它的适用范围很广，贯穿整个产品的生命周期：竞品分析、原型测试、上线后各版本测试等。

4. 卡片分类法

卡片分类法（Card Sorting）既是一种用户研究的方法，也是一种设计方法，用于产品信息架构的整理和设计。

比如产品有30个功能，你为它设计了A、B、C、D四个导航入口，那到底哪些功能应该在哪个入口下，用户能正确找到吗？

这时你就可以用上这个卡片分类法。

① 把这些功能的名称分别写在30张小卡片或者便利贴上，然后在白板上画出A、B、C、D四个区域。

② 问用户一个问题：“你觉得这个功能应该在哪个分类入口下？”

③ 让用户根据他的理解，把每张卡片放到对应的区域。

④ 分类完成，做好拍照记录。

⑤ 还原现场，再请下一位用户做同样的测试。

把最后得出的用户分类结果跟现在的设计对比一下，如果有些功能你放在了 A 下面，而大多数用户认为应该在 B 下面，那就是你设计上的不合理。你可以听从用户的分类，或者更改这个功能的名称，让人更容易认同你的分类。

这种方法叫作“封闭式卡片分类法”，因为你事先已经定义好了 A、B、C、D 这几个分类名称。

还有一种叫作“开放式卡片分类法”，这种方法只列出功能卡片，并不指定分类的数量和名称，让用户自由归类和命名。你可以把这两种方法的结果进行比较，综合得出你最满意的分类结果。

4.3.3 定量研究方法

定量研究则是一种收集和分析的过程，通过收集用户数据来验证产品设计师对于用户需求和问题的基础假设。

1. 问卷调研

最常用的无疑就是问卷调查了，设计师事先设定一系列关于用户使用产品和用户人口属性的问题，然后通过线上或者线下的方式进行投放和收集，最后分析结果。

这种方法大家都很熟悉了，主要有几个特点：

- **标准化：**按照统一规则和固定结构设计，保证科学性、标准性，便于统计、对比。
- **定量化：**问题答案标准化，便于单项分析、交叉分析。
- **效率高：**可在短时间内大量回收。

我们团队经常使用的还是腾讯的线上问卷平台——**腾讯问卷（wj.qq.com）**，它是免费开放给所有人使用的。

腾讯问卷

由于腾讯电脑管家本身做的是 PC 端产品，所以往往会通过电脑端去筛选和投放设计好的在线问卷，回收后再进行对比分析，决定一些重点功能的改进方向。

在线问卷数据

2. 数据分析

数据统计分析方法则是通过后台数据统计系统分析产品的启动量、点击次数和操作路径等行为，从而发现问题和验证设计效果。

这一点也是现在互联网公司产品团队最重视的，但同时也是很多小型公司没有做好的地方。只是观测那些 DAU（日启动量）、UV（页面访问用户数）、PV（页面访问量）等这些关系到 KPI 的指标是不够的，只有精确到每个模块的点击率、关闭按钮点击率、页面停留时长等用户操作的关键数据，才可能作为设计时的参考。

在腾讯，会有专业的数据分析工程师帮助产品团队进行数据统计和建模，然后给出一个可以查看产品数据的后台页面，并且根据我们的需求进行定向的数据爬取和分析，可以说是很给力了。

在做电脑管家小火箭 V2.0 的改版时，就是通过问卷调研的方式收集了很多用户关于使用上的反馈，以及每个功能点的使用数据后，才决定了改进的方向和思路的。如果没有这些前期的准备，那无论是谁也不敢轻易对这种亿级日使用量的产品进行改动的，那简直是拿设计在开玩笑。

3. 眼动测试

当需要了解界面设计的布局是否起到了预期中的效果，那些主要的操作入口或者广告位是否足够显眼，这时就需要眼动仪来辅助研究了。

PC端眼动测试

移动端眼动测试

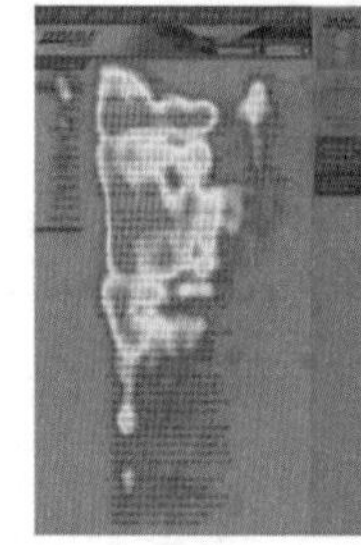

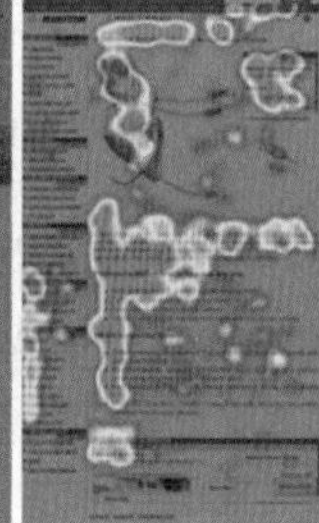

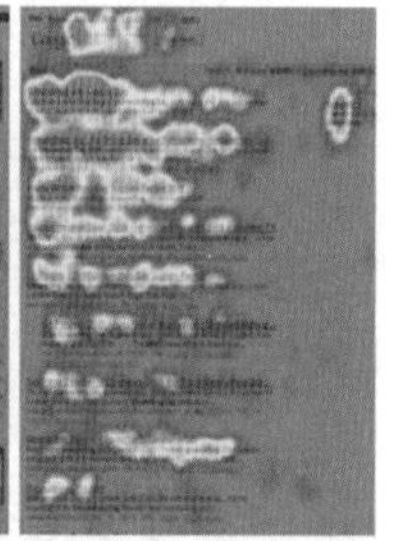

生成的Web热力图

眼动仪的功能

- 眼动仪可以帮助我们记录快速变化的眼睛运动数据。
- 眼动仪能记录包括注视点、注视时间、眼跳方向、眼跳距离和瞳孔直径等多种参数。
- 眼动仪可以绘制眼动轨迹图，直观而全面地反映眼动的时空特征。

随着现在后台数据统计功能的完善，很多关键页面的浏览和点击数据其实都可以由程序进行记录，形成一个更粗略、数据量更全的热力图。这样的成本更低，获取数据更快速，所以眼动测试的使用也就越来越少了。

4.3.4 用户画像的力量

做用户研究时，设计师容易产生一个疑惑：按理来说，我们的产品应该让尽可能多的用户喜欢，这样看来，是不是我们调研的所有用户需求都应该满足？

并非如此。

任意扩展产品的功能，涵盖所有受众时，结果并不是讨所有人喜欢，反而会增加所有用户的认知负担和导航成本。有些功能能够取悦一部分用户，却可能会对其他用户造成困扰。比如你在微信首页加上一个下拉自拍的入口，拍完还能一键美颜发朋友圈，这个功能一部分女性用户可能会喜欢，但是大多数用户会觉得很傻，影响了他们的正常使用。

所以在设计之前，首先要选择正确的目标用户，即能代表这款产品最广大的使用人群的用户样本。之后再将这些用户分成几类并按照优先级排序，在确保满足最重要人群需求的同时，不会损害其他重要用户的需求。

这种提炼用户类型的研究和设计方法，就是**“用户画像”（Persona）**，也叫作“人物模型”。具体的构造方法和描述在 Alan Cooper 的**《About Face 4：交互设计精髓》**有详细的说明，这里做一个简单的引用。

1. 八步构造用户画像[13]

基于前面从问卷调查、用户访谈和数据等途径得来的所有用户研究，我们就可以按照以下几

⑬ *引用自《About Face 4：交互设计精髓》，作者：Alan Cooper。*

个步骤来构造属于我们产品的用户画像了。

① **根据角色对访谈对象分组:** To C 的产品可以根据家庭角色、生活方式和使用习惯等进行划分,To B 的产品可以对应不同的工作角色。

② **找出行为变量:** 不要把重点放在研究人口统计方面的属性，而应该寻找每组角色身上能观察到的一些明显不同的行为，这些被称为行为变量，常见的有：活动、态度、能力、动机和技能。

③ **将访谈主体和行为变量对应起来:** 每一位用户的不同行为变量之间都会有差别，这一步就是把他们对应起来并分出程度高低，比如有些人更喜欢自拍，而另一些人基本不自拍。

④ **找出重要的行为模型:** 如果一组用户会聚集在 6~8 个不同的变量上，那就很有可能代表一种显著的行为模型，而且这其中必然会有一些逻辑或者因果联系，比如浏览商品频率比较高的用户，下单购买的频率也高。

⑤ **综合各种特征，阐明目标:** 将这些典型用户的特征和行为综合起来，就形成了对他们“日常生活”的描述，这就是用户画像上的主要内容。

⑥ **检查完整性和冗余:** 检查建立的每一个用户画像，描述是否充分对应研究结果，是否足够使用？如果有两类以上的用户画像只有几个变量有区别，那就应该合并。

⑦ **指定用户画像类型:** 将已建立的用户画像进行优先级排序，然后为它们分别指定类型。共有 6 种用户画像，包括：主要用户画像、次要用户画像、补充用户画像、客户用户画像，以及接收服务的用户画像和负面人物画像。

⑧ **进一步描述特性和行为:** 用户画像上的调研数据都是一些比较直接的变量，我们还应该用自己的语言将它们串起来，形成一个完整的描述，并加上具有代表性的照片，每个用户画像最终的呈现应该是 1~2 页的 PPT。

2. 用户画像的好处[14]

① **确定产品的功能及行为。**用户画像的目标和任务奠定了整个设计的基础。

② **与利益相关者、开发人员以及其他设计师进行有效沟通。**用户画像为讨论设计决策提供了共同语言，并有助于确保设计流程的每一步都能以用户为中心。

③ **就设计意见达成共识和承诺。**有了共同语言才能形成共同理解，用户画像和真实用户具有相似性，比起功能列表和流程图，更容易使人联系到真实用户的情况和需求。

④ **提高设计的效率。**可以像面对真实用户一样，将用户画像代入到设计原型中，进行测试和验证。尽管它无法完全替代真实用户的需求，但也为设计师解决设计难题提供了有力的现实依据。

⑤ **有助于市场运营、营销和销售等其他与产品相关的工作。**除了设计部门，其他和产品相关的业务部门也希望能够对用户有更完善和详细的了解，用户画像也能为营销活动和客户支持提供帮助。

3. 有助于避免设计陷阱

① **弹性用户:** 虽然满足用户是我们的目标，

⑭ *引用自《About Face 4：交互设计精髓》，作者：Alan Cooper。*

但是“用户”这个术语的本身定义太过宽泛，使用“快手”的用户和使用“抖音”的用户是一批人吗？使用微信的用户和使用QQ的用户是一批人吗？而且产品团队中的每个人对于用户的理解都不同，到了做决定的时候，“用户”这个词就会成为一个弹性概念，为了适应团队中强势者的观点和假设，很容易被扭曲变形。

② **自我参考设计：**也就是“把自己当成用户”。设计师和开发人员很容易将自己的目标、动机、技巧和心理模型带入设计里，但是用户又不会超越像是设计师这样的专业人员，因此这种方式只适合很少量的产品，大多数的产品这么去做都会出问题。

③ **边缘功能设计：**我们在设计时通常会尽可能地考虑各种情况，但有时就会做出一些边缘功能设计——这是一个大多数用户都不会使用的功能，只有极少数人在少数情况下会用到。有了用户画像之后，我们就有了再一次检验的机会：“小明在什么情况下会需要这种功能？他会想到用这种操作吗？”

4.4 编程语言

和之前的“设计软件”一样，这里说的编程语言专题也是选修的，属于加分项，感兴趣的人可以了解一下。

所谓**“程序”（Program）**，就是计算机用来执行的指令序列，而**“编程语言”（Programming Language）**，也就是能编写程序的语言，它是让开发者能够用人类更容易理解的书写方式写出一系列的计算机运行指令，计算机收到后，就会开始按照开发者的思路执行这些指令序列，比如展示主界面、播放视频、下载游戏等，程序也就运行起来了。

很多设计师可能看到“编程”这两个字就头痛，一大堆的代码不知道是什么意思，应该是一些和数学、物理一样麻烦的东西，还是交给开发人员去弄吧，咱就不掺和了行不？

当然可以了，不过你是否遇到过这些困扰？

① 自己辛苦做出的设计，开发出来的效果跟设计稿完全不一样，那些像素对齐的问题也就算了，为什么连很多简单的动画效果都无法实现？

② 感觉和开发人员沟通非常困难，你说的他听不懂，他说的你听不懂，你只要求这样那样的效果，他却说这个有点难，那个不好做，巴不得什么都按最简单的来，你却没办法反驳？

③ 你有好的创意、好的设计，却少一个将网站或者软件写出来的人，这时你又很羡慕能够单枪匹马做出像《Flappy Bird》和《星露谷物语》这样游戏的人。**“全栈设计师”真是一个既闪闪发光，又两极分化的头衔，好像人人都可以说自己是，但是真正做得好的人却懂得用作品说话。**

作为一个理工科出身的交互设计师，我其实一直有一颗写代码的心，所以这么多年总是时不时会学一点。虽然总是在门槛附近徘徊，但是在工作中多少也算是尝到了一点会代码的甜头。

上面说的三种困扰，前两种我基本都不会有，因为我知道开发人员是用什么语言、什么方式来实现我们做的设计效果，所以我在设计时也就能够提前想好大概的实现方式；当对方说有些地方不好做的时候，我也会和他具体沟通，到底是哪一块有难度，一起来从设计和开发两个角度去解决，就算实在不行，也能理解为什么做不到，我们可以换一种方式实现。

至于第三种，也是我一直在学代码的原因。总有一天，我会独立做出自己的软件和游戏的，并不是为了证明自己，而是我真的喜欢这种从无到有，亲手创造一个完美作品的过程。

但是编程语言实在是太多了，并不是所有都适合交互设计师来学，我只讲三个最基本的方向。

4.4.1 标记语言：HTML + CSS

要说人人都要会的语言，我觉得非 HTML 和 CSS 莫属了。在互联网时代，所有的网页都离不开它们，懂得做网站曾经是 2000 年前后非常吃香的一个职业，但现在已经不是了。

并不是它们已经不重要了，恰恰相反，是因为会的人实在太多了。

现在哪个软件、哪个公司还没有个官方网站了？现在做营销活动时，动不动就是做个 H5（HTML5），现在的公众号、小程序和小游戏都是基于 Web 的，现在很多产品的主体本身就是个网站，比如京东、爱奇艺、携程、YouTube、GitHub 等。

而且 HTML 和 CSS 本身学起来也并不难，所以推荐大家都去了解一下。

```
<!DOCTYPE html>
<html>
  <head>
    <title>Example</title>
    <link rel="stylesheet" href="css/c03.css" />
    <script type="text/javascript" src="three.js"></script>
  </head>
  <body>
    <h1>TravelWorthy</h1>
    <div id="info">
      <h2>latest hotel offer</h2>
      <div id="hotelName"></div>
      <div id="roomRate"></div>
      <div id="specialRate"></div>
      <p>room rate when you book 2 or more nights</p>
      <div id="offerEnds"></div>
    </div>
    <script src="js/example.js"></script>
  </body>
</html>
```

```
@import url(http://fonts.googleapis.com/css?family=Ope

body {
  background-color: #fff;
  background: url("../images/travelworthy-backdrop.jpg"
  -webkit-background-size: cover;
  -moz-background-size: cover;
  -o-background-size: cover;
  background-size: cover;
  margin: 0;
  font-family: 'Open Sans', sans-serif;}

h1 {
  background: #1e1b1e url("../images/travelworthy-logo
  width: 230px;
  height: 180px;
  float: left;
  text-indent: 100%;
  white-space: nowrap;
  overflow: hidden;
  margin: 0;}

h2 {
  margin: 1.75em 0 0 0;
  color: #adffda;
  font-weight: normal;}

h2 + p {
  margin: 0.25em 0 0 0;}
p + p {
  margin: 0;}
p + h2 {
  margin: 10px 0 0 0;}

/* message under the logo */

#message {
  float: left;
  clear: left;
  background-color: #ffb87a;
  color: #1e1b1e;
  width:170px;
```

HTML+CSS

HTML 的全称是 **“超文本标记语言”（Hyper Text Markup Language，HTML）**，CSS 的全称是 **“层叠样式表”（Cascading Style Sheets，CSS）**，前者是每个网页的基本内容，后者负责网页的样式美化，都属于标记语言。

严格来说，它们并不能算是编程语言，因为编程语言最核心的特征是能够让计算机运行一系列指令。而标记语言实际上只是用来写文档的，一个 HTML 网页和一个 Word 文档本质上都只是一些文字和图形的存储介质而已，但这里就不做区分了，大家把它们当成编程语言来学就好。

1. 简单的 HTML

我一直说 HTML 简单，估计你是半信半疑的，不如来举个例子吧。

```
1  <!DOCTYPE html>
2  <html lang="zh-cn">
3      <head>
4          <meta charset="UTF-8">
5          <style type="text/css">
6              h1 {
7                  font-family: Microsoft YaHei;
8                  font-size: 40px;
9                  color: blue;
10             }
11             p { font-size: 24px; color: #F78AE0; }
12         </style>
13         <title>这是网页标题</title>
14     </head>
15     <body>
16         <h1>
17             这是正文中的一级标题
18         </h1>
19         <p>
20             这是第一个正文段落。
21         </p>
22         <p>
23             第二个段落，写几个都行。
24         </p>
25     </body>
26 </html>
```

HTML 相关例子

HTML 这种标记语言的特色就是像 <html> 这样带有尖括号的标记了，整个网页就是由很多这些标记组成的。如果要写一个标题，那可以用 **<h1>+“标题内容”+</h1>**；如果你要写一个文章正文中的段落，那就用 **<p>+“段落文字”+</p>**，以此类推，你还可以插入图片、视频、链接等。

现在再对照上面的例子看一下，是不是就看得懂了，很简单吧！

上文写出的网页，用浏览器打开是下面这个样子。

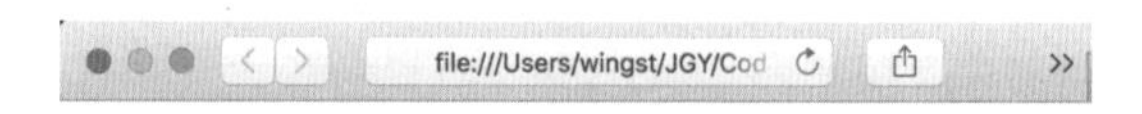

这是正文中的一级标题

这是第一个正文段落。

第二个段落，写几个都行。

HTML 标记语言在浏览器中打开

2. 美化专家 CSS

整个 HTML 文档其实就是用来搭建网站内容框架的，它不管你好不好看，只要能把内容都堆上去就可以了。

所以它有个好搭档——CSS，所有的美化工作都是它来做的。

CSS 的工作方式也很简单，就是挑出想要美化的那个标签，然后给这个标签定义样式就好了。

比如上面那个 HTML，我们想让正文标题（h1）变成微软雅黑，字号 40px，颜色变成蓝色，就这么写：

```
1 h1{
2     font-family: Microsoft YaHei;
3     font-size: 40px;
4     color: blue;
5 }
```

用 CSS 美化 HTML 网页的设置

然后把这个 CSS 文件和 HTML 网页关联起来，网页就会变成如下所示。

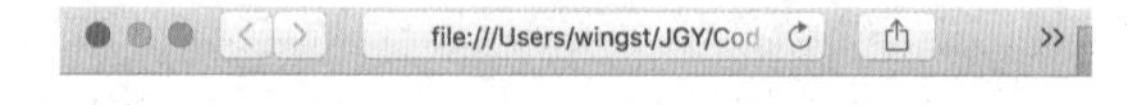

这是正文中的一级标题

这是第一个正文段落。

第二个段落，写几个都行。

美化后的 HTML 网页

也许你会问：为什么要弄得这么复杂？直接把

样式写在 HTML 文件里就好了，用 CSS 还要多学一种语言、多关联一个文件，有什么好处？

问得好，其实很久以前确实都是直接把样式写在 HTML 文件里的，但是后来之所以会有人发明 CSS 这种语言，当然是用来解决一个很大的问题的。

这个问题就是设计师最喜闻乐见的——换肤！

如果把样式全都写在 HTML 文件里，就得在每个标签上逐个定义样式。写一次也就算了，如果一旦写错了，或者后来要改样式，那网页前端工程师可就要报警了，因为一个网页动辄几百上千个标签，一个个改过去？这工作量太大了！

那有没有办法把样式和内容分离开，然后对这些同类的标签批量定义样式呢？比如都是正文，写一个样式，统一定义成一个字号和颜色可以吗？

于是 CSS 就出现了，只需要两行代码，所有的段落文字样式就都变了，如右图所示。

```
1 p{
2     font-size: 24px;
3     color: #F78AE0;
4 }
```

CSS 代码

无论多少个段落，只需要一次定义就搞定，等到网页上的样式全都定义好了，你就得到了一个 **“皮肤”**——CSS 文件。

当你觉得样式有问题，需要微调的时候，甚至需要整套全部换掉的时候，那就去修改或者替换成另一个 CSS 文件就好了，完全不用修改现有的 HTML 文件。

这就是“一键换肤”的原理。

CSS 能够定义的东西有很多，除了字体、颜色、字体大小之外，边框、边距、圆角、背景，还有层次等，甚至鼠标移上按钮后的状态变化，都在它的管辖范围。

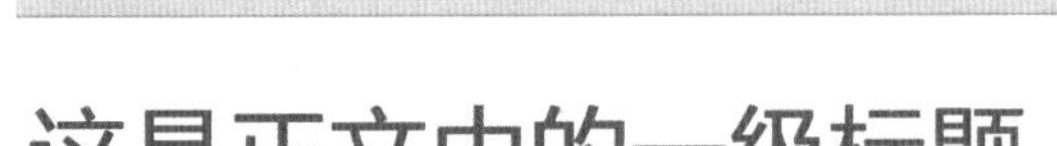

HTML+CSS 结合的效果

这就是 HTML+CSS 这对好搭档，无论多复杂的网页，都是用它俩来搭建出来的，背后的原理其实很简单。

思考题

现在，从下图中的网页代码中，你能找到 CSS 定义的样式和 HTML 标签吗？

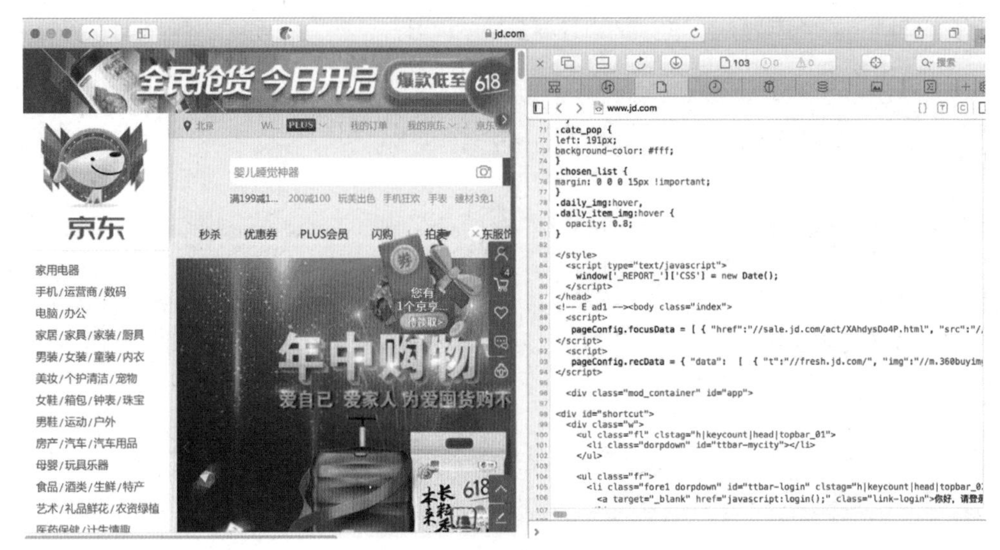

网页及代码

3. 推荐书籍

如果你觉得做网页还挺有意思，有个网站叫作“W3School”做得挺好，里面有很丰富的教程，可以去看一下。

如果想要看书也有，推荐这本 **Web 设计与前端开发秘籍《HTML & CSS 设计与构建网站》**。

我看过很多本关于网页开发的书，达科特写的这本是最浅显易懂的，而且样式和排版都很精美，非常适合设计师学习。

4.4.2 脚本语言：JavaScript || CoffeeScript

既然 HTML 和 CSS 作为标记语言只是文档，不能执行命令，那网页上那些点击、输入、跳转和各种转场动画是怎么来的?

这时候就需要用到编程语言了，但是 C、C++ 和 Java 又太复杂，而且还需要后台编译生成 EXE 文件才能执行。有没有可以用浏览器直接执行的语言?

于是**脚本语言（Script Language）**登场了，它具有简单、易学、易用的特点，只在需要的时候被浏览器调用和运行，其中著名的就是 **JavaScript** 了。

现在所有网页上的交互动作和动画，包括弹窗、H5 上的整屏动画以及输入框提示等，几乎都是通过 JavaScript（简称 JS）来实现的。

所以，如果你要做一个网站，**HTML+CSS+JS** 才是一个完整的网页前端解决方案。

但是 JavaScript，还是基于 Java 语言简化过来的。Java 是一个历史比较久的编程语言，本身的学习成本就很高，就算再简化也好不到哪里去。

于是后来又出现了一个基于 JS 的简化语言——**CoffeeScript**，它的语法吸收了很多现代编程语言，如 Python 和 Ruby 的精髓，非常简洁易懂，而且还可以通过后台转译成 JS，和 JS 的环境无缝连接。

下面是两种语言的对比，如右图所示。

看到 CoffeeScript 这个名字，你是不是觉得有点眼熟？

没错，我最喜欢的高保真原型工具——Framer，它的代码部分就是基于 CoffeeScript 的。

它的语法有多简单呢？举个例子，如右图所示。

CoffeeScript

```
mood = greatlyImproved if singing

if happy and knowsIt
  clapsHands()
  chaChaCha()
else
  showIt()

date = if friday then sue else jill
```

（引用自 CoffeeScript 中文网）

JavaScript

```
var date, mood;

if (singing) {
  mood = greatlyImproved;
}

if (happy && knowsIt) {
  clapsHands();
  chaChaCha();
} else {
  showIt();
}

date = friday ? sue : jill;
```

两种语言的对比

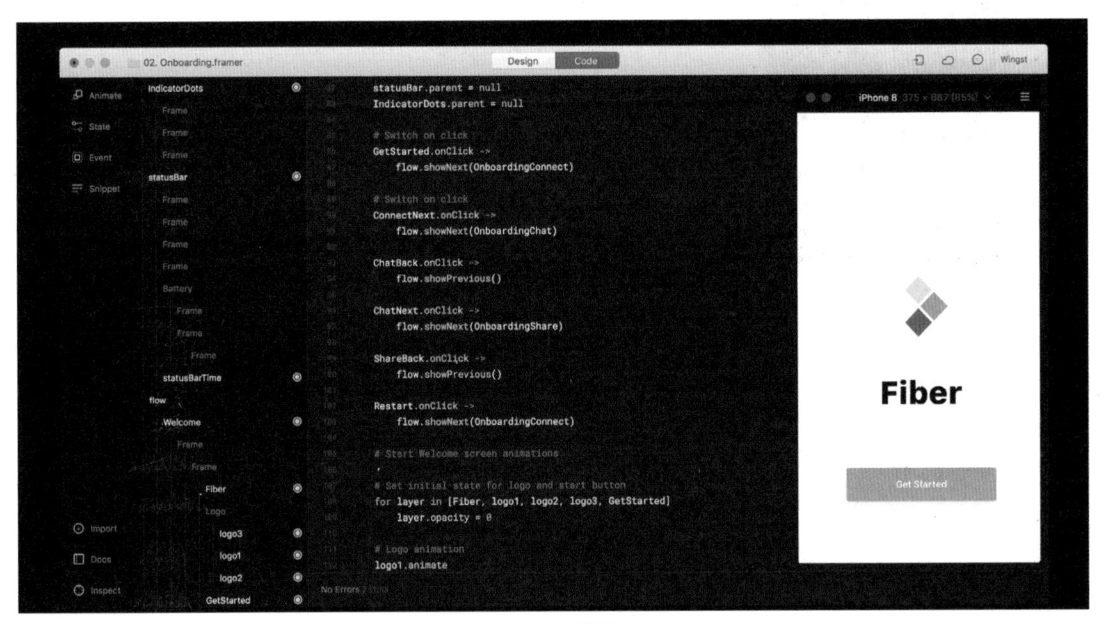

Framer 界面

你想让上面那个界面中的“Get Started”按钮点击后跳转到下一个界面，那就这么写：

```
GetStarted.onClick ->
  flow.showNext(OnboardingConnect)
```

GetStarted 是按钮的名字，**OnClick** 代表鼠标点击动作，-> 代表触发一个程序行为，这个行为就是让页面流程 **Flow** 切换到下一个界面（**showNext**），界面名称是 **OnboardingConnect**。这些按钮和界面都是我们在 Framer 的 Desgin Mode 下设计并命名的。

是不是够简单？

一个完整的编程语言，还有很多内容需要你知道以下几点。

- 变量（字符串、布尔值、数组等）。
- 函数。
- 基本的运算。
- if…else 条件判断。
- for…in 循环、while 循环。

这些内容是每一门编程语言的共通特性，都可以在 JavaScript 和 CoffeeScript 中学到，还可以很快地运用到网页设计中去，基于实例的学习才是最快、最有效的。

所以推荐想学一点编程知识的人，可以从网页设计和开发学起，这样双管齐下，以后至少还能给自己做一个作品集网站吧。

《JavaScript & jQuery 交互式 Web 前端开发》

推荐书籍

虽然 CoffeeScript 很简单，但是市面上可参考的教程书很少，还是 JS 的学习体系比较成熟，所以要学的话还是先从 JS 学起吧。等到学会了基本知识再去了解 CoffeeScript，就可以很快上手了。

还是推荐作者达科特（Duckett · J）写的 **Web 设计与前端开发秘籍《JavaScript & jQuery 交互式 Web 前端开发》**，推荐理由同上文，我自己也在看这本书。

4.4.3 高级语言：Swift (Xcode)

如果前面两种都还不能满足你，一定非要亲手做个可以在手机或者电脑上运行的软件，那苹果官方推出的 **Swfit 语言**和 **Xcode 编辑器**无疑是你的最好选择。

Swfit 和 C、C++、Java、Kotlin、Python 这些一样，同属于高级编程语言，是可以真正写出电脑上、手机上可执行程序的万能语言，所有的 iOS 和 Mac 平台上的 APP、游戏等都是用它写的。这门语言最早的形态是由乔布斯领导的 NeXT 计算机公司发明的 Objective C（C 语言的高级分支）。苹果收购 NeXT 后，它就成了 iOS 和 Mac 系统的底层语言。但是每一门语言使用久了之后都会逐渐暴露出一些之前设计上的缺陷，同时还有各种效率更高、更简化的新语言在诞生，于是苹果公司在 2014 年推出了改进版的、开源的新型编程语言——Swift。

相比它的前辈 Objective C 和 C、C++，甚至是安卓以前的官方语言 Java，Swift 都具有很多独特的优点：它既满足了高级语言的工业化标准，又具有脚本语言简单易学而且有趣的特点；它既可以用来编写像 Hello World 一样的简单程序，也可以用来编写操作系统的底层代码；它还可以不用生成可执行文件，直接在窗口中预览界面效果和代码运行结果。再加上 Xcode 开发环境，配合起来简直天衣无缝。

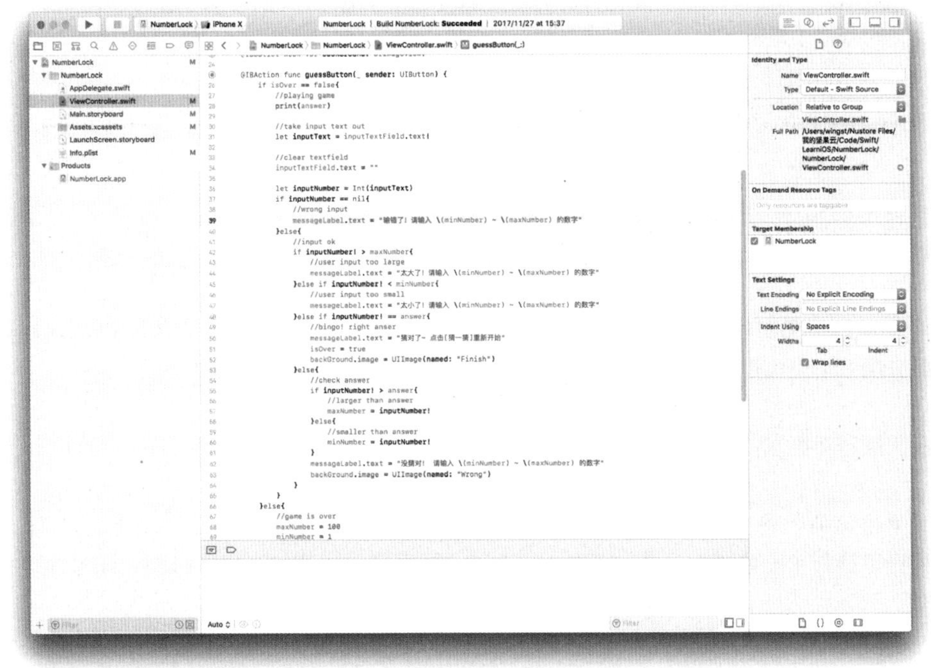

Xcode 主界面

上面这就是 Xcode 的主界面，你可以在这里直接拖动添加各种控件到左边画面中，然后在右边调整各种属性和参数，是不是和 Sketch 有点像？

配置好控件后，依然可以用拖动的方式将控件添加到代码中，然后为它们添加相应的交互响应事件和运行逻辑。

下面这个是我之前做的一个练习。APP 可以自动生成一个 1~100 以内的随机数，然后让你来猜，程序会告诉你输入的数字是小了还是大了，就像以前《幸运 52》猜价格一样，直到猜中为止。

《解锁大师》练习

这样一个简单的程序，用 Swift 和 Xcode 来按照教程学习，就算是新手也只需要一天的时间就能做出来。

因为这个是货真价实的软件开发，比较高阶，就不推荐书了。感兴趣的同学可以去 **udemy.com** 这个网站去搜索 Swift 视频教程，一位叫作 Wei Wei 的台湾开发者讲得非常好。

为什么我只推荐苹果系的 Swift，而不是安卓系的 Kotlin 和 Java 呢？

因为相比苹果这种闭环的生态链来说，安卓的开发环境和语言的学习曲线实在太不友好了，对于新手来说简直是信心和乐趣的大杀器，再加上千变万化的屏幕分辨率和无数的机型，还是饶了我吧。

4.5 文档工具

这个专题还真是我给自己挖的坑，要说起文档工具的使用，当然是所有职场人士人人必备的技能，我当时把它列在里面正是因为这一点。但如果你非要把它拿出来单独说，又好像没有什么好说的——Word、Excel、PPT 谁不会用？思维导图谁不会画？

不过，尽管大家都会用，但是真正能把它们都用好的人还真没见过多少。

- 会用 Word 写文档，但是你会设置页眉页脚，能够用自己定义模板来高效写出一篇报告吗？除了 Word 之外，你还会用什么更方便、高效的文档工具吗？

- 会用 Excel 画表格，但是你会用各种公式做统计吗？知道自动生成数据透视表的方法吗？给你一份原始产品和用户数据，你能够从里面分析出可行性的产品改进结论吗？你会用更高级的数据分析工具比如 SPSS 吗？

- 会用 PPT 做汇报，但是你能够快速做出一份简单、美观以及易懂的 PPT 吗？如果想要给 PPT 增加酷炫流畅的视觉动效，你能够做出像乔布斯、老罗、雷军等人用的那种产品发布会级别的效果吗？

就算是产品经理和设计师再熟悉不过的思维导图，其实大部分人画的方式也都是不对的——因为大家都没有理解思维导图的创始人东尼 · 博赞发明这种书写方式的初衷。

如果真要选出一类最容易提高、性价比最高的职场技能，那其实就是这些文档工具的使用技巧了。它们不仅全都可以通过刻意练习的方式来提高，而且每一门手艺还能即刻用到工作中，改善你的工作效率，让人对你刮目相看——“原来他连这些工具都能用得这么好，真是一个非常靠谱的人啊，以后我有软件方面不懂的问题，都可以请教他！”

而且，就算你不做设计师了，以后想做产品经理、项目管理、游戏制作人，甚至是证券分析师、投资人等各种角色，其实都能用得上这些技能。它们是真正的万金油，你值得拥有。

尽管我在周围人看来，已经是一个“超级工具党”，几乎所有软件我都感兴趣、都略懂一二，但我还真的不认为自己已经精通这些文档工具了，只是多少掌握了一些技巧而已。另外，任选其中一种工具（比如 PPT 的使用技巧）都能写出一本书来。我这里也没法展开说，由于篇幅有限，下面只能给大家讲讲方向了。

4.5.1 思维导图

说到“思维导图”（Mind Map），相信大家已经不陌生。现在产品经理写需求文档，设计师做信息架构的时候都会经常用到，我的这个“交互技能树”也是用它来表示的，大家会觉得这是一种很方便的写文档的工具，不再是那种一个段落一个段落的线性结构，而可以是用网状铺开的结构，还能快速调整每个节点的顺序和位置，所以可以适应很多种场景的写作。

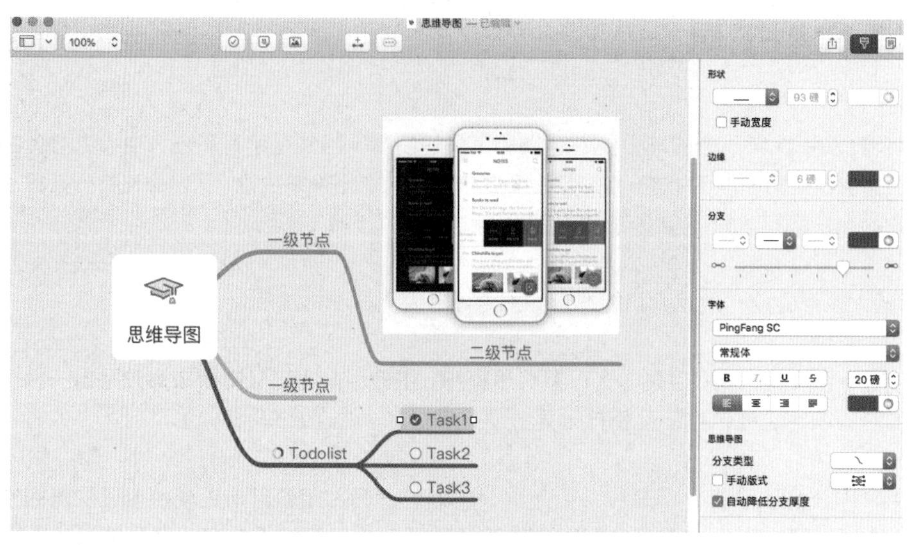

思维导图的制作界面

“思维导图”是东尼·博赞（Tony Buzan）在 20 世纪 60 年代发明出来的，结合了心理学、大脑神经生理学、语义学、神经语言学、记忆和助记法、感知理论、创造性思维等各类学科的知识，它是用于提高创造力和生产力的技巧，它能提高个人和组织的学习效率，它是用文字抓住灵感和洞察力的一套革命性方法。

思维导图的影响力有多大?

东尼·博赞的《思维导图》系列丛书已被译成 35 种语言，风靡 200 多个国家，总销量突破 1000 万册。他本人也被剑桥大学、牛津大学、哈佛大学、斯坦福大学等世界名校聘为客座教授，专门讲授思维导图的实际应用技巧。他还成立了一个培训组织，为世界各地的学校、企业和组织培训思维导图的技巧和各种学习方法。

我有幸参加了一次公司请来的官方认证讲师 Phoebe 的思维导图课程，听完之后确实大开眼界，收获很大——原来这才是思维导图的正确打开方式，我们以前认为这种思维导图软件打开就知道怎么用，就像自以为能够用 Photoshop 画几个图形就算会 PS 了一样，实在太想当然了!

这种培训价格不菲，主要还是为了让讲师手把手带大家学会思维导图的使用方式，而其实主要的内容都在东尼·博赞的《思维导图》这本书中讲过了，书并不厚，大家直接看书就可以。

《思维导图》

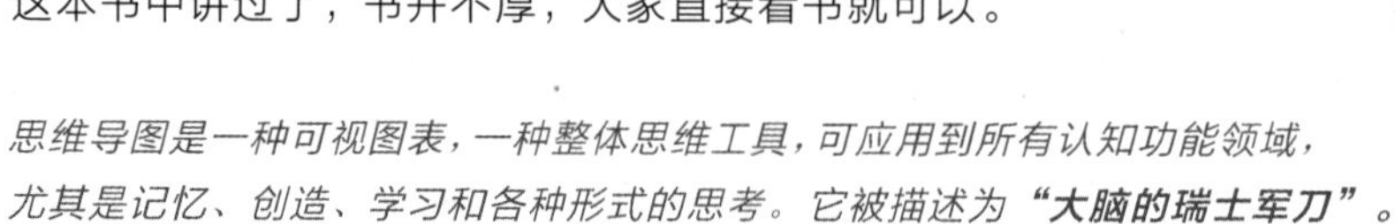
*思维导图是一种可视图表，一种整体思维工具，可应用到所有认知功能领域，尤其是记忆、创造、学习和各种形式的思考。它被描述为**“大脑的瑞士军刀”**。*

*思维导图的有效性在于它多样的形状和形式。**它从中央发散出去，运用曲线、符号、词汇、颜色以及图片，形成一个完全自然的有机组织**[15]。*

——《思维导图》，东尼·博赞

⑮引用自《思维导图》（Kindle 版），作者：东尼·博赞。

一幅标准的思维导图应该是下图这样的。

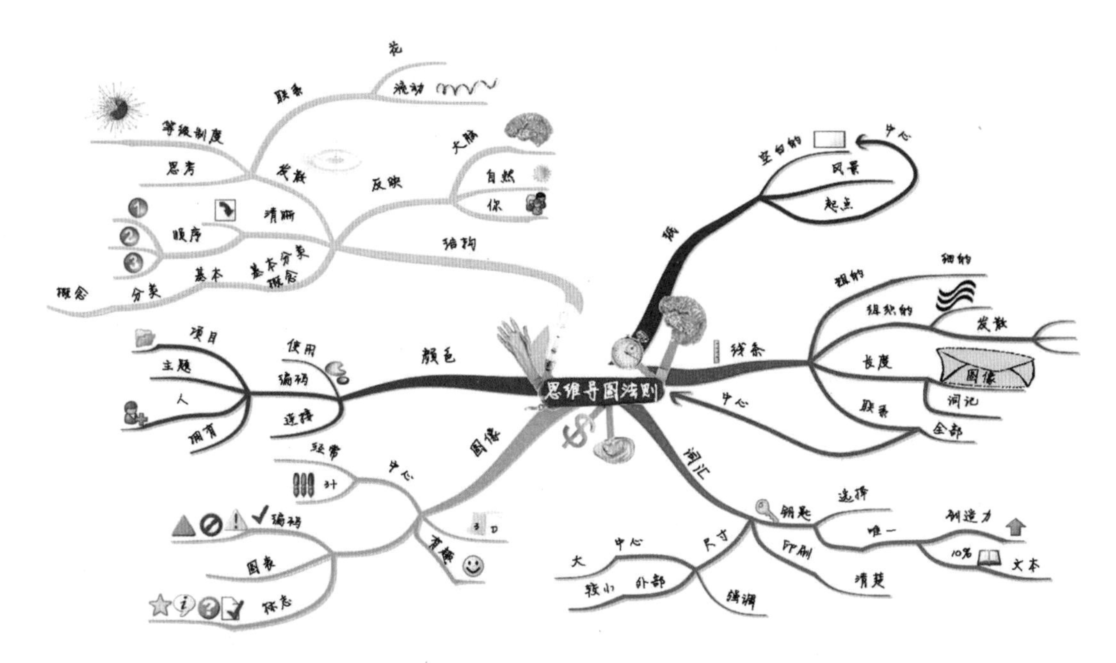

引用自《思维导图》中的插图

1. 思维导图的技巧和准则

绘制思维导图的关键在于，先定义一个中央话题，然后使用图像和词汇短语作为基本元素，激发大脑不断进行联想和发散，直到自己觉得已经把这个中央话题说透、说明白为止。

A. 突出重点

整个导图中的内容都需要经过你的思考和过滤，只写出你认为是重点内容的关键词，同时还可以为最重点的内容加上图像来突出。

- **一定要用中央图像：** 图像可以自动地吸引眼睛和大脑的注意力，可以触发无数的联想，还是帮助记忆的极有效的方法。所以一定要为中央话题找一个形象、生动的图像，让它能不断地激发你的思考。

- **整个思维导图中都要用图像：** 只要有可能，就要用图像，好处上面已经说过了。不要害怕画得不好，这是给你自己看的，可以刺激你更加注意观察生活，进而提高你描述真实物体的能力。

- **要用通感：** 可以多使用一些有关视觉、听觉、嗅觉、味觉、触觉的词或图像，比如想表示发散性，就可以画一棵不断分叉的大树，同时想象这棵树的样子，这样你就能在下次看到的时候快速记起你要说的内容。

B. 发挥联想

它是人脑使用的另一个整合工具，是人脑记忆和理解的关键，它可以让大脑进入任何话题的深层次。

- **在分支的内外连接时，可以用箭头：**思维导图本身就是一个多维的图像，不用把自己束缚在一个层次上，可以用箭头甚至是双向箭头来做空间和逻辑上的连接。
- **使用各种色彩：**色彩是加强记忆和提高创造力最有用的工具之一，无论是图像还是导图的分支，都可以选择各种颜色，刺激你动用更多的脑细胞来创造和记忆。
- **使用代码：**代码可以是勾、叉、圆圈、三角形或者下划线，它们可以让你在思维导图的各个部分之间快速建立联系，不管这几个部分隔得有多么远、看起来多么无关。

C. 清晰明白

保持清晰明白，可以帮助联想和回忆更加流畅，这一点其实是很多人都没有做好的。

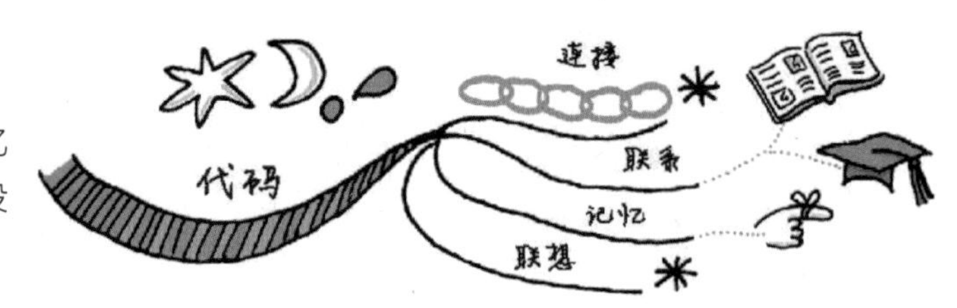

思维导图示例

- **每条线上只写一个关键词：**
每个单独的词都有上千个可能的联想，只写一个词会给你带来联想的自由，这样既记录了重点，同时还保留了思维的弹性。这一点其实是最颠覆大家认知的，很多人会在一条线上写一句话，甚至是一整个段落，那样和抄书也没区别了，对你记忆这本书的关键内容或是发散性思考毫无帮助。
- **线条的长度和词本身的长度尽量一样：**这个规则容易让词与词之间尽量靠近，也就有利于产生联想，所节约的空间还能让更多的信息都囊括在一张思维导图上。这一点在手写时尤其要注意，在电脑上，软件其实已经帮我们自动完成了。
- **中央的线条更粗：**线条应该是中间最粗，越分支越细，就像是树枝的分形结构一样，这样有助于你始终保持注意力在重要的中央部分上，同时粗细变化丰富的有机曲线有助于增强视觉上的兴趣。

2. 思维导图的应用场景

可能你会感到奇怪，平时我们画的思维导图都是只写关键词的，为什么东尼·博赞发明的这种方法需要用到这么多图像和颜色呢？其实这和他提倡的用途有关，真正按照他的方式来画的思维导图，可以用到很多场景中，也能够起到更多的作用。（注：我画这棵“交互技能树”的时候也是偷懒的，如果能加上更多的图像，效果会更好。）

真正的思维导图，可以用于以下几个方面。

① **记忆：**当你需要记住一系列知识点的时候，可以直接拿出一张白纸和一支多色笔（就是那种可以切换红绿蓝黑的圆珠笔），然后把你要记的东西用图像和关键字描述出来，这种方式比一整篇的文字笔记要有效得多。

② **创造性思维：**一张大白纸，一个中央话题，不断地发散和联想，这种方式不仅可以用于单人的头脑风暴，也可以用于多人的共同讨论，在做一些创造性的思考的时候非常有帮助，我自己就屡屡用这种方式来想各种设计方案的雏形。

③ **记笔记：**你是否已经厌倦了以往的那种事无巨细的课堂笔记？我一直认为花费大量的时间在写字而不是听课上面是非常愚蠢的行为，如果我在学生时代就能接触到这个方法该多好，边听边画边思考，记忆的效果会远胜于只是单纯地记录老师和书上的观点，因为这种读书笔记是需要你大脑高度参与才能做出来的，同时还可以用于考前对整个学科内容的复盘。

④ **会议纪要：**写会议纪要也和做笔记一样，对你自己来说只要记录要点就够了，剩下的应该是用来想：我到底在这次会议中收获了什么？下一步应该做什么？这些都很适合用思维导图来呈现。

⑤ **写演讲稿：**很多人一到上台演讲或者汇报的时候就大脑一片空白，就算事前写满了一张纸的文字演讲稿都还是记不起一个字。这也是思维导图的用武之地，因为你在写的时候就是只记录关键字和不断联想，你的大脑可以在这个过程中做出很好的预演练习，整个演讲稿也是在你的思考过程中呈现出来的，并不需要记忆任何一段话，等到真正上台时，你只要回忆一下那张思维导图丰富的色彩和图像，很快就能想到现在讲到第几点了，接下来要讲什么。

⑥ 思维导图还可以用于决策、自我分析、写日记、提高学习技巧等很多方面，就不一一列举了。

3. 常用的思维导图软件

- **XMind（推荐）：**PC 和 Mac 平台都有的免费软件，部分高级功能要收费，但是基本的应用已经足够了。

- **MindManager：**以前我用得比较多，但是一来比较贵，二来比较臃肿，启动慢、功能复杂又不美观，后来就不用了。

- **MindNode（推荐）：**Mac 平台上非常优秀的思维导图软件，非常精简和美观，用起来非常舒服，它是我现在的主力软件之一。

- **iMindMap：**东尼·博赞官方授权的思维导图软件，可以完美实现所有他说的思维导图功能，和手绘效果几乎一样。但缺点是太贵了，我当时还真的花了一千多元买了一个版本，有几个功能确实很好用，但那复杂的授权管理和很差的软件优化实在是让我受不了。

4.5.2 文档编辑

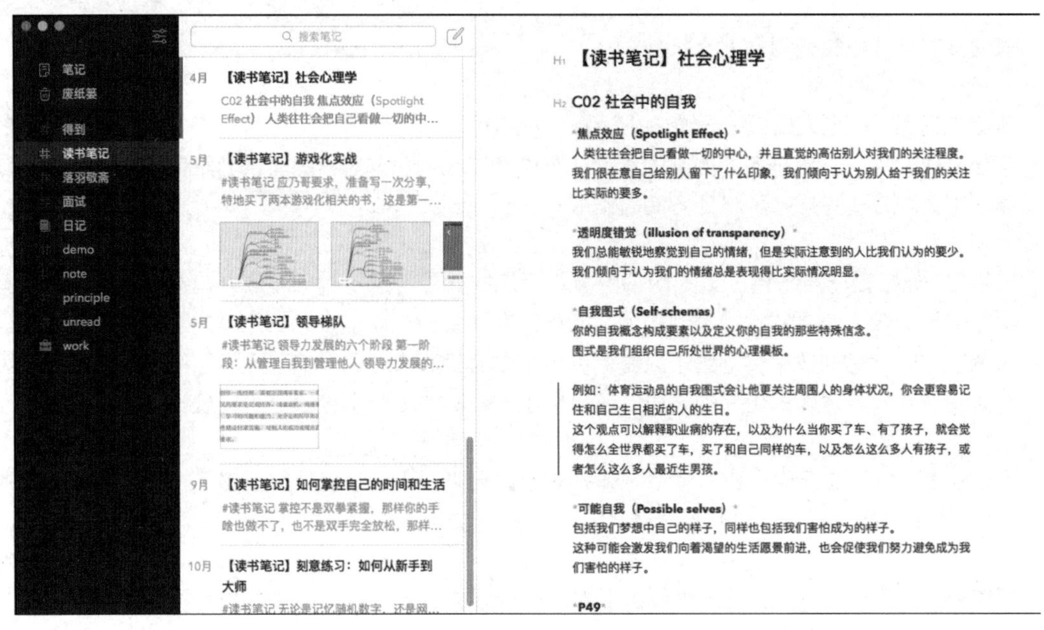

文档编辑软件：Bear（熊掌记）

设计师要写什么文档？

- 竞品分析报告；
- 用户访谈纪要；
- 可用性测试报告；
- 会议纪要 / 头脑风暴纪要；
- 交互说明文档；
- 设计走查文档（开发还原效果检查）。

除了工作上的这些，还有写读书笔记、项目总结、个人经验分享等文章的时候，都会用到写文档的技能。但是你现在还是只会用 Word 的简单编辑功能吗？还在那里一个字一个字地调样式吗？还在为图文混排的糟糕效果而抓狂不已么？

Word 这个工具本身虽然有很多不便的地方，但是也有不少省时省力的技巧，只要你愿意花时间去研究，甚至去买点书来看，还是能够发现不少有用的东西的。

但如果你是一个愿意钻研新工具的人，相信微软早已不代表最先进的生产力的话，那就果断找一些替代品吧，在很多场景下，以下这些工具无疑更有用。

- **印象笔记（Evernote）：**相信很多人都在用了，它可以用来收集你平时在网上找到的文章和好的观点，也可以随时随地记录你的想法、会议录音，甚至是拍照转换成黑白扫描件也很方便。但它还是有你不知道的正确打开方式——你应该把它当成你的云端大脑，而不是一个文档收集器。推荐你去看看**《Evernote 超效率数字笔记术》**这本书，里面介绍了很多好方法。

- **有道云笔记：**和印象笔记很类似，整体来说我还是更喜欢用印象笔记，但是有道云笔记有一个团队协作的功能，可以让团队成员自己上传文档和共同编辑，这个很方便。

- **Bear:** Mac 和 iOS 平台获得苹果公司编辑推荐奖的笔记软件，相比印象笔记来说更轻、更美，更适合随手记个笔记、写个文章，它的标签式管理方式比笔记本更高效。软件本身是免费的，同步功能要收费，不过价格不算贵。

- **Typora:** 基于 Markdown 语法的文档编辑器，我平时写文档和写公众号文章都是用它，免费而且 Mac 和 Win 两个平台都有。我之前也特地写过一篇推荐文章，感兴趣的同学可以了解一下。

其实现在还有一些可以在线编辑的文档工具，比如石墨文档和腾讯文档，用于协作和共享还是很方便的。至于长文档的编辑，个人习惯还是比较喜欢在软件里进行，只要加上坚果云这样的云同步盘就可以解决多端同步问题了。

4.5.3 数据分析

我们说现在的设计师需要看产品的后台数据，要会处理用研的问卷统计数据，这些该用什么工具？

毫无疑问，至少要会使用 Excel 来进行基本的统计分析和各种公式的调用，面对同样一张表的不同时期数据，你应该要能做出一个会自动更新结果的图表来，这样才算基本达标。

我平时说的前期用户人口属性分析、各产品主要人群以及使用频率等等分析，都是从数据后台导出后，我自己手工统计的。如果做不到这一点，那只能等着产品经理给你提需求了，但是设计方面的数据你难道不应该亲眼看看、亲自分析一下吗？

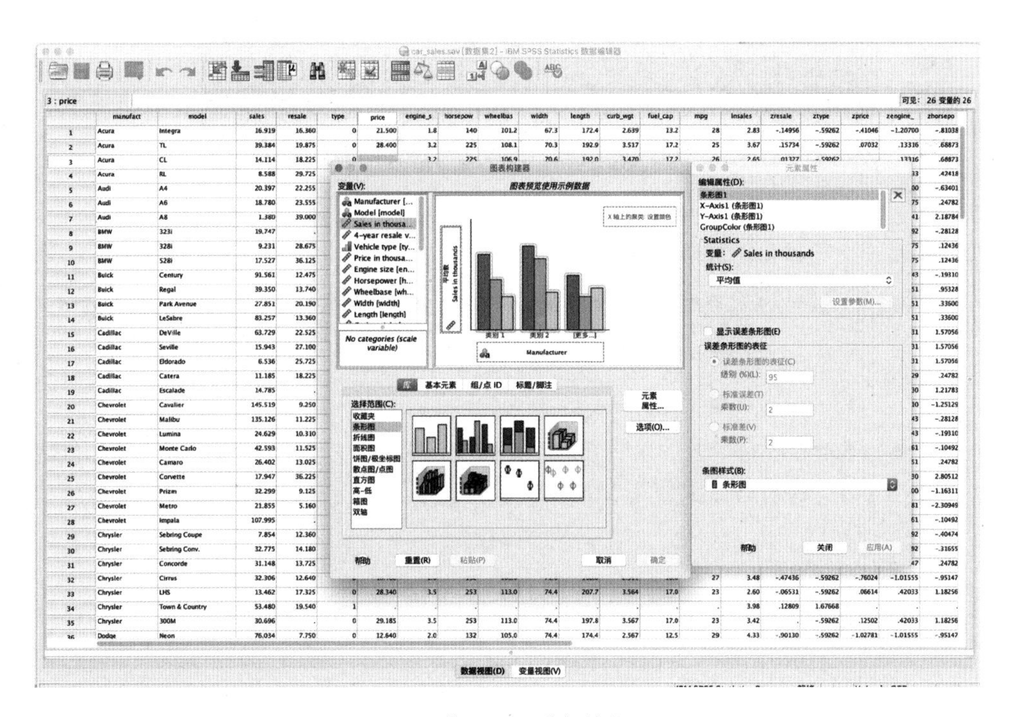

IBM 的 SPSS 分析软件

在数据分析界，还有一款比 Excel 更专业的工具——SPSS。Excel 虽然日常用得多，但是一旦到数据条目非常多的量级，以及要生成回归分析等各种交叉分析的时候，就不够用了。

这时，用研人员常用的 SPSS 就会派上用场。作为一款专业的大数据分析软件，它可以做的事情要比 Excel 多得多，复杂程度和上手成本当然也要高得多，同时价格也非常感人。

为了掌握它，我还特地去听了公司一位用研人员的分享课，学会了一点点皮毛，但是由于平时用得太少，现在也忘得差不多了。对用研和大数据分析感兴趣的人可以去详细了解一下。

4.5.4 PPT 报告

写 PPT 的能力有多重要不用我多说了吧？什么，作为设计师的你平时不用写 PPT，所以不太会？那可不行，写 PPT 的能力远比你在学校中所能想到的要重要得多。

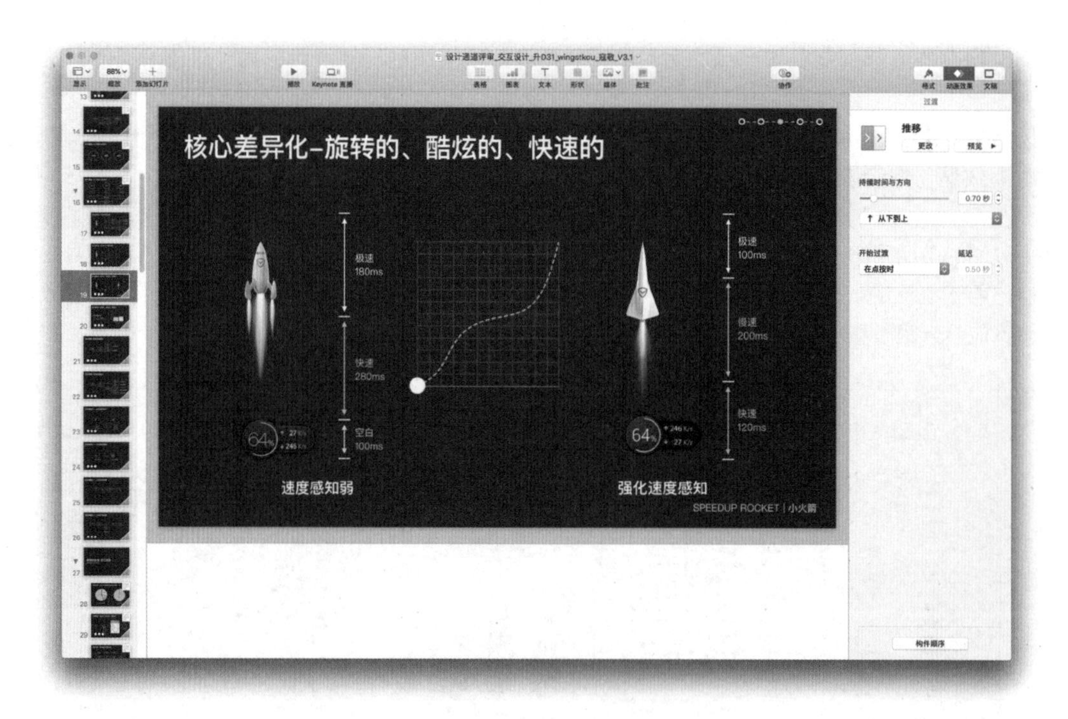

PPT 形式的设计作品展示

- 设计师都需要有一份精美的求职简历和作品集，这些最好是用 Keynote 来写，然后导成 PDF 文档。

- 设计师平时做项目总结和设计分享的时候，一份拿得出手的、生动有趣的 PPT 很重要，光会画图可不够。

- 设计师做好一份方案设计之后，要向甲方或者老板提案的时候，PPT 做得好，通过率相对高很多。

- 设计师在 BAT 这样的公司里需要通道晋级，在很多互联网公司也需要做季度或者半年的绩效陈述，这些都需要你会做、会讲 PPT。

就算不是为了自己，有时候老板或者上级也会需要对外做宣讲，甚至发布会的，这时如果你是一位精通 PPT 技能的人，那完全可以通过这门手艺给老板留下好印象，为公司树立品牌形象，何乐而不为呢？

Keynote 的动画效果菜单

其实做 PPT 并不难，会做排版、会做动效的人，可以尝试一下 Mac 平台的 Keynote，，因为那里的像素级移动和对齐、丰富的动画效果和神器移动的转场会让你欲罢不能，效率要高很多，效果也要好很多。尤其是动效方面，你可以像是学习原型工具一样好好研究各种动画（本来 Keynote 也就是苹果公司的原型工具），以将问题说明清楚为目的来设计酷炫的动效，绝不应该为了动而动，更不要做太长时间的动画，而浪费观众的时间。

就像下图这张 PPT 的动画构件，只有几个我是设置了 0.4 秒的，其他的都是 0 秒，只是为了分步骤展示才分了这么多段。

比起单纯的软件技巧，其实更难的是如何写好一个演示文稿报告，框架结构是怎样的，应该怎么起承转合效果最好，如何介绍自己的设计方案最容易让人接受，这里面的技术含量不会低于“如何写出一篇 10W+ 微信公众号文章”。我们也是在写的过程中不断总结和更新，现在才总算有一些关于项目汇报和总结的心得，我自己在写晋级 PPT 的时候是有多痛苦也会在后面跟大家聊聊。。

光是如何写好 PPT 这件事情就可以写一本书了吧。你去网上搜索一下，也能搜到很多此类的书，我就不多赘述了。

Keynote 做的动画列表

第 5 章 精神

Designer's Spirit

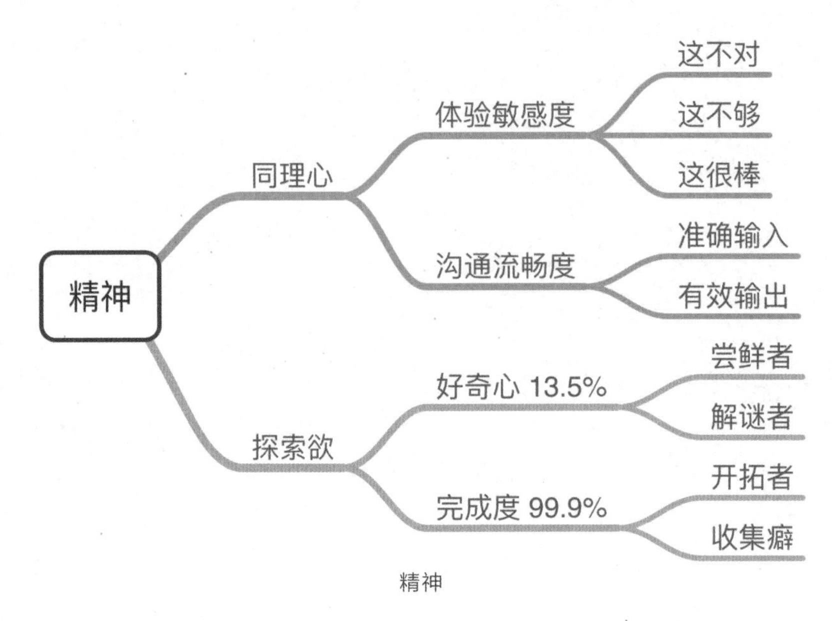

精神

交互技能树的职业技能共有四个部分，最后一个部分就是精神。精神这个部分是最短的，只有两个模块：同理心和探索欲。

这是交互设计师的精神内核。在思维、眼界、手段三个部分之外，特地补充了精神这个方面。这是最容易被人忽视的特质，这其实也是决定了一个人能否做好交互设计这个职业的最关键因素。就像你无法信任一个大大咧咧、头脑不灵活的外科医生为你做手术一样（谁知道他会不会把剪刀落在你的肚子里），你同样也无法相信一个没有探索欲的交互设计师会天天去体验新奇的APP和交互方式；而一个没有同理心的交互设计师也不可能真正体会用户心理以及做出用户真正喜爱的产品。

5.1 同理心

交互设计这个职业的核心是什么？

我认为当然就是“交互”和“设计”。前者更多的是要考虑产品和用户之间的关系，而后者更考验的是设计能力和素养。

换而言之，**“交互”对应的是对产品需求和用户目的的思考，核心是消除用户和产品之间的沟通障碍；“设计”对应的是搭建信息架构和界面流程，核心是通过原型来快速验证和修正产品方向。**

要做到上面这两点，交互设计师需要具备的素质有很多，你认为最核心的是什么？

我觉得最核心的素质就是——**“同理心”，**作为一个和用户体验直接相关的职位，必须有足够的体验敏感度，才能够把握好用户的心理，才能够从用户的角度去做深度的设计，做出用户容易懂、愿意用、喜欢用的产品。

因此在讲同理心的时候，我会从跟设计最相关的两个方面来介绍：体验敏感度和沟通流畅度。

5.1.1 体验敏感度

说到体验敏感度，最著名的故事要数安徒生童话故事里的《豌豆公主》了，之所以叫**“豌豆公主”，**并不是说她像豌豆一样小，而是讲她和一粒豌豆的关系。

故事里的王子想要找一位真正的公主，但是他找了很久都没找到。直到有一位落魄的公主来到城堡投宿，**她竟然能感受到二十层鸭绒被和二十层垫子下面的一粒豌豆**——这让她觉得很不舒服，一晚上都没睡好！

于是王子就和她结婚了，因为除了真正的公主之外，任何人都不会有这么娇嫩的皮肤。

这个故事里的公主的敏感度当然很夸张（我怀疑她是不是会经常失眠），但是作为一名专业的用户体验设计师，我们还真的需要对于所有的体验细节有着这样的敏感度才行。

我们平时在使用各种产品的时候，在体验自家产品的时候，在做各种设计方案的时候，都要时刻把自己当成是用户，对所有的体验细节做出不同的评价，并给出改进意见或者吸收好的经验。

1. 这不对

你还记得吴晓波说过的一句话么——乔布斯能在 1 秒之内让自己变成“白痴”，马化腾的速度大概是 3 秒，我（吴晓波）问张小龙，你是几秒，他笑着说，我大概是 5 秒吧。

我们在体验各种产品和看设计方案的时候，首先就要把自己变成“白痴”。假想自己是对这个产品和相关专业知识一无所知的用户，如果是让他来看，这个体验到底好不好？

下面这个是网易代理的《我的世界》手游版[①] 的首页（如图 1 所示），你觉得有什么不对吗？

- 《我的世界》是一个横屏来玩的手游，但是它在游戏开始前，其他的界面竟然都是竖屏的……这就会导致用户有一种分裂感——点开游戏后，我会像玩《王者荣耀》一样先把手机横过来，结果内容竟然是竖的！好吧，算我错了，但是等会点击“开始游戏”后，游戏画面又横过来了！你在逗我吗？
- 首页用了很大面积做了一个伪 3D 的入口，看着好像有点酷，但一操作起来就傻眼了——只能点击面前的这个“单人游戏”，要选择其他面的内容，还需要横向滑动才能把它转到正面，然后上面的那几个入口又变了，如图 2 所示。我想了一会才明白，原来上面的只是给那些懒得翻面的人做快捷入口用的——既然如此那为什么要弄得这么复杂！

后来我在右上角发现了一个设置，原来可以把首页的入口切换成图 3 这种形式。

图 1

图 2

图 3

①这是《我的世界》2017 年 6 月份版本的截图。

早做成这样不就好了！这种布局方式一目了然，操作效率又高。非要弄成那种半酷不酷的界面，真的很影响体验。

如果你真的想成为一名交互设计师，那平时你会对这些体验不好的地方吐槽吗？会向它们的产品经理提交反馈意见吗？会观察这些产品团队对于反馈意见的响应速度和态度吗？

每当我遇到这种体验不好的地方就不能忍，非得吐吐槽不可。当然如果是我们自己的产品，我也会把意见发给相关的产品和设计负责人，我自己也会一起想改进意见。

只有真正敏感到对于所有的体验问题都不能忍的程度，才有可能真正把产品打磨到最好的状态——总不能什么都要靠上线后用户来向你吐槽吧？

2. 这不够

要发现身边的体验问题其实并不难，更难的地方在于对自己和团队的严格要求上。

举个例子，以前在得到 APP 中有个今日学习的页面，看似有价值，实则很鸡肋，如图 4 所示。

一个做知识经济的平台，做一个学习内容的时间线当然很有必要，但之前的方法有问题：

① 时间线里有很多我订阅的内容，但都是随机出现一条而已，我如果要学某个专栏的话，肯定会想要每天专门学几课，怎么会用这么随意的方式呢？

② 时间线里还穿插着很多条“猜你喜欢”，做推荐我可以理解，但太泛滥了，我有很多已订阅的东西可以看啊，为什么就要看你给我推荐的内容呢？

③ 最关键的一点，这些所有内容都是“智能”推荐的，用户完全没有自主权——请问这是我在学还是强迫我学？

正因为有这三个问题，这个所谓的“今日学习”页面我就用了一次，以后就再也没有打开过。

所幸，“得到”团队发现了这个问题，也许是因为有用户反馈，不过花的时间有点久（快一年），但他们确实改好了，如图 5 所示。

他们把这个功能改成了“学习计划”：

① 内容完全来自于用户已订阅的专栏、大师课和每天听本书，不再有推荐内容。

② 用户可以自由更改学习计划的内容，包括增减课程名单、调整学习的课程数、调整学习的顺序等等，这才是用户自己的学习计划。

③ 所有专栏都会自动从我最近一篇没听过的课开始，按设定的数量列为今日学习的内容，不用自己操心（注意这个功能，后面我会提到）。

④ 顶部显示每天的学习进度，每次完成和全部完成后都会有个小动画，很有成就感。左上角还可以看到自己每个月都有哪几天完成了学习任务。

⑤ 可以在后台自动下载课程内容，以及连续播放学习列表中的音频，这完全对应了我在路上学习的需求。

图 4

图 5

自从这个功能上线之后，我几乎每天都在用，因为它真正抓住了我的痛点，解决了我的问题——在此之前我每次只能选择一门课一直听下去，因为在路上切换课程的操作成本太高——这就导致有大量课程我没法同时兼顾到，每次只能学习一门的效率太低了。

而且得到的专栏都是每天更新一篇的，修改后的“学习计划”功能把我订阅的每个专栏集合起来，不用自己东找一篇西找一篇了。

但这样就够了吗？

不够啊！

因为新的问题又来了：我有时会把每天计划中的内容全部听完，但还有时间学习，那怎么办？

只好找一门课继续听。

但是我这计划之外听的内容，系统不会记录到学习计划中。比如我在计划中听完了《华杉讲透孙子兵法 • 30 讲》第 1 课，然后在计划外听到第 7 课，这时系统的推送就出问题了。

如右图所示，明明最下方都显示我上次听到第 7 课了，结果第二天的学习计划中系统竟然还是给我推送第 2 课。

可能你会说，这就是一个系统设计上的 Bug 啊，他们应该很快就会解决才对。

我也是这么想的，因此在发现这个 Bug 的当天就给他们提了反馈。

然后两个月过去了，这个恼人的 Bug 依然还在。

这个例子我想说明什么呢？

- 我们产品经理和设计师经常会自以为很了解用户，结果设计出用户根本不喜欢用的功能（比如上面的第一版“今日学习”）；
- 每做一个新功能，就应该赶紧贴近用户去收集反馈和意见，而不是过了很久才发现：咦，好像这个功能没什么人用啊，问题出在哪呢？
- 好不容易根据用户的需求重新设计了新功能，这下用户很开心、很喜欢了，那就够了吗？
- 肯定还会有一些遗漏的，甚至还会有一些低级错误（比如上面那个 Bug），你能够自己发现吗？有用户向你提的时候，你觉得这个问题严重吗？

系统设计上的 Bug

作为设计师，最挑剔的用户应该是自己，而不该是用户。时刻把“这不够”记在脑中，永远不要沾沾自喜，产品的改进和迭代绝不是一蹴而就的。

3. 这很棒

除了对自己设计的产品要求很高，始终有“这不对”“这不够”的意识之外，设计师还要留心观察这个世界上所有好的体验，一切皆是我的老师。

比如上次我在开车的时候给朋友发语音消息，微信又给了我一个惊喜。

由于是开车，我只能用单手按住发语音的按钮来说话，而且车子会颠簸，这一颠簸手就容易从按钮上滑开——这就导致了我有一条消息还没说话就发出去了。

这时微信自动在按钮上方弹出了一个提示：

> 如果语音消息在手指松开前就已发出，可试试调整手指角度，按住按钮中间位置

微信语言的温馨提示

我的第一反应是：咦！！？你怎么知道我刚刚手滑了一下？
再然后是震撼：微信团队连这种场景都会细致地去检测和提示吗？

其实这个设计起来并不复杂，只要发现用户按住按钮时间不长，并且没有说话就把消息发出去了，那就触发这个提示。

能不能做到是一回事，是否能想到、是否愿意花时间去做这种提示又是另一回事了。

在一般的用户看来，这个提示很正常却又很贴心—— 是哦，我刚才没按准，那我调整一下角度重新按。

这种细致认真做体验的态度，真的要让我说一句：这很棒！

其实平时这种惊艳到我的小细节有很多，比如刚才说的得到“学习计划”，比如微信刚出的“稍后阅读”小控件，比如游戏里的一些小动画……

所谓的同理心其实没有那么复杂，只要你真的把自己当成用户，想他们所想，急他们所急。一方面执着于解决问题，另一方面勤于发现美好，这就是具有同理心的表现。

5.1.2 沟通流畅度

我们平时提到的同理心，其实更多时候体现在一个人的沟通能力上。

之前写过一篇公众号文章，里面主要讲的是将同理心用于沟通的技巧。下文会把文中的主要内容做一个引用和整合。

同理心（Empathy），简单来讲就是从别人的情感出发，站在别人的角度看问题。

没有同理心的表现是什么？

完全活在自己的世界里，毫不顾忌别人的感受，我行我素，只要自己开心和舒服，别人怎样都好。

那同理心的最高境界是什么？

时刻能够体会别人的情感和体验，哪怕是再细微的情感波动也能体会到，并且会去思考对方有这种反应的原因。然后根据自己的能力，当时的情境，以及和对方的关系，选择恰当的地方式进行互动和反馈，或有效沟通，或帮助对方，或共同合作。

要想达到这种境界，非得时刻去了解对方的现象场⑯不可，放空自我，保持对对方的深度关注，全神倾听。

我认为，一个真正有同理心的人，首先一定是一个很好的倾听者，他愿意先接纳对方的体验，了解对方的想法，然后才会有办法换位思考，从对方和自己的角度出发，达成沟通与合作。

但要注意，这并非是要让你放弃自我。你首先得保持对自我的关注，才有可能去体会别人的情感，并且不让别人的体验淹没自己，才不会成为一个只为他人服务的“老好人”——那其实是对自我的抹杀。

有同理心的人在你身边一定有那么几个：他善解人意，在你刚说了一句“有点饿”的时候，就拿了一块蛋糕过来给你说：“很好吃的。”他乐于助人，你的电脑坏了不知怎么办，他会说：“交给我吧！”我们很乐于和这些人交往，因为我们能从他们身上感受到温暖，而他们身上具有的就是尊重你、愿意倾听和会为你着想的“同理心”特质。

如果你熟悉我的性格，一定会知道——我就是这样一种人。但说出来你可能会很惊讶——我的这个性格不是天生的。

上大学时，我爸对我说过一句话，给我的印象很深：

> “在社会上和人交往，你一定要学会换位思考，设身处地为别人着想，才能和别人和睦相处，一起做起事来才更容易。”

这句话不仅看似朴素，简直是老生常谈了。但等我后来参加工作了，和越来越多的人相处之后，我开始明白这句话的正确性，也是它让我真正掌握了同理心。

在我 9 年的工作经历中，我几乎没有和同事发生过争执（就事论事的讨论当然不算）。绝大多数情况下都能冷静处理并很好地和对方达成共识和双赢，这多亏了同理心带给我的良好沟通能力。

所谓沟通，当然就要分为输入和输出两个方面，那分别要注意哪些要点呢？

1. 准确输入

A. 保持客观

很多人做不好沟通其实就是因为他们不够客观。

在因为对方对你的否定或者言语冒犯而生气的时候，你能否先冷静下来，稳定情绪，然后去想想：为什么他要否定我？他为什么会生气到对我出言不逊呢？

⑯ *“现象场”就是一个人的体检和时空等环境的结合，这个概念是美国心理学家卡尔·罗杰斯提出的。*

大家都不喜欢自己的观点或者自己的作品被别人否定，但若是因为这种情绪而左右了对真相的判断，会让我们失去听取别人意见、改正自己缺点或达成沟通目标的机会。我个人的技巧就是：一旦把自己的意见或者作品表达出来，就把自己当成是第三者，把视角提高到一个全局的状态，这时他人对你的意见和作品有任何意见，你就能和他一起进行分析而不是对抗了。

B. 认真倾听

在和他人沟通的时候，很多人急于表达自己的观点。比如有很多自己觉得有趣的事情要说，或者一直在表达自己的观点，别人完全没有插嘴的机会。要注意，沟通是一个双向的过程，如果你自己讲得特别爽了，说明你已经冷落了对方，可能对方早就听不进去你说的话了。谁也不会喜欢听一个只顾着自己滔滔不绝演说的朋友讲话吧。我们在家已经被父母唠叨怕了，难道和你聊天还要被你唠叨个没完？你爱说你说吧，我也就呵呵了。

其实完全可以把沟通当成打乒乓球，你说完了自己的观点，可以问他：“你觉得呢？”或者你讲完了最近的新鲜事，你可以问他：“你最近怎样啊？”然后你要做的很简单，就是耐心地听他讲他的意见、他的故事。这时你一定要认真地听他讲，正如你在讲的时候希望对方认真听一样。在对方讲完之后，再根据他的内容进行提问、补充，然后问他的意见……这正像是打乒乓球一样有来有回，如此才可能做到真正的互动和沟通，而不是“一个人的演讲”。

你还可以用上倾听的 **RASA 法则**。

- **Receive（接受）：**客观地接受他说的观点，不要打断。
- **Appreciate（赏识）：**对他人观点中的正确之处表示赞同，鼓励他完整表达自己的意见。
- **Summarize（总结）：**用自己的语言总结他的观点，确认自己理解正确，也说明你在认真听他讲。
- **Ask（询问）：**对自己不理解、不赞同的地方提出自己的疑问。

这里要注意，Ask 不是质疑，也不是挑战，而是客观地提出自己的问题。比如“你的方案挺好的，不过你有没有考虑过在这种情况下要如何处理？”“我想知道你为什么会觉得这里应该这样做呢？”

一旦你习惯了客观地去倾听别人的意见，你会发现对方和你沟通的态度也不那么强硬了，他会很乐于表达自己的观点。我正是特别喜欢倾听的人，听得越多，我对他人的意见也就收集得越完整，我也更能明白他们都是怎么思考的，这有利于我向他们表达自己的意见。

2. 有效输出

C. 换位思考

在倾听之后，你已经明白了他的情况以及他是怎么想的。那很自然地，你就能够把自己代入他的立场去想问题了。

比如小明刚刚对你说了一大堆他的女朋友是怎样的无理取闹，他各种对她好但是她都看不见。这时你是否会这样跟他说：“要不分了吧！”或者“别管那女人了，走，一起去打游戏！”还是“你太没用了，是我早就打她了！”

当你学会了倾听，你就能听出小明在说这些的时候，他是有多爱他的女朋友；当你做到客观的时候，你就能发现其实小明的很多做法其实是不对的，不会因为他是你哥们你就只帮着他；当你学会了换位思考的时候，你就会知道，这个时候他只想让你帮他分析他女朋友在想什么，他有什么地方做得不好，有什么方法能够让他讨他女朋友欢心等。

这很难吗？

当然不难。但是如果换个例子，小明说的是：你对他怎样不好；你写的文章错别字很多，而且又臭又长；你早上起来怎么没刷牙呢？

相信很多人一听就火了："你找抽吧？"

请注意保持客观冷静！

刚说完呢，别马上就忘了。

别急着生气，你就当他是在说别人了。

第一，你要先问他，到底是怎么对你不好了？如果他说得对，你就道歉并表示会改正。如果说得不对，你跟他说明白为什么会那么做就好了。

第二，他说你写的文章错别字很多还又臭又长，你说："不好意思啊，能帮我指出错别字有哪些吗？"有人帮你免费校对文章有什么不好啊？然后问他为啥觉得你的文章"又臭又长"，有哪些地方可以删改吗？他如果有好的办法帮你精炼文章也不错啊！

第三，他说你早上起来怎么没刷牙，你会想到："啊，是不是最近又上火了有口气，那别人跟我说话该多难受啊。"对他的提醒表示感谢然后去买一包口香糖，还能避免晚上约会的时候给相亲对象留下不好印象，这不是挺好的吗？

然后换位思考，为什么小明会对我提这么多意见，是不是我平时太不注意自己的行为和形象了，让他终于忍无可忍？是不是每次自己写完文章之后就四处炫耀转发，他看我明明文笔不怎么样却不自知，作为朋友觉得看不下去了才提醒我？

如果你能这么想了，那你就一定能冷静、准确表达自己的意见和观点了。恭喜你已经掌握了用同理心来沟通的能力。

关于换位思考，我之前还专门写过一篇文章：**《L58- 别被位置限制了你的想象力》。**

再给你分享一个著名的商业顾问 Julian Treasure 在 TED 演讲《How to speak so that people want to listen》中提到的 **HAIL 沟通法。**

① **Honesty（诚实）：**讲真话并且直截了当，清楚明白。

② **Authenticity（真实）：**做一个自然而然的自己。

③ **Integrity（正气）：**言而有信，说到做到。

④ **Love（爱）：**真心地希望别人好。

5.1.3 同理心对于交互设计师的意义

我在章节最开始的时候就提到了：

> 我觉得最核心的素质就是——**"同理心"。**作为一个和用户体验直接相关的职位，必须有足够的体验敏感度，才能够把握好用户的心理，才能够从用户的角度去做深度的设计，做出用户容易懂、愿意用、喜欢用的产品。

这一点都不夸张，甚至可以这么说：**如果你想成为一名优秀的交互设计师，那你就必须是一个具有极强同理心的人才行。**

- 在平时体验产品、设计方案的时候，如果没有足够的同理心，你就很难做到把自己想象成目标用户，为他的痛而痛，那又怎么做到对任何体验问题都不能忍，怎么可能做出真正好用的产品呢？

- 在做设计方案之前，你要和产品经理、客户、上级老板等需求方沟通，如果你没有足够的同理心，就很难真正理解他们传递过来的需求——他们可能会因为对用户不够理解、对设计不够重视、对产品的思考过于肤浅等问题让你不爽——这时你就得冷静下来，认真倾听、反馈和引导，从而保证输入是准确的。

- 在做出设计方案后，你要向视觉设计师、前端开发、项目经理、各方 Leader 或者是甲方解释你的方案为什么这么做。如果你没有足够的同理心，就很难真正把设计推行到位——你既不能按照他们的思考方式表述你的方案，而他们对你的方案一提出质疑你就炸毛了——这种得不到团队认可的设计方案都是无效的。这需要你懂得换位思考，理解对方的利益点在哪里，只有从对方的角度来解决问题，你的输出才可能真正有效。

交互设计师是一个连接产品设计流程上下游，以及连接产品跟用户的重要“枢纽”，是一个时刻跟人打交道的职位，同理心必然是最重要的精神内核。

5.2 探索欲

精神这个部分其实就是决定你是否适合做交互设计师的关键。

同理心让你能够理解他人、理解用户，具有很高的体验敏感度，这是体贴和细致，是**“用户体验之心”。**

探索欲让你喜欢尝试新奇的软件、游戏和各种硬件设备，挖掘各种表象背后的原理，这是博学和钻研，是**“交互设计之魂”。**

不是说没有这些就一定做不了交互，而是具有同理心和探索欲你才能真正把交互做好。

5.2.1 好奇心 13.5%

俗话说“好奇心害死猫”，那有一些人的好奇心之旺盛可能是死九次都不够的。

你的好奇心强吗？

猜猜这 13.5% 代表着什么？

1. 尝鲜者

硅谷著名的战略咨询专家杰弗里·摩尔（Geoffrey A. Moore）在他的《跨越鸿沟》一书中，提出了**“新技术的市场接受周期”**这一后来被广为流传的概念，也被称为**“新摩尔定律”。**

任何一个新技术或者新产品刚刚问世的时候，比如 20 世纪 90 年代的计算机、2000 年的互联网、2007 年的全触屏手机 iPhone……市场要接受它们都需要经历一个同样的周期，根据在周期里人们的不同反应，杰弗里在书中把消费者分成了五种类型。

① **创新者（Innovators）：**（占比约 2.5%）这些人都是技术的狂热分子，或者非常勇于尝试新鲜事物，每当有能解决他们痛点的新工具和新技术问世时，尽管还有很多 Bug，尽管还很不完美，他们还是会勇于尝试和购买。比如最早的安卓还非常难用的时候出了个 MIUI，就有一大批狂热的技术爱好者成了第一批“米粉”，正是他们为 MIUI 的改进贡献了大量的好点子。

② **早期采用者（Early Adopters）：**（占比 13.5%）当这些新产品渡过了前期问题特别多的阶段，开始有一定的可用性后，就会有一些不那么激进，同时也愿意尝鲜的人开始使用这些产品。他们和前面的创新者一起，承担起了教育整个市场的任务。你会发现身边有那么几位，他们总是有很多新鲜玩意儿，他们知道很多好用的工具和好玩的游戏，只要问他就对了，他们是好产品口碑传播的源头。

③ **早期大众（Early Majority）：**（占比 34%）只要产品是真正好用和可靠的，迟早会被市场认可，在这之前有一个很明显的“鸿沟”，隔在早期采用者和早期大众之间。有很多技术都是初听起来很不错，

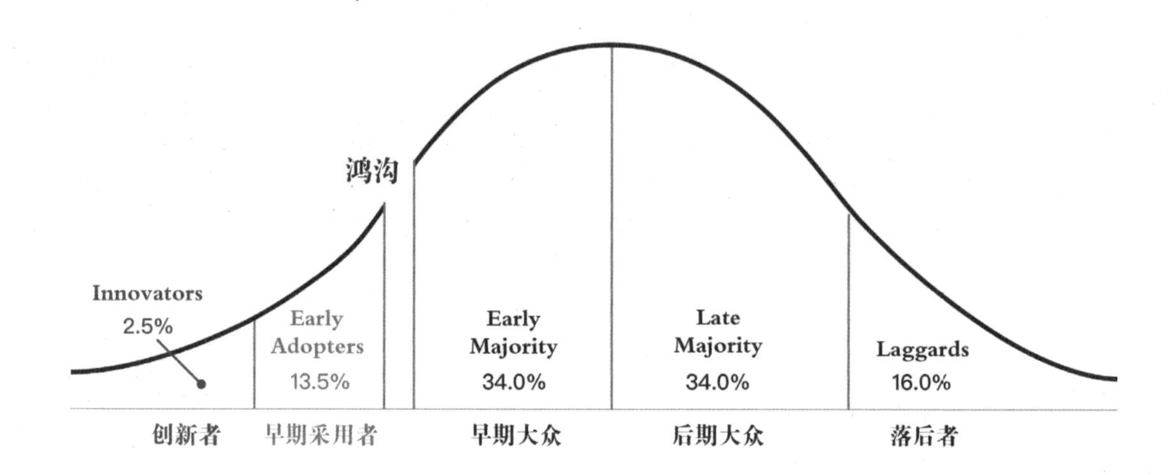

但是都死在了鸿沟的那一端（比如当年的谷歌眼镜和微软的 Hololens）。

④ **晚期大众(Late Majority)：**（占比34%）这批人基本上是身边很多人都在用这个东西了，才会开始使用的人，比如智能机市场渡过了前几年的红利期，后面还有层出不穷的机器在挖掘美颜功能、音乐功能等，这时晚期大众们才开始用手机自拍、听歌和玩手游等。

⑤ **落后者(Laggards)：**（占比 16%）这些是最保守的那部分人，除非市面上真的买不到以前的那种直板功能机和翻盖机了，他们才会恋恋不舍地放下手中已经饱经沧桑的诺基亚，去手机店淘一台千元机回来。

现在你应该明白这个 13.5% 的含义了。是的，作为天天要和产品打交道的人，交互设计师必须在“鸿沟”的左边，必须至少是 Early Adopters 才行。

为什么？

因为你是设计产品的人啊，如果你都不了解现在有哪些新技术，又出了哪些新产品，你还怎么做创新呢？

如果你做出的产品模式都已经烂大街了，一抓一大把，那还要交互设计师做什么，干脆直接让开发人员根据产品经理的要求改一改就好了，反正市面上都是现成的样例。

所以你会发现，只要是交互做得比较好的人，他一定都符合那 13.5% 的特征，也许已经是那 2.5% 的人了。

他们希望这个世界越来越好,他们热爱新技术、新产品，甚至已经等不及用自己的双手去创造一些了。

2. 解谜者

我们会觉得交互设计师都是逻辑能力很强的一批人，这不是因为他们天生如此，而是因为他们天生爱好这种解谜的过程。

用在数学和物理的领域，他们就会成为科学家，为了证明出一个定理或者发现一个新理论而绞尽脑汁，欣喜若狂。

用在犯罪和破案的领域，他们就会成为事了拂衣去的天才罪犯和指出真相只有一个的名侦探。

那种诞生于蛛丝马迹而又严丝合缝的逻辑推理简直让人欲罢不能。

用在产品设计的领域，他们就会成为设计师，设计出各种精巧的架构和跳转逻辑。每一个操作都合乎你的认知，似乎那里并没有设计的痕迹，这值得他们用尽全力去追求。

想要知道你有没有这种特质？

很简单，看你喜不喜欢Nintendo Switch上《塞尔达传说：荒野之息》里的解谜小游戏了。

《塞尔达传说：荒野之息》

这个游戏里有 120 个祠堂，大多数里面都有一个或多个谜题，你需要用到体感操作、用水制造冰块、冻结时间、遥控炸弹等各种能力去解开这些谜题。

这些能力在游戏一开始就给你了，只要找到了分布在世界各地的这些祠堂，只要你有足够的耐心，再用一点思考和操作，每个谜题都是可以解开的。

区别在于，有的人会乐在其中，一看到新的谜题就兴奋不已，甚至一口气玩到深夜；而另一些人则会大呼好难啊，然后打开网页寻找攻略求助。

我希望你能试一试。

这里面的很多谜题，在你苦思冥想之后终于找到破解之法时，那种“原来如此”的感觉真的难以言喻。

任天堂（塞尔达的制作方）真是最伟大的游戏公司，创意人人都有，但他们就能把创意做得这么纯粹，这么好玩。

感兴趣的同学可以上网搜索下他们给 Switch 做的最新外设 Nintendo Labo 相关的视频，它的材料真的只是硬纸板。

但是结合了体感手柄和各种精巧的结构之后，马上出现了各种新玩法。

就像在玩乐高和拼高达模型的感觉。

这就是解谜者的乐趣。

5.2.2 完成度 99.9%

不知道作为设计师，你是否也有一点强迫症。

- 见不得一像素的不对齐，如果是别人做的，那简直是恨铁不成钢。
- 见不得乱七八糟的电脑桌面和手机桌面，就想让桌面干干净净，就想让图标都按颜色摆整齐。
- 见不得“劣质特效”和“劣质配色”，心想着如果老板你就喜欢这种，老子不做了总行吧！

是的，交互设计师也有自己的特色强迫症，不妨来了解一下。

1. 开拓者

《塞尔达传说：荒野之息》中登高后看到的广袤世界

上文提到的《塞尔达传说：荒野之息》是一个开放世界的游戏，地图非常大，你可以自由选择去任何地方，做任何你喜欢的事情——爬山、跳伞、滑雪、打怪、解谜、骑马……

在游戏一开始，你所看到的地图都是一片漆黑的，你必须找到每个区域的高塔，克服万难爬上塔顶来解锁该区域的地图，我们把这种行为称之为“开图”。

我最受不了这种事情了，怎么能允许我的地图上都是空白呢？

于是在刚拿到游戏的几天里，我天天沉迷“开图”，不可自拔，只为了让整个世界“充满光明”。

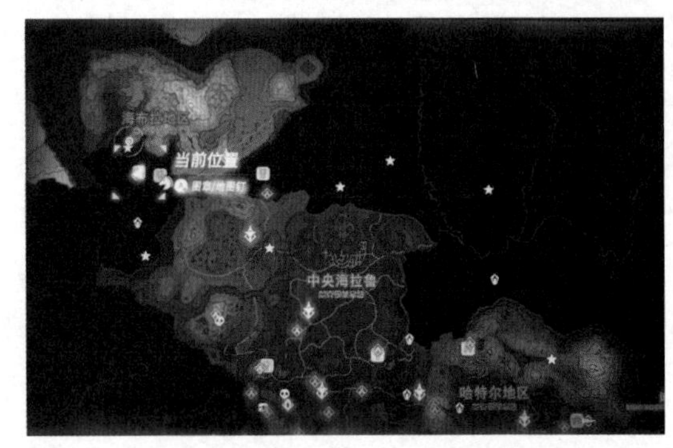

《塞尔达传说：荒野之息》中的地图

这里虽然没有进度条，但是我就想让它变成 100%。

这种强迫症不仅体现在游戏里，还体现在很多方面：

- 当年很多人都嫌安卓手机刷机麻烦，但是每当有新的 ROM 出来，我总会拿着手上的 G3 去刷来看看（有多少人用过这款手机？），然后每次刷完机就会有各种问题，又要不厌其烦地研究解决办法，就算搞到深夜两三点也在所不惜。

- 市面上每天都会有很多新鲜的游戏和应用，还有很多被苹果商店和网站评测反复推荐，你去不去尝试一下？我会的，只要是吸引我的，我都会去购买、去下载，不为别的，就是看到好工具无法忍住不尝试，看到好游戏无法忍住不体验。

- 为了学一点编程，我会去反复装 Linux 系统，尝试 Ubuntu、CentOS 等发行版，配置 Android、PHP 和 Web 本地开发环境，拿着厚厚的书学开发，每次遇到一点书上的 Bug 解决不了，就得去国外的网站和论坛上找解决方案，非得把案例做出来不可。

有时会有朋友好奇：“你怎么会这么多奇奇怪怪的技能的？”

其实很简单——**我就是忍不住想去试试，一试就停不下来了。**

为什么我最终会选择交互设计师这个职业呢？

这正是因为我发现自己所会的这些技能，所拥有的这个特质，都是这个职业所需要的。

- 对于安卓手机各种 ROM 的了解，让我对手机系统无比熟悉，也知道每个版本的体验都好在哪里，这为做移动端的交互打下了基础。

- 对于各种应用和游戏的了解，让我对各种新奇好玩的体验和交互都很了解，所以每次要做交互的时候，脑海中都会有很多 IMU 做参考（IMU：Interaction Module Unit，定义参见 3.1.1 交互模型单元）。

- 对于编程知识和各种操作系统的了解，让我对开发逻辑和 PC 的各种问题都很熟悉，所以我才能够在和开发对接的时候更顺利、无障碍，也让我成了一名合格的腾讯电脑管家交互设计师。

没有什么东西是天上掉下来的，只不过你和别人重视的东西不同，付出的时间也有所不同而已。

2. 收藏癖

如果你有收藏癖，喜欢集邮、集小浣熊水浒卡、集各种奇奇怪怪的东西，那你一定对一种游戏没有抵抗力——卡牌游戏。

当然，我说的不是那种不断抽卡、不断升星、不断升级，不充钱就不会变强的那种伪卡牌RPG游戏。

我说的是它——曾经无比良心的**《炉石传说：魔兽英雄传》。**

曾经全卡收齐，每个职业都有几套超强卡组，费尽千辛万苦在月末打上传说。

《炉石传说：魔兽英雄传》

喜欢那精美的卡牌动画，我有时会在卡牌册里一看就是一个小时。

喜欢那精巧的卡牌设定，我会把每一张卡牌的技能效果、数值参数和搭配关系都研究无数遍。

喜欢那自由的卡牌组合，我每天都会上网看攻略、看直播，每次发现好的卡组就像发现了新玩具。

这种性格和做交互有什么关系呢？

你不觉得，每一个精巧的IMU，就像一张设计精美的卡牌吗？

而每一个完美的卡牌组合，难道不像一个特点鲜明的应用吗？

对于每个好的设计和体验的尊重与留恋，会让我们忍不住把它们收藏起来，反复把玩。

这不需要任何人督促你："有空多去看看国外网站，多体验一下竞品。"

这一切自然发生在你的生活中。

因为你是真的热爱设计，你是真的想用自己的双手把它们做出来，这就是你成为一名设计师的意义所在。

愿你我都能实现自己的梦想。

Part II 通用技能
Common Skills

和前面职业技能部分的写法不同，通用技能这里是我个人日常在微信公众号中自我总结和沉淀的一些思考文章的合集。对应学习、思辨、沟通和执行等这四个方面，分别选取了一些具有代表性的文章，系统性也许没有那么强，但都是我个人比较有感触的，希望对你能有所启发。

第 6 章 学习能力

Learning Ability

6.1 你的努力可能换不来进步

中国人常说勤能补拙，也常说笨鸟先飞，我们也从小就相信，只要比别人学习更努力，我就能比别人考出更好的成绩。

格拉德威尔也提出了著名的一万小时定律，只要你能够专注在某个领域，坚持一万个小时的练习，你就能成为该领域大师级的杰出人物。

但是你可曾认真想过，也许已经在某些领域努力了足够久，甚至已经投入了近一万小时，却并没有觉得自己很厉害呢？

6.1.1 一万小时的原地踏步

比如我，有两件事情我做了很久了：一个是玩游戏，一个是读书。

1. 玩游戏

玩游戏超过二十年，几乎每天都玩，如果按每天平均两个小时计算，至少有**一万四千六百小时**了。

成就是什么呢？

我玩的主机平台从 FC 到 SFC，从 GBA 到 NDS 再到 3DS，从 PS2 到 PSP、PSV，从 XBox360 到现在的 PS4 和 Switch，我玩过了所有我喜欢的游戏，数量有几百款。听起来好像很厉害，但是其实一点也不，因为这里面我通关过的游戏**还不到十款**。就算不以游戏通关为目标，我也并没有成为能够提炼出很多游戏理论的人才，更没有在任何一款游戏中能够玩出让人觉得“哇哦”的操作。

2. 读书

从小就比身边的大多数人更爱读书，读书超过二十五年，频率虽然没有玩游戏那么高，但有时也会疯狂地看十几个小时。平均每天按一小时计算，至少也有**九千一百多个小时**了。

成就是什么呢？

我看了五遍金庸全集，看了古龙、梁羽生的大部分武侠小说，看了超过七千万字的网络小说，还拥有几百本包含散文、历史、励志、小说、漫画等各个种类的书。我的阅读速度约为 400 字 / 分钟，是一般人阅读速度的两倍。听起来好像很厉害了吧？但是其实并非如此。因为武侠小说的情节并没有给我带来什么实际收获，网络小说的阅读量没有让我成为一个网络写手，书柜里满满的书我实际上并没有真正看完多少本，更没有几本是真正反复认真读过的。

3. 单纯的积累并不会带来进步

我列举自己的两个例子，其实就是想说明，如果仅仅是简单重复、持续地做某件事情，即使你真的有上万小时的积累，也并不会让你真的成为什么大师级的杰出人物。你也可以在自己身上找找，有什么事情你做的时间已经足够久，但是并没有真的比别人厉害多少，至少在此事上你也不敢自称为专家呢？

那么是一万小时定律错了吗？

还真的错了，而且不是我说的。

“真相是，从来不存在什么一万小时理论，它仅仅是畅销书作家对心理科学研究的一次不太严谨的演绎而已。”

——安人心智科学总监 & 开智文库出品人，阳志平

提出一万个小时理论的格拉德威尔，他参考了美国心理学家艾力克森 1993 年对一个音乐学院三组学生的研究结果，并籍此演绎出了自己的理论：

“人们眼中的天才之所以卓越非凡，并非天资超人一等，而是付出了持续不断的努力。只要经过一万小时的锤炼，任何人都能从平凡变成超凡。”

然而，正是这个研究结果的拥有者艾力克森，特地为此写了一本书《刻意练习》，强调并非是单纯的持续和时间带来了进步和非凡成果，最重要的其实是他在实验中提到的关键词——**刻意练习。**

即使是格拉德威尔拿来当作 1 万小时定律例子的比尔 · 盖茨，也谦虚地谈道："1 万小时定律是有帮助的，但真正实现，还需要坚持不懈，并练习上很多个周期。"

6.1.2 持续刻意练习的奇迹

艾力克森在书中分享了一个更加有说服力的例子。

一名普通的大学生史蒂夫 · 法隆，参加了艾力克森的一个关于记忆数字的实验。研究人员以每秒一个数字的速度念出一定数量的数字，然后让史蒂夫回忆，看他能记住几个，**每次念的数字都是随机组合的。**最开始的一周里，他最多只能记住 7~8 个数字，9 个已经是极限了，这和我们大多数人的水平一样，人类短时记忆能记住的事物在 7 个左右。

艾力克森后来找到了个帮助史蒂夫提高记忆成绩的方法：如果念出的 5 个数字史蒂夫能记住，那就增加到 6 个，还能记住就增加到 7 个，以此类推。如果错了，就减少 2 个，如果记住了就再往上加 1 个。

就是如此简单的一个训练方法，16 次练习后，他能够记忆的数字已经是 20 个了；一百多次练习后达到了 40 个，比专业研究记忆术的人都多，而且还在持续进步；到了两百次后，他已经能记住 82 个随机数字！

0326443449602221328209301020391832373927788917267653245037746120179094345510355530

以上是他最后一次记住的 82 个随机数字。你想象一下，如果有人以每秒 1 个数字的速度念给你听，念完就让你背给他听，你能全部记下来的话，那是怎样一种能力？

而这，不过是一次次刻意练习的结果。

1973 年，加拿大人大卫 · 斯宾塞背诵圆周率小数点之后的数字时，创下了前无古人的纪录：**511 位。**五年之后，好几个人在一系列比赛中争着创下新纪录，这个纪录最终属于一位名叫大卫 · 沙克尔的美国人，他背诵了圆周率小数点之后的 **1 万个数字。**2015 年，该纪录被尘封了 30 多年后，印度的拉吉维尔 · 米纳再度创下纪录，背诵了小数点之后的 **7 万个数字，**这使得他花了**整整 24 小时零 4 分**来背诵，这一纪录是 42 年前的世界纪录的 **136 倍！**

这些奇迹的创造者无疑都是经过了大量练习，练习的方式可能多种多样，而最有效和最强大的练习模式则是被艾力克森称之为"刻意练习"的训练方法，这也是他在 1993 年的实验中就提出来的。

6.1.3 刻意练习首先是有目的的练习

我们平时学习技能的方式，**其实只是一种"天真的练习"：只是重复地做某件事情，并指望只靠那种重复，就能提高技能水平。**

1. 天真的练习

如果你是一位不会游泳的新手，你会怎么学游泳？

你会向会游泳的朋友请教，或者上网找教程，然后拿着游泳圈去泳池开始练习了。你刚开始可能还会呛几口水，但是随着慢慢掌握方法，你开始能够浮起来，开始能够前进了，再模仿着看似标准的泳姿，你就认为自己已经会游泳了。接下来的过程，无非是经常去泳池，每次用同样的方法往前游，只要能够游得稍微远一点，再多练练就好了。

这就是"天真的练习"。其实在你自认为会游泳了以后，你就进入了舒适区，进步变得缓慢，甚至停滞了。

如同学打羽毛球的时候，只要掌握了挥拍和回球、发球，我们就认为自己会打了，然后开始埋头练习。

如同学写书法的时候，只要掌握了基本的笔画和写字姿势，我们就认为自己会写了，然后开始埋头练习。

如同学玩《王者荣耀》新英雄的时候，只要掌握了基本的技能释放和配装方案，我们就认为自己会玩了，然后开始埋头练习。

这样真的有效果吗？

到现在为止，很多人的羽毛球还是打得很烂，字还是写得很丑，《王者荣耀》还是上不了王者。

2. 有目的的练习

有目的的练习有以下四个特点（以上文提到的史蒂夫记忆数字的实验为例）。

① **有定义明确的特定目标：**记忆数字的任务被分解成比上次多记住一个。

② **专注：**记忆数字的过程中只专注于这一个任务。

③ **包含反馈：**每次记忆错误就提示，并降低难度重新开始。

④ **需要走出舒适区：**只要能够答对，就要求多记住 1 个数字。

还是以学游泳为例子，**"有目的的练习"**该怎么做呢？

① 把学游泳拆分成两个目标：学会自由泳的泳姿，学会换气。

② 学泳姿的时候只学泳姿，学换气的时候只学换气，不看美女，不潜水，不玩水。

③ 请一位专业的朋友或者游泳教练，在一旁仔细观察和指点你的动作，一旦错误就纠正，然后给你正确的示范，你再调整，再纠正，再调整，直到完全正确为止。

④ 掌握了正确的姿势和换气之后，你第一次只能游 5 米，下次就要求自己游 6 米，每次增加 1 米。

怎么样，是不是明确很多？

这样就够了吗？

当然不够，你还需要大量的、持续的练习，这也就意味着你还需在练习上投入大量的时间。

格拉德威尔只强调了练习的时长和持续练习，他忽略了“有目的的练习”在其中起到的重要作用，但是他提出的一万小时理论本身强调的大量的、持续的练习是没错的。

水平只能当音乐老师的小提琴学生，在 18 岁前平均练习了 3420 小时，优异的小提琴学生平均练习了 5301 小时，而最优异的小提琴学生平均练习了 7401 小时，他们水平的差异明显体现在了练习时长的差异上。

这也就是为什么同样都是学游泳的，孙杨能够成长为男子游泳世界冠军，而大多数人仅仅只是“会”游泳而已。因为孙杨从开始学游泳起，连续 16 年都有着超高强度的练习量，**现在每天游泳 15 000~20 000 米。**别人早就倒下了，他却练就了超强的运动能力。

6.1.4 刻意练习的特点

- 刻意练习发展的技能，是其他人已经想出怎样提高的技能，也是已经拥有一整套行之有效的训练方法的技能。**训练的方案应当由导师或教练来设计和监管。**

- **刻意练习发生在人们的舒适区外，**要求学生持续不断地尝试那些刚好超出他当前能力范围的事物。因此，它需要人们付出近乎最大限度的努力。

- **刻意练习包含得到良好定义的特定目标。**一旦设定了总体目标，导师或教练将制订一个计划，以便实现一系列微小的改变，最后将这些改变累积起来，构成之前期望的更大的变化。
- **刻意练习是有意而为的，它需要人们完全的关注和有意识的行动。**简单地遵照导师或教练的指示去做还不够。学生必须紧跟练习的特定目标，以便能做出适当的调整，控制练习。
- **刻意练习包含反馈，以及为应对那些反馈而进行调整的努力。**在练习过程的早期，大量的反馈来自导师或教练，他们将监测学生的进步，指出存在的问题，并且提供解决这些问题的方法。随着时间的推移，学生必须学会自己监测自己、自己发现错误，并做出相应调整。
- **刻意练习既产生有效的心理表征，又依靠有效的心理表征。**提高水平与改进心理表征是相辅相成的，两者不可偏废；随着人们水平的提升，表征也变得更加详尽和有效，反过来使得人们可能实现更大程度的改进。心理表征使人们能监测在练习中和实际的工作中做得怎么样。它们表明了做某件事的正确方法，并使得人们注意到什么时候做得不对，以及怎样来纠正。

后面四条其实都好说，第一条其实被很多人忽略了，也正是刻意练习的特别之处。也许你找不到这个领域最杰出的人来亲自教你，但是在这个互联网时代，难道你还找不到一个足够专业的在线课堂，或者一系列大师级的专业书籍吗？那里当然有足够专业的训练方法。

关于天赋和努力

很多人认为自己做不好一件事情、学不好一个技能，是因为自己的天赋不够。

的确，每个人都有自己擅长的事情，也可能有一辈子也突破不了的瓶颈。

可是有一句话同样值得你反复思考：

我们大多数人努力的程度之低，还没有跟别人拼天赋的资格。

举个例子，如果让你做俯卧撑，你最多能连续做多少个？30 个还是 50 个？如果能做 100 个，已经非常厉害了。

那你猜猜，24 小时内连续做俯卧撑的世界纪录是多少个？

46001 个，Charles Servizio 美国人，1993 年 4 月 24 日 ~25 日。

那只能做 30 个的你和能做 46001 个的 Charles 之间，天赋的差距是 45971 个吗？

那只能游 50 米的我和每天游 20000 米的孙杨之间，天赋的差距是 19950 米吗？

也许我们一辈子也达不到孙杨的游泳速度和距离，但是在你付出的刻意练习时长还少得可怜的情况下，好意思说自己和他的差距只是天赋吗？

毕竟孙杨从幼儿园刚毕业的时候，就开始每天练习 10 个 400 米游泳训练了，还乐此不疲。

与其每次都说：“那是因为他是天才啊！我不适合做这个。”

还不如好好想想，如何开始这门技能的**刻意练习，**然后不断练习下去。

拒绝三种错误思想

1. 认为某人的行为受到基因的限制。
2. 如果你足够长时间地做某件事，一定会更擅长。
3. 要想提高，只需要努力，只要足够刻苦，你会更加优秀。

——《刻意练习 如何从新手到大师》

6.2 分段刻意练习的效果更好

我之前刚新学了一首曲子《月亮代表我的心》，那时弹得并不好。这首曲子真的很难，来看看下面的这页乐谱。

是不是有点晕？这还不算，完整的曲子有三页，我还只是弹的第一页的后半段……

这首曲子是我上第二节钢琴课时教的，当时我练了两个小时，也仅仅只是把整首曲子勉强能够一个音符一个音符地弹下来而已，慢得完全不成调。

当时我是怎么练的？

我是从头开始，一点点地弹，用很慢的速度从头弹到尾，只有遇到完全不会弹的地方才会停下来，练几遍，然后继续。就这样，虽然我从头到尾练了近十遍，最终还是慢得不行。老师说慢成这样她也听不出好坏，让我不用急，回去慢慢练吧。

这不对啊，虽然《生日歌》和《奇异恩典》我在刚开始弹的时候也有点难，但是多练几遍也会了，为什么这首就不行？一定是方法不对！

而我后来弹了个片段，我只花了短短 30 分钟就学会了，效果比前几天好了不知多少！

我是怎么做到的？

首先，我把《月亮代表我的心》这首曲子做了一个分解，它包括前奏、主旋律（A）、副歌（B）和尾声。其中前奏和尾声都很短，最关键的就是**主旋律 A** 和**副歌 B** 了，而**主旋律 A** 重复了两次，整首曲子的结构主要是 **A+B+A** 这样的二部曲式结构。

那结论就很明显了，**练好主旋律 A 就等于学会了一半。**

所以我就开始了练习步骤：

① 主旋律 A 的前半段最难，于是我就把前半段反复练了十几遍，一直到会。

② 然后又把后半段练了十遍，这回简单了一些。

③ 然后把前半段和后半段串起来，反复练了十遍，这就更简单了。

之后我把主旋律 A 学会了，就这么简单。

到后来我甚至可以不用看谱，凭着记忆就能流畅地把整段旋律弹下来。

分段刻意练习

我当然不是讲如何学弹钢琴，而是通过这件事，我更加深刻地感受到了有意识地使用刻意练习的方法，可以更容易地掌握一项技能。

为什么达·芬奇的老师刚开始只让他一直画鸡蛋，而不让他画人物？

因为只有通过反复刻意练习画鸡蛋的线条、光影以及比例，才能最终学会扎实的素描基本功，后来他才能真正做到画什么像什么。

为什么学书法的时候刚开始一定要反复练横、

竖、撇、捺、折和偏旁部首？

因为只有通过反复刻意练习最基本的笔画，做到写每个笔画都能行云流水、匀称好看的时候，你学写字时才能事半功倍。

画鸡蛋和写基本笔画就是将画画和书法拆解为最基本的片段来练习，练起来不仅非常快，又能快速得到结果反馈，不对就继续练。这样就能很快地让大脑和双手记住正确的操作模式，我们也就学会了这些片段。接下来只需用这种方式再学下一个片段、下一个片段，然后把它们串起来练习，你就会发现容易很多了。

这种学习方式还能用在什么地方？

- 学外语，背诵整篇文章很难，但是背诵一句话很简单，所以就从用地道的发音准确地背诵一句话开始。
- 玩《王者荣耀》，要学会一个新英雄很难，但是学会新英雄的一个技能很简单，所以就从反复练习一个技能的准确度和释放时机开始。
- 学 UI，学画一个新图标很难，你可以分析大神做的图标源文件，学会做其中的一小部分很简单，所以就从反复练习一个部分开始。
- 新手学做菜，要做回锅肉可能很难，但是学炒鸡蛋很简单，那就从掌握油温、掌握火候和翻炒技巧，反复练习炒鸡蛋开始。

只要有心，这些都能通过这种分段刻意练习的方式学会，而且你还能学得很扎实、比别人学得更快更好。

你有什么想学的、想提高的技能？不妨试试这种方法吧！

6.3 如何利用好你犯的错？

我们总说“失败是成功之母”，用来安慰犯错失败的他人或者自己。确实，如果我们永远不会犯错，那可能永远也不能从失败中学到教训，也无法成长。但是我们往往忽略了一件很重要的事情，那就是——犯了错就能成长吗？以后就能不再犯同样的错吗？

很多人会认为，聪明人不会两次犯同样的错误，当然也都觉得自己就是这样的聪明人。

然而事实真的如此吗？

- 曾经因为出门忘记带钥匙被锁在外面的你，后来又有过几次忘记带钥匙？
- 曾经因为没注意看《王者荣耀》的小地图，结果被敌方包围的你，后来还被敌方抓单过吗？
- 曾经因为玩游戏而耽误了复习或者工作的你，后来还会在该干活的时候玩游戏吗？
- 曾经因为忘记女朋友的喜好而买错了礼物的你，后来又重复买错过吗？

大家不妨仔细想想，自己真的是不会再犯同样错误的人吗？

至少我觉得自己不是。

这是为什么？是因为我们犯的错不够狠，教训不够深刻，所以才没有放在心上吗？

可能有这方面的原因。如果你曾经当众出了一个很大的丑，被老师和同学嘲笑了很久，那你可能会记住一辈子，以后都会很注意。但是如果只是一个影响不大的小错误呢？

那你很有可能下次还会犯，而且还会再犯不止一次。

利用好你犯的错

世界上资产规模巨大的对冲基金——美国桥水基金的创始人 **Ray·Dalio（瑞·达利欧）**在2017年9月出版了**《原则》（*Principles*）**这本书。书里分享了他40多年的生活和工作原则，加起来有几百条，浓缩了他的人生智慧和管理哲学。微软的比尔·盖茨还亲自作序推荐。

先说这些原则的作用，他的桥水基金正是因为彻底贯彻他的这些原则，保持绝对理性的态度对待投资，在别的基金因为金融危机都纷纷倒闭和破产的时候，他们却能躲避风险和不断盈利。现在手头操盘的资产价值1 600亿美元（约一万亿人民币），资产增长为原先的4万倍，成了最赚钱的基金公司之一，他本人也被称为投资界的乔布斯。

而这些原则的由来，正是由达利欧从20世纪80年代开始，不断总结自己曾经犯下的错误，并将错误进行总结和分析，形成一条条工作和生活的原则，历经几十年积累而成的。

达利欧说：**“我们无法通过听取别人的经验来建立一种原则，本质上，原则只能来自‘痛苦+反思’。”**

我们在每次犯了错之后，都应该记录下来，对这个错误进行完整的、理性的、全面的反思。只有深刻地认识了错误，并且总结出如何避免再犯同样错误的方法，才能转化成自己的原则。

要学会做一个“专业的犯错者”，要学会记录，不要把错误只停留在感性的懊恼层面。

比如，我虽然觉得自己为人处世还可以，但依然有时会不经大脑思考，说出一些令人误会的话，做出一些伤人的事情。尽管事后觉得很后悔，但从来没有记下来，而下次再犯的时候，又会得罪朋友，多么愚蠢和令人遗憾啊！

这种时候就不妨把犯的错记下来，反复回味那个痛苦的感觉，并且给出一个正确的应对方法。下次一旦遇到同样的场景，我就能马上想起那个原则，也就能不再犯相同的错误。

这是一种多好的方式啊！只有自己才最明白自己喜欢怎样的处世方式和想要成为怎样的人。而以往我们都是只依靠大脑的直觉来掌握人生，那为什么不用正确的方式让自己活得更明白一点呢？

从现在开始，记录自己的错误清单，总结自己的处世原则，作为自己工作和生活的**“原则说明书”**，用最理性的生活方式来管理自己。一旦遇到难解的问题和情况，就可以重新打开这本**“原则说明书”**，确认自己应对的正确方式，然后坚定地走下去。

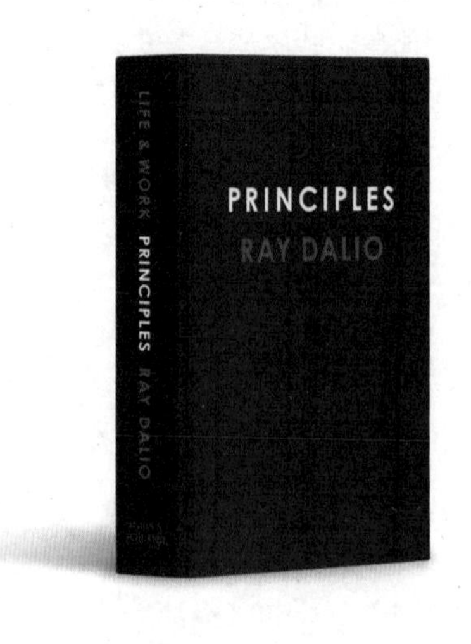

6.4 别让知识变脏

什么叫作脏东西?

不是说这个东西天然就是脏的，而是它被放在了错误的地方。

- 比如小孩在沙滩玩沙时，沙子跑到了孩子的脸上、口袋里，这时沙子就变成了脏东西。
- 比如你天天吃的饭菜，米粒和菜叶如果跑到你的衣服上、脸上、桌布上，这时它们就变成了脏东西。
- 比如家里的书和衣服，如果它们被随意丢在沙发上、地上，这时别人会觉得你的家里怎么这么脏乱。

所以知识也会变脏的，如果你把它随意乱放的话。

很多人都会用印象笔记（Evernote）收藏看到的好网站、好文章，它的剪藏功能特别好用，只要在浏览器上点一下这个插件，马上就能把网页上想要的部分收藏到印象笔记里。

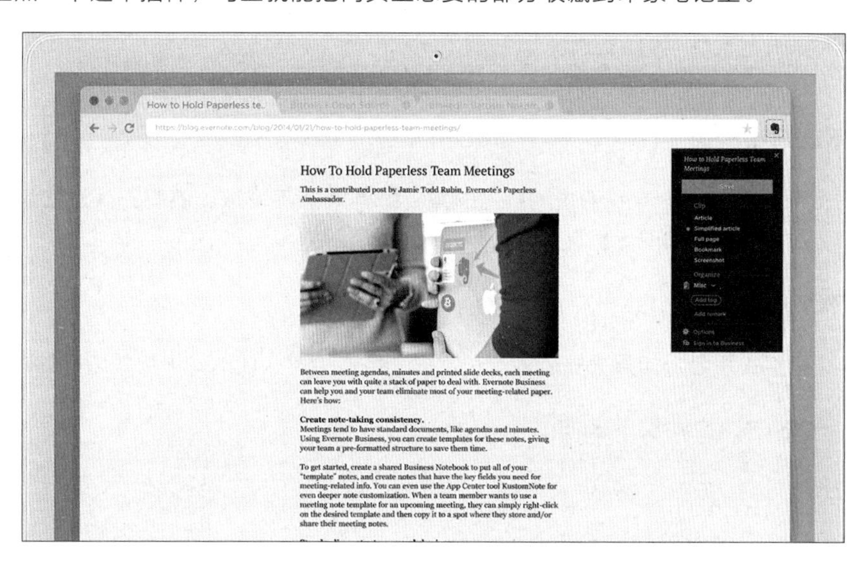

但有时候，工具太方便了也未必是好事——**因为你一旦做了“收藏”这个动作，你往往就结束了吸收知识的过程。**

我曾经非常喜欢用印象笔记，为了用得更好，我甚至看了两本关于使用技巧的书，还把所有的笔记做了很仔细的分类和整理。

但是现在几乎不怎么用了，只有查找资料的时候才会偶尔打开。为什么?

因为我收集好东西的速度，已经远大于我消化它们的速度——收集筐里的两百多条笔记，我这么久以来一条都没再看过。

如果这些知识我仅仅是看了一眼之后觉得有用就收藏起来，但是之后连看都不去看，那我费那么大力气干什么?

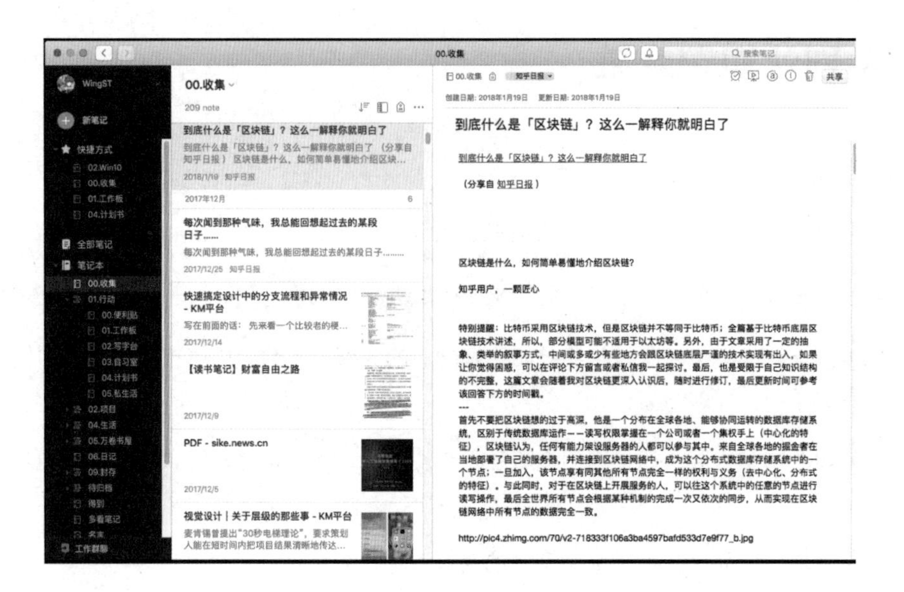

同理，我们在微信里、知乎里的各种收藏夹，我认为它们的象征意义远大于实用价值。

你不妨打开微信的收藏夹看看，里面有多少篇文章了，你有重新打开看过吗？

这个错误的根源不在印象笔记和收藏夹，而在于我们自己。

怎么才能不让知识变脏？

你可能会问：那奇怪了，难道我们看到好的文章、好的观点不应该收藏吗？从浩如烟海的互联网上摘取下来，放到我们的知识库里有错吗？

没有错，错在少做了几步。

我们不妨换个角度来思考，如果去书店挑选一本书，我们会怎么让这本书变成自己的东西？

仅仅是找到一本好书，然后买下来吗？

当然不够了。

难道把它带回家，按照分类整齐地放到书架上吗？也不对，它不是装饰画和收藏品，放书架上只会多占一点你少得可怜的住房空间。

我们都知道，书只有读了、懂了、吸收了，才算是真的变成了自己的东西，仅仅是买下来、放起来那都只是物理上的“拥有”，而你要的其实是里面的知识。

书不是用来“弄脏”你的家的，它只应该用来充实你的大脑。

同理，在网上获得的那些知识也一样，仅仅“收藏”或看过是毫无作用的，它们只是被你当成“脏东西”乱丢在软件里、大脑里而已。

所以我现在已经不再用印象笔记收藏东西了，我换了一个更简单的方式。

我现在用 Bear（之前推荐过的），记录我每天看到的、听到的好东西，起一个标题，写一小段自己的思考。

我不再收藏整篇文章，我只会摘录一小段话，记下网址。我会把这些认为好的东西，写成一篇篇读书笔记，变成微信公众号文章，分享给大家。

这些知识，我会用自己的语言，结合自己的故事和感触重新讲述出来。它们经过了我的再加工，都变成了我的知识。

吸收知识最好的方式不是读过，而是经过仔细的思考之后，把对你有用的部分“缝合”进你的知识体系里。

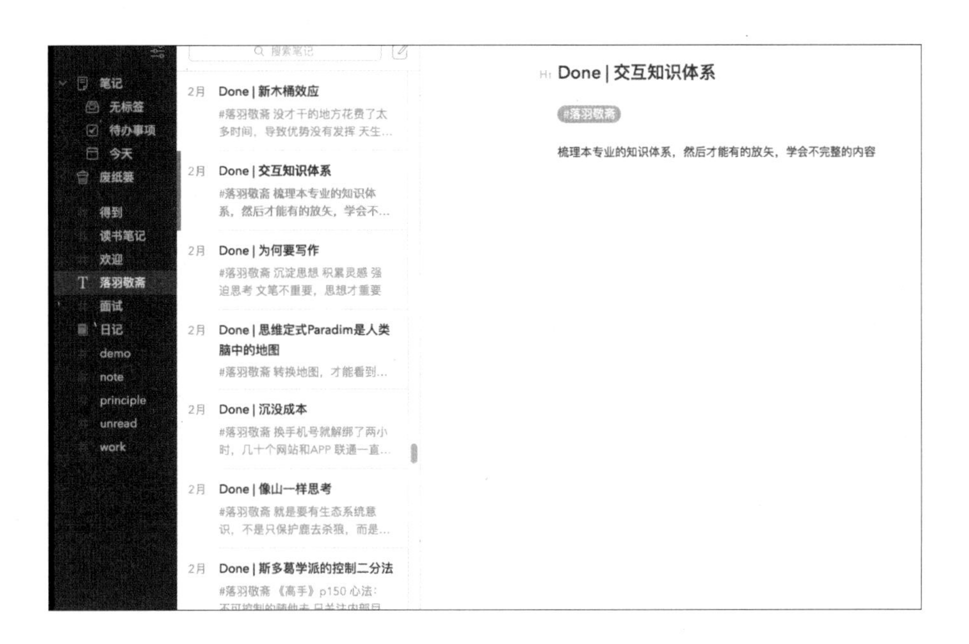

你看上面那张截图，我在 2018 年 2 月的某一天，写下了《交互知识体系》这条笔记：

梳理本专业的知识体系，然后才能有的放矢，学会不完整的内容。

我想要通过这个知识体系，把交互知识体系的内容都纳进来，以后就可以按它来学习新东西，能够不断地向里面添加新知识，而不是把它们散乱地丢在大脑中。

所以在 2018 年 3 月初，我就真的开始按照这条笔记，开始写我的“交互设计师技能树”专题了。现在已经写了 10 个模块，七八万字了，最终形成了这本书第一部分的内容。

把我的方法做个总结吧。

① 每天大量地阅读，把真正触动你的好文章写成一条简单的读书笔记，可以只包含标题、链接和要点，关键是要有你的思考。

② 最好能写成一篇读书笔记，长短不重要，重要的是这个“再整合”的过程，只有通过讲述出来，你才知道自己究竟有没有理解。

③ 建立自己的知识体系，把你觉得自己应该掌握的技能进行整理，以后学到的新知识都可以“融合”到里面。

第 7 章 思辨能力

Thinking Ability

7.1 原型设计是一种思维方式

交互设计师是做什么的？交互原型是什么？它有什么用？

对于交互设计不太了解的同学，可能最好奇的就是这三个问题了。这一小节我们不讲大道理，来换个轻松的方式和你聊聊原型吧。

7.1.1 原型是什么

作为一个画了八九年原型的交互设计师，我对它的存在不可谓不熟，但是之前也很少去思考，它到底是什么东西？

原型（英语：Prototype）*是指某种新技术在投入量产之前的所做的模型，用以检测产品质量，保障正常运行。在电子技术、机械工程、车辆工程、建筑工程等方面广泛运用，实验产品相应地被称为样机、样车等。广义上来讲，通过计算机模拟技术也可以实现这一目的。*

——维基百科

所以其实原型最开始并不是设计界的概念，甚至上面引用的概念也没有讲完整，因为在建筑界、艺术界早就有这个概念了。

在动手盖房子之前，建筑设计师会画出很多概念图，甚至用硬纸板或木板搭出一个小小的样板模型。比如下面这种，就是建筑的原型。

而用户体验设计中所讲的原型，指的是用手画的、用电脑画的、用程序写的，用来模拟最终实现出来的软件产品的样品，也好比是软件的建筑蓝图。

上图是我随手画的页面原型样例。以你正在用的这个微信为例，设计师需要为它的每个页面都画一个原型图，还要为打开的每一个菜单、所做的每一个操作都画出原型图。它从最开始的 1.0 版到 6.5 版，中间需要画多少个交互原型页面？可能一个大版本就要上百个页面，到现在怕是几千个页面了。

为什么这么多？

因为要不停地改啊！

为什么要不停地改？

因为原型本身就是用来改的。

正如同一座建筑需要很大的成本才能建成一样，

设计师和程序员也需要花费很多时间和精力才能做好一个完整的软件产品。如果没有提前规划好就直接开始做，一旦出现返工，会极大地浪费时间成本和人力成本。所以就出现了原型这种用来模拟最终成品的东西，我们只要花最小的成本搭建好一个原型来模拟成品，不停地进行试错，只要有不满意的地方就尽管改，最终达到满意的效果，然后就能以原型为蓝本，正式地投入设计和开发。这样做出的软件产品就能尽可能地让大家都满意了。

所谓原型，就是产品正式生产前的试验品，它需要经过不断试错和修改，然后作为蓝本来确定产品的最终形态。

7.1.2 生活中其实到处是原型

原型不只是在建筑和设计行业才有，在我们的生活中无处不在。

不信？咱们来找找。

- 写文章要先列大纲，大纲就是文章的原型。
- 画画要先打线稿，线稿就是这幅画的原型。
- 唱歌作曲要先录小样，小样就是歌曲的原型。
- 游戏的试玩版、商品的试用装，都是游戏和商品的原型。
- 新工作会有试用期，试用期就是工作的原型。
- 结婚前要先谈恋爱，这是结婚的原型。

是不是很多？如果我们继续找下去，还会有更多。为什么会有这么多的地方存在原型？因为无论做什么事情都是有成本的。只要能够用一种**最小成本的试验品**来替代最终成品，通过这个试用品来确定最终成品是否符合我们的要求，不断地打磨和优化，直到找到真正适合我们的产品为止。

7.1.3 原型设计是一种思维方式

既然原型在生活中无处不在，那我们可不可以像设计交互原型一样，将这种原型设计的思维用在这些地方呢？

1. 设计读书原型

以前我们读书常常从第一页开始读，读到一半才发现这本书说的内容并不是之前想的那么有趣、有用。

现在我们可以把一本书当成产品，将它的序言、前言、目录、标题大纲当成书的原型，通过阅读序言和前言了解书本的核心内容，确定内容是否是想看的；通过翻阅目录了解书本的体系结构，确定里面哪些地方是对我们有用的，了解作者的写作逻辑；通过检视阅读书中的各章标题、小节标题、节内重点，快速了解我们感兴趣的内容，确定这些内容是否真的对我们有价值。

这么做下来，我们就不用每次花大量时间阅读还读不到重点，甚至发现这书根本不值得读。我们还能更有效率地找到真正有价值的内容，事半功倍。

用这个方法，我只花了一个小时就读完了20多万字的**《大数据时代 生活、工作与思维的大变革》**，从中提炼出了700多字真正对我有用的读书笔记，还能现学现用。

这不就是我之前在书中读到的读书方法吗？

2. 设计学开发的原型

以前我们学一门编程语言时，只会从基础的语法学起，每次都是变量、If语句、函数、面向对象，一本书学完又如何呢？什么也没记住，还是一个程序也写不出来。

现在可以把这门编程语言当成产品，将每个章节的知识要点所能做的练习当成原型，每读完一个章节，就思考能够用里面的知识做出怎样的小程序。也许只是一个输入自己姓名之后就会向你问好的小程序，也许只是一个让你猜随机数的小游戏，这不仅能够复习之前的知识，还能让学习更有乐趣，这不是比全部学完之后才去想怎样做一个手机应用来得更有用得多吗？

我在 Udemy.com 上学的那门**“深入浅出 iOS 开发（使用 Swift4）”**课程，老师用的正是这种教学方法。我不知不觉已经学了 43%，全程兴趣盎然，而且只要学过的知识都能记得很清楚。

7.1.4 还能用在什么地方

前面不是举了很多生活中用到原型的例子吗？

- 写文章的时候不要闷头就写，先把大纲和要点写好，结构理顺，调整好原型之后再开始写。
- 新工作的试用期是你试用这份工作的原型，在这段时间好好体会公司的氛围和工作流程，在这期间不要害怕犯错，这样你才能尽快适应新公司的要求，适应不了的话尽快换。
- 男女朋友恋爱过程就是你婚姻的原型，不要害怕吵架，不要害怕面临的感情考验，只有真正经得起各种磨合的情侣，最终走入婚姻殿堂后才能白头偕老。

这么看来，原来我们最熟悉的工作方法，一旦换个角度思考，也能变成更有价值的思维方式，不是吗？

7.2 别被位置限制了你的想象力

我们在工作和生活中都有各自的角色，比如设计师、程序员、产品经理，比如总监、组长、普通员工，比如普通朋友、好朋友、老公。我们一般是在什么位置上就做什么事，设计师就只做设计，员工就只干活，普通朋友就只做朋友该做的事。

这样做似乎也没什么不好，毕竟一般人会认为做好自己分内的、该做的事情就好了，何必操其他的闲心。

但有时不妨借鉴一下其他领域的概念，这可能会让你有新的发现和收获。

下过象棋或者国际象棋的同学一定知道，棋子在棋盘上的位置并不是固定的，可以根据下棋者的战略意图来进行符合规则的调动。虽然你的车还在最角落的位置，你已经开始计算几步之后你要怎么用车来吃掉对方的炮了。

还有一个更有意思的地方，中国象棋的兵和卒虽然只能向前走，但是过了河之后就能升级成可以走前、左、右三个方向；而国际象棋的兵就更厉害了，到达对方的底线之后可以升级为马、象、车、后的任意一种。

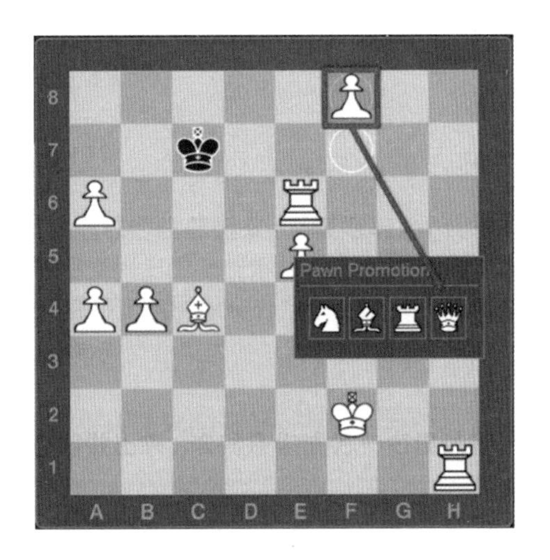

我要说的当然不是“只要勇往直前，屌丝也能逆袭”这么简单粗暴的想法，而是想从下棋这里借鉴一种思维方式——**换位思考**。

虽然棋子在棋盘上的位置刚开始都是固定的，但是只要双方开始对弈，每一个棋子都有许多可能的走法，走到任何规则允许的地方去，执行进攻和防守这两类任务。下棋的人从来都不会认为马只能用来防守对方的炮，也不会认为小兵只能傻傻地往前走而一点用都没有。

控制自己棋子的时候是如此，而为了赢得棋局，你还必须不停地思考对方的下一步可能会怎么走：是跟你硬碰硬换掉，是退一步防守，还是不理你的挑衅找机会将军？当对方终于下了一步棋，如果正中你下怀，你当然很开心，然后你就会按计划继续紧逼。而如果他下了一步令你出乎意料的好棋，你会大吃一惊，然后仔细思考应对策略，同时疑惑：“他是怎么想到这么走的？”

这个是一个斗智斗勇的过程，同时也是一个不停换位思考的过程。

下棋如此，我们平时的工作、生活难道不需要换位思考吗？

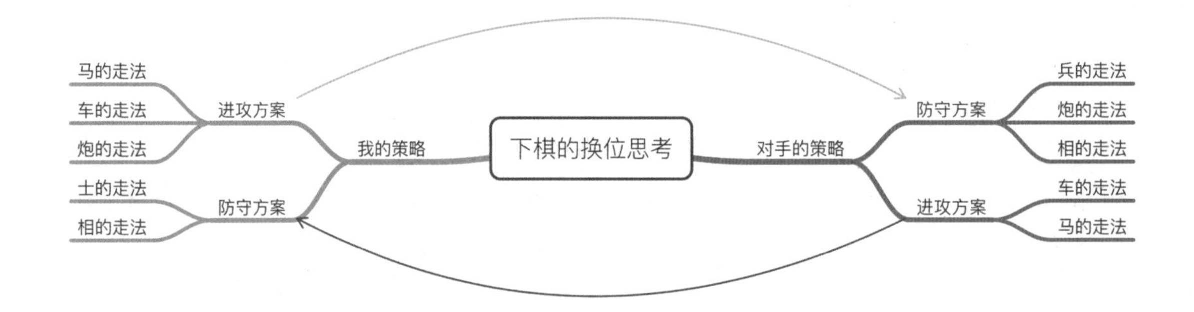

7.2.1 设计师的换位思考策略

设计师在做设计的时候，“对手”有哪些？

- 用户
- 竞品
- 开发

应该边做边代入思考：

- 目标用户平时使用这个产品的场景是怎样的，他第一次看到这个界面的时候会使用吗？
- 竞品是怎样设计这个功能的界面和流程的，它是基于什么考虑而这么设计的？它的用户对这种设计满意吗？
- 开发工程师会怎样实现我设计的动画效果和界面布局？哪些地方可以用程序实现，哪些只能用图片序列帧实现？

所谓的用户体验设计，本质上就是在整个设计流程中都需要有用户参与，即使没有将用户请到身边，但是设计师的心中一直在按照用户的角度在检查设计。设计的时候还应该为开发实现成本考虑，并不是开发实现困难我们就不做了，而应该是在保证开发实现可能性的前提下，做出尽可能最好的设计效果。这样才不会做出只能想象的空中楼阁。

所以设计师才需要了解用户心理，需要做用户研究，需要收集用户反馈。这都是为了尽可能地了解用户的“下棋策略”，以及知道自己下的这步棋，用户到底是怎样的一种反应。

设计师还需要具备开发思维，学习一些常见的前端语言，如网页端的 HTML、CSS、JavaScript，客户端的 Java、Swift 等。不用了解得太深入，但至少要了解一些基本的原理，如界面是怎么搭建的、逻辑流程、动画逻辑等。这是为了明白开发人员的“下棋方式”，我们才有可能更好地与他们进行沟通。

7.2.2 员工的换位思考策略

员工在执行工作任务的时候，“对手”有哪些？

- 需求方
- 直接上级
- 竞争对手

应该边做边代入思考：

- 需求方做这个项目的目的是什么？他对于任务的具体要求和时间期限是怎样的？
- 我的直接上级会怎么处理这个项目？如果按照这种方案来执行，他会认可吗？
- 和我有竞争关系的人很擅长这类项目，如果是他来做，他会用怎样的思路来做？

你只有了解了需求方的目的、具体要求和任务的时间期限，才有可能合理安排自己的工作方向和工作时间，最终做到让需求方满意。这就需要你与需求方进行充分沟通，而不是接到任务二话不说先按自己的想法开始做，这样会吃大苦头的。

如果能站在直接上级的角度来思考，你就能更明白公司对项目执行的标准和价值观，也会更明白处理一些方向性问题的正确策略。这就需要你平时和领导沟通的时候不是唯唯诺诺当接收方，应该要边听他的意见边思考——他的处理方式和我的有什么不同？他为什么这么看这个问题？

竞争对手很强，你希望能够向他学习并超过他，那你更应该多观察他平时怎么做项目，做的效果怎么样。如果是你来做，你能做得比他更好吗？

7.2.3 学会换位思考

如果想做得更好，无论你现在处在什么位置，都需要明白和自己“下棋”的对手到底是谁，他们的“下棋策略”是怎样的。

这不仅可以更好地完成自己的工作，还能锻炼你观察对手的能力，以及按照对方的角度思考问题的想象和推理力。

举个简单的例子，你玩《王者荣耀》的时候，如果你是一位从中路去下路 Gank（抓人）对手法师，你应该走河道过去还是从自家野区绕过去？

这取决于你对敌方下路角色和玩家的了解。如果他已经压过了河道并且没有辅助帮他望风，那你就走河道；如果他在中间和你家下路对峙，那你可以从自家野区绕过去并且用闪现和位移技能快速接近；如果他猥琐在自家塔下不出来，那你就不用过去浪费时间了。

当你开始进攻和释放技能的时候，要怎样才能尽可能地给他最大的伤害？这需要你对对手角色的技能足够了解，如果你是他，会如何应对你的招数、会如何走位？

如果不会换位思考，你可能连游戏都打不好。

而如果你游戏打得很好，为什么不把这种换位思考的能力用在其他地方呢？

7.3 焦虑是因为你对现状不满

你是否经常感到焦虑?

你为了什么事情而感到焦虑?

- 是为了还没攒够买房的首付吗?
- 是为了没有完成今天的工作任务吗?
- 是为了明明越来越胖，却狠不下心减肥的自己吗?
- 是为了方案被领导打回，却想不到更好的改进方案吗?
- 是为了看到周围的人越来越好，而自己却一直停步不前吗?

人人都有焦虑感，人人也都讨厌焦虑感。

所以我们会寻求各种摆脱焦虑的方法，花样繁多。

- 有人喜欢玩游戏，觉得玩一玩就可以忘记烦恼。
- 有人喜欢看剧、看电影，觉得放松娱乐一下也就好了。
- 有人喜欢逛街、上网买买买，觉得要对自己好一点，别太辛苦。
- 有人喜欢找人倾吐负能量，觉得为什么别人都过得比自己好?

不知道你注意到没有，大多数人选择的方案都倾向于“逃避”使自己焦虑的问题，觉得暂时不去想它就好了，该面对的问题明天再去面对，今天该干嘛还干嘛。

只有极少数人选择了直接面对焦虑，马上动手解决使他感到焦虑的问题。

也许有人认为这种焦虑感很让人难受，是一种病，需要治疗。

但这其实是人类的本能，我甚至认为它是一种非常宝贵的精神财富。

我们之所以会焦虑，大多数情况是因为我们对现状并不满意，该做的事情没有完成，或者希望自己做得更好。

这是我们之所以渴望进步、督促自己改变现状的心理“原动力”。

知乎上有位博士生在因为论文没写好而被责备的时候，他导师说的一段话，我深表认同。

“Clark，在我求学的时候，我看到了很多比我优秀的人才，无论是智力还是背景。但是你知道吗，我不觉得没钱、没背景就是平庸，那是别人给你贴的标签。唯有你自己内心的平庸，才是毁掉你人生的平庸。你内心的平庸，就是你失去追求卓越信念的那个瞬间。你以后会遇到很多机遇，但你的平庸会毁掉它们，当你觉得自己做得还不错的时候，你已经杀死了那个能够让你做得更好的自己。”

——知乎答案 @ 山羊月，埃塞克斯大学，社会学博士在读

平庸，就是你失去追求卓越信念的那个瞬间。

如果你对自己的现状满意，觉得自己做得还不错，那你是不会感到焦虑的。但是细想起来，这难道不会让人感到害怕吗?

你真的已经做得足够好、足够努力了吗?

绝大多数的情况下，我们并不是足够好，也并没有足够努力。

7.3.1 因为焦虑，我才更努力

我从不避讳对其他同事和朋友说，我虽然已经来腾讯三年多了，但是前面的两年我都是被领导骂过来的。

其实那两年里，每三个月我就想过一次辞职，

甚至我还真辞职过，但最后还是坚持下来了。

每次做的设计稿被领导批得一无是处的时候，我的第一反应当然也是很不爽、很不服气。但随后就会感到焦虑：“难道我的能力真的这么差吗？我连这么简单的方案都做不好？”

在接下来的几天里，如果白天我还是没做好，晚上就会加班做。加班到十点还是没做好，我就会回家洗澡睡觉。

然后定个第二天早上 4 点的闹钟，闹钟一响，我就跳起来刷牙洗脸，之后骑车去公司继续做。别人 9 点 30 分来上班的时候，我已经工作了四个半小时了。

“你见过凌晨五点的腾讯大厦吗？”

当我最终的设计稿终于被认可，领导说：“你看看，这次比上次好多了！进步很大！”此时我觉得这简直是我听过的最棒的夸奖。

为新产品做改版设计的时候，我和另一位同事为了做设计方案和汇报 PPT 连续加班了很多个周末，甚至在公司睡了两个晚上。

为了能够通过公司 D3-1 的设计通道晋级，我每个周末都来公司工作 10 小时，连续上班 24 天，其中还有 4 个通宵。

如果没有焦虑感，我不可能把自己逼到这个份上。

最终的结果是好的，我们的产品改版取得了很大的成功，我也终于如愿成了高级交互设计师。

7.3.2 因为焦虑，我开了公众号

坦白地讲，我并不算是一个很聪明的人，最多只有一点点小聪明。虽然有时候我真的把自己逼得很狠，但是在大多数的情况下，我不够努力，喜欢一有时间就玩游戏，没有花多少时间看书学习。

我为什么要开始写公众号，为什么要把所有的业余时间都花在学习上？

有朋友不理解，觉得我还没有到给自己写自传、写前半生的时候。

我开公众号当然不是为了写自传和回忆录，其实还是因为焦虑。

我觉得之前的我已经有点松懈了，花太多的时间在玩游戏上，状态下滑明显。

所以我开始在笔记里写一些自己的思考，打算每天都写，但我也不知道能写多久。

当我看到 Scalers 的《刻意学习》那本书的时候，我明白了。

原来可以通过每天坚持写一些思考和感悟，通过“输出倒逼输入”的方法来让自己保持学习状态。原来他已经通过持续 1000 天写公众号的方式，完成了他自己的成长和改变，甚至整理出了一本内容很完整、给我启发很大的书。

所以我当天就开了公众号，决定也逼自己做一些事情，坚持自己从未坚持过的时间长度。

在刚开始的时候，我其实内心一点底都没有，也不知道我能写多久，怀疑真的有那么多内容可以写吗？

然而写着写着，我发现，虽然每天都觉得好像没东西写了，却每次都还能逼自己写出一些东西来。

已经写了52天后，我发现自己的状态越来越好。

焦虑感仍然一直都有，我怕写不出内容，我怕坚持不下去。

但正因为这种焦虑，我每天都花了更多的时间学习新东西、看书、听知识专栏，每天晚上即使再困再累，也强迫自己一定要写完文章再睡。

所以我认为，焦虑不是我们的敌人，它恰恰是我们的朋友。

因为对现状的不满而焦虑，然后才有了前进的理由。

别浪费了这个理由，别害怕焦虑。

勇敢地向你的目标走出第一步，然后你就能越走越快，甚至开始奔跑。

不管目标有多么遥远，只要你在前进，就不会再害怕了。

1000天也不久，不是吗？

我们都活了多少年了！

7.4 千万别自己感动自己

周末朋友分享了一篇文章，我觉得里面讲的有些内容很有价值，给大家分享一下。

如果你看过我写的2017年总结，可能还记得我在里面提到连续上班以及熬夜的事情，看似非常辛苦、非常拼命的样子，也许你会觉得这种精神值得学习。但身为当事人的我在看到下面这段话的时候，却有种深深的警醒之感。

> *这些年我一直提醒自己一件事情，千万不要自己感动自己。大部分人看似的努力，不过是愚蠢导致的。什么熬夜看书到天亮，连续几天只睡几小时，多久没放假了……如果这些东西也值得夸耀，那么富士康流水线上任何一个人都比你努力多了。人难免天生有自怜的情绪，唯有时刻保持清醒，才能看清真正的价值在哪里。*
>
> *——于宙（餐饮创业者）在TEDx大会上的演讲*

为什么我明明有一两个月的时间准备设计通道晋级，却需要在最后连续上班24天甚至熬夜4个通宵才能做好PPT？

因为我在之前浪费了太多时间在想一个不切实际的方法论，妄图通过吸引眼球来一鸣惊人，而不是切切实实地写好自己的项目，所以前面的时间几乎都是浪费的。

这看似值得夸耀的努力背后，难道不是一个在瞎忙活的背影吗？

- 在高三复读的时候，为了提高唯一的弱项数学成绩，我每天学习到凌晨一点多，就算再困也坚持看书做题，但是脑袋迟钝根本看不进去。
- 在大一觉得高数、高等物理很难的时候，每天6点起床去教室自习，结果直接在教室趴着睡着了，醒来看了半小时，又想放松一下，然后拿出手机看小说，一直到了晚饭时间。
- 在工作项目做不好的时候，明明应该抓紧时间想方案，结果中午休息来一局《炉石传说》，晚上休息玩一会游戏，导致方案没做多少就到了晚上9点，要不是逼自己第二天早上四五点起床来公司，根本没法交差。

所以真的不要被自己“刻苦努力”的表象骗了，其实我吃的这些苦都是无谓的苦，都是由于愚蠢导致的努力。

愚蠢在哪？

在于如果能管理好自己的注意力，不被无谓的事情消耗，就不会浪费那么多宝贵的时间。

在于如果能意识到正确的方法比盲目投入时间更重要，就不会只依靠熬夜来做习题，而是会在自习的时候就多巩固之前课本上的基础知识；就不会在大学课堂上玩手机、不认真听讲，妄图通过自习来弥补。

然而当时的我完全没有意识到这些方向性的错误，只是沉浸于自己的努力中，被拼命努力的自己感动。在别人面前显得很上进很认真，完全忘了其实我失去的远比得到的多，浪费的时间远比争取来的多。

不要用战术上的努力掩盖战略上的偷懒。

你所看到的那些表现得很上进很努力的人，可能他们用力的方式就错了。如果你能多花一些时间寻找正确的战略，就完全有机会超越他们。

有些人学了一辈子英语，却连最基本的发音都没学好，出国旅游也只会说**“Yes”**、**“No”**、**”Sorry”**、**“Thank you”**。其实他们完全可以去报一个正经的英语培训班，从头打好基础，然后用正确的方式踏踏实实锻炼听、说、读、写，报班所花的这些钱比起他们所获得的成长来说性价比真的很高。

有些人望子成龙，拼命督促自己的孩子学音乐、学舞蹈、学跆拳道，学习成绩还一定要最好，否则就是一顿责罚。但是他们从未想过和孩子好好沟通，孩子自己究竟喜欢什么，如何用正确的方式提高孩子的成绩，自己是以身作则努力上进，还是回家就只会看电视、玩游戏。

有些人每天加班到很晚，却没有正确的时间管理观念。白天浪费大量时间在紧急不重要的事情上，休息时间又在看剧、聊天、玩手机，这样又怎么会有时间做好每天的工作呢？其实如果能先看一些时间管理的书，使用合适的任务管理软件，把工作重心更多地花在紧急重要和不紧急但重要的事情上，工作的压力就能小得多。

作为一个 31 岁才开始学钢琴的人，我知道成年人比小孩最大的优势在于，我们能够调动自己的大脑去思考究竟怎样的学习方式更合适，而不是一味地埋头苦练。因此除了报线下的成人钢琴培训班找老师进行指导之外，还找到了在线钢琴课堂来教自己基础的乐理知识、指法的练习技巧。争取不走弯路、练习得法，这样一来，我投入的时间才会更有价值，才不会是无效的努力。

你最近在努力做什么事情，努力的方向对了吗？有没有花时间好好思考之后再行动呢？

7.5 你被木桶理论误导了

一个水桶无论有多高，它盛水的高度取决于其中最低的那块木板。因此整个社会与我们每个人都应思考一下自己的“短板”，并尽早补足它。

——百度百科

我们从很久以前就知道这个理论，老师在告诉我们这个理论的同时，一定会跟我们讲要补齐自己的“短板”，不能偏科，才能成为德智体美劳全面发展的好青年（误），才能考上好大学。

中学时代，我身边确实有些同学偏科很严重，比如数学考 140~150 分的人，英语只能考 100 分；比如语文考 125 分的人，数学常常不及格；还有人其他科都不错，但是语文就是只能在 90 分徘徊。因此每个人最痛苦的事情就是一直补自己最差的科目，毕竟比起自己的优势科目，短板科目看起来好像有更大的提升空间，轻轻松松就能提升几十分。

然而事实真是如此吗？

当年你最差的那些科目，无论是英语、数学还是语文，你花了很大力气去弥补和加长的“短板”，最终有了很大提升吗？

至少在我这里不是，我身边的同学也几乎没有能真正做到的。

我当年也算是小小学霸了，高中的成绩是年级前几名。最经典的战绩是有一次高考前的模拟考试，所有的科目在班上都是第2~5名，没有一科是第1名的，但总成绩加起来，却是班上第1名，而且比第2名多出几十分。怎么回事？因为其他人都有明显的偏科，而且到了高考前都没有补上来。

我也有短板，从高一开始我的数学就不好，始终在120分左右，不能算很差，但是就是有几位同学能够考140分，让我看到了很大的差距。然后我花了三年的时间去做题、去提升，最终的效果如何呢？

效果是根本没有明显的提升，也没有下降，还是120分左右。

这让我很泄气。我看看周围那些明明其他科很好，但英语或者数学只能考及格的同学，到最后同样也没能提升多少，我也就平衡了。

真的该补短板吗？

那真的是木桶理论错了吗？我们补短板的思路为什么很难奏效？

如果你回顾木桶理论的原型，它其实主要讲的是团队配合，一个团队的战斗力主要取决于它的短板有多短，而不是长板有多长。

但如果应用到个人的领域，就未必是如此了。

因为现在是一个分工极度精细的时代，你擅长沟通协作，那就去当产品经理；你擅长手绘和人物，那你可以去当游戏原画师或者插画师；你擅长逻辑分析和数学，那你可以去做数据分析师。你非要让产品经理学会设计，让游戏原画师做数据分析，让数据分析师去沟通协作吗？

我们完全可以只利用自己最擅长的领域去跟其他人合作。就算在BAT，只要一个团队能够发挥所有人的长板，那它就有做好任何一个项目的能力。

可见个人长板的价值比短板要大得多。

而且还有一个更重要的问题，**所谓的长板，其实是你最擅长、最有天赋、最喜欢的领域，你可以在上面只花很少的功夫就比别人获得更多的成效，所以最终你才能比别人做得更好。**

而所谓的短板，其实是你最不擅长的领域，你可能没有这方面的天分或者兴趣，但你要花比别人多很多倍的精力和时间才只能达到别人的普通水平，再往上提一点都难。

- 你英语比别人好，为什么不多看外文书、外国电影，甚至去考雅思和托福，让自己成为周围人里英语最好的人呢？
- 你画画比别人好，为什么不多花时间去练习画画，去报考艺术院校，去学习设计专业，让自己擅长的领域发挥更大的价值呢？
- 你写作比别人好，为什么不多花时间看国内外大神的著作，学习更多的写作技巧，让自己成为专栏作家、写畅销书或者写网络小说呢？

何必一定要死磕自己学不好的数学、不擅长的沟通和不喜欢的数据分析呢？

在长板上所花的每一分钟，都能收获十分的价值，那五年后，你自然能成为该领域的达人。

而如果妄图补齐自己的所有短板，你所花的每一分钟，可能只能做到一分甚至零点五分的成长，那五年以后呢？

你就成了一个什么都做得一般的普通人。

这不是最可惜的事情吗？

当然，任何事情都是相对的，我认为个人的长板价值远大于短板，并不代表你就可以丢掉那块短板了。你完全可以只花少量的时间，让自己的短板达到及格线就好。把剩下的时间全部用来提高你最好的那一两块长板，让你成为该领域的达人，然后从高往低去发展，一块块地提升，这样才是效率最高的最优解啊！

我们提倡的所谓 T 型人才，其实正是充分发挥好自己长板的前提下，照顾好了自己其他领域的发展，让自己成为“一精多能”的全能型人才，而不是所谓的没有短板的庸才。

7.6 何不自己做一副 AR 眼镜

我从小就喜欢机器人和科幻类的话题，喜欢想象自己坐上高达的感觉，可以拥有更广阔的视角观察周围的情况和控制这种高科技战争机器；也喜欢机动警察、钢铁侠里那种戴上就能呈现丰富信息的头盔，可以展现自身的状况，还能自动帮你分析眼前的各种情况，给出建议。

当然，现在的科技还没有出现很方便的这种机器或者头盔，如果能是眼镜那就更好了。谷歌的 Google Glass（谷歌眼镜）佩戴起来算方便的，不过只是一种很初级的解决方案，微软的 HoloLens AR 眼镜想象力要更丰富一些，但实际的性能和功能完成度离人们的期待还差得比较远。

既然科技还不能帮我们做到这一点，为什么不自己先手动为自己做一副这样的眼镜呢？

等等，难道要开始手把手做高科技产品了？

当然不是了，至少目前我自己还做不出来。

但我们完全可以用思考给自己的大脑戴上这样一副“AR 眼镜”，它就是——问题意识。

这是一种很重要的思维方式，能用好它的，无一不是聪明拔群的人物。我也在学着使用这种方式，这里给你分享一下我对它的思考。

问题意识这副“眼镜”主要有两个模块：一个是带着问题看世界，一个是带着问题看自己。

7.6.1 带着问题看世界

和古人不一样，我们正处在一个信息极度爆炸的时代。我们每天都能从互联网上、手机里、身边朋友口中以及书中看到非常多的信息，似乎生活丰富多彩，然而只要一不注意，你的意识就很有可能被信息的洪流推到不可控的方向去——又浑浑噩噩地过了一天。

为什么不主动管理起自己的意识，去收集一些对自己更有用的信息呢？

比如可以带着问题看以下这三样东西。

1. 事：为什么这件事情是这样的？

你每天能看到很多新闻，总是在告诉你这个世界上发生了各种各样的事情，你是看过就算了呢，还是去想想这些事情背后的逻辑？

比如“吃鸡”类游戏现在这么火，那它是怎么火起来的？为什么人们会喜欢玩？背后的心理动机是什么？

然后通过一番搜索和研究你会发现，它主要是由游戏直播带起来的，人们喜欢看主播玩这个游戏。

- 人们喜欢玩这个游戏的原因是他们喜欢这种一百人竞争，最终只能胜出一个的刺激，有一种中了状元，打败了所有人的感觉。
- 它的门槛比普通射击游戏低，人们喜欢自己玩，因为可以选择用“伏地魔”的方式躲过竞争激烈的时期，然后捡便宜混入前十。

- 人们还喜欢看主播玩，因为主播的各种操作和意识都相当好，看他们玩起来真是神挡杀神、所向披靡的感觉，仿佛这个厉害的人是自己，最后"吃鸡"的时候也与有荣焉。

分析到这里就够了吗？有没有想过为什么吃鸡要移植到手机上来玩，网易、小米和腾讯为什么要投入这么多资源做"吃鸡"手游呢？

"吃鸡"手游只能做成第三人称枪战的模式吗？为什么不能只保留百人存一的这种大逃杀的模式，换一种更有趣、更适合手机的玩法呢？

于是你会发现，有人跟你一样聪明，手机上还出现了很多比如《汽车大逃杀》之类的游戏。

以上我只是以一个游戏火了这件事举例，你完全可以把这种带着问题看事情的方法用在其他事情上。

比如中国的经济为什么会发展得这么快，中国在国际上的价值是怎样的，会不会被其他国家替代？当人口红利消失之后，会不会被兴起的人工智能产业代替？

然后你会发现，这个问题罗胖在他 2017 年的跨年演讲中提到了，而且还解释得很棒，引用的是《枢纽》这本书的作者施展的观点，还请施展开了一门大师课《中国史纲 50 讲》。但是他没有解释的是，人工智能将来可能会如何影响中国的地位，中国有办法吗？

2. 人：为什么他要这么做 / 这么想？

每天都能看到政治家的各种行为和政策，有没有想过他们为什么这么做？

你身边有没有牛人和强者，他们是怎么做事情的，遇到具体的问题他们是怎么应对的，为什么会这么做？

你身边有没有总是做错事情的人，他为什么做不好，他是怎么思考问题的？遇到他面对的那种情况，你会犯同样的错误吗？

这种带着问题思考别人行为的方式其实就是**"换位思考"**，我在上文中已经提到过。

如果强迫自己每天都用这种方式来观察别人，你会发现，你根本不用苦恼自己应该如何提高和进步，你就身处在一个到处都是活生生的案例的环境中，他们每一个人都是你的老师。

更正确的说法是，你正在让他们成为帮助你进步的老师，而他们可能一无所知。

当然了，如果这些人是你的朋友，你完全可以多和他们交流、讨论，问："为什么上次领导交代的事情你不按他说的去做，最后你还真的做得比领导想的还好，你是怎么思考的？"

一旦习惯了这样思考，你就不只是你自己了，你每天都在体验很多新角色，看到很多新鲜的东西。

3. 书：为什么我要看这本书？

你喜欢看书吗？你都是怎么看书的呢？

看书的方法，最重要的一点其实是想清楚一个问题：

为什么我要看这本书？

也就是你希望通过这本书获得什么知识，你想通过它解决自己的什么问题。

比如我在看**《六顶思考帽》**这本书的时候，正是觉得每天开会的效率很低，在想办法解决。在《得到》APP 中听到了这本书的介绍，于是马上去 Kindle 上找来了这本书，然后一口气看完了。

我由于是带着解决自己问题的方式去读的，所以能很好地应用我提到的快速阅读方法，在一个小时内就把这本书读完了，还输出了我的读书笔记。而如果我按照以前的那种只是觉得这本书有点意思、看完我一定能学到新东西的想法，那我可能要看上好几天甚至一周，每天最多看一点点。

7.6.2 带着问题看自己

这副**"AR 眼镜"**不仅能够显示外部世界的内容，还要能显示自身的一些参数。就像钢铁侠的头盔，不仅能够提供外部目标的分析和瞄准，也能显示自身现在的情况报告，以辅助操作者决策。

那我们的眼镜应该怎么分析自己，呈现什么内容呢？

1. 反省：找错误

我们每天都在做事、与人沟通，难免会有一些做得不够好的地方。你可能当时注意到了，也可能只有在别人向你反馈的时候才会注意到。

- 项目 PPT 花了一个周末加班终于赶完了，结果发给领导过审后，被指出方向性的问题。
- 由于天天玩游戏忽视了女朋友的感受，等到她不理你了才发现事情的严重性。
- 下定决心每天学习 1 小时并输出学习笔记，结果才坚持一周就放弃了，还为自己找各种理由。

在埋头做项目的时候，千万要多问自己几个问题：**"我这么做的方向对吗？有没有更好的方式？"**

觉得这个项目可以发挥自己的很多创意，做了很多详细的设计方案，结果等领导问自己的时候才发现，其实这件事情根本不值得做。如果多分析一下行业的情况，从另一个领域进行切入，会有效得多。你觉得自己辛苦加班做的事情都白费了，很沮丧，开始怪领导为什么不早点帮你指出方向问题。

当沉浸在自己的领域的时候，千万要多问自己几个问题：**"对方和周围人的感受如何？会不会对他们造成不好的影响？"**

下班之后用业余时间玩游戏是可以放松的，但是你的女朋友和家人是否需要陪伴呢？他们最近情况怎么样，有没有需要你帮助的地方？如果只顾着自己的事情，很可能把他们的需求都忽略了，还以为他们都对你很满意呢。

想要坚持某件事情的时候，千万要多问自己几个问题：**"我为什么要坚持做这件事情？我非做这件事情不可吗？"**

如果没想好自己的目标就开始坚持，你可能是在随大流而已。学英语？为什么要学英语？你是准备出国旅游还是要考雅思或托福？考过之后，你想好如何出国留学了吗？为什么不能考本校或者更好的学校的研究生？目标如果不清晰，你可能很快就无法坚持了，最后还会觉得是自己毅力不够。

不要只顾着前行，人都是在不断犯错的，犯错并反省是成长的必经之路。

不要总是等到别人向你反馈甚至对你疏远之后才发现问题，也不应该怪别人批评你或者对你不好，可能只是你忘记戴上这副"眼镜"了。

曾子早就说过："吾日三省吾身。"先贤在几千年前就知道戴"眼镜"了啊。

2. 设计：找方向

在反省的时候我们常会发现自己犯的很多错误都是方向性的问题，那如何正确地寻找方向呢？

五岁时，妈妈告诉我，人生的关键在于快乐。上学后，人们问我长大了要做什么，我写下"快乐"。他们告诉我，我理解错了题目，我告诉他们，他们理解错了人生。

——约翰·列侬

关于人生的方向，可能很多人都不理解列侬的这句话。

我们无法像衡量项目的目标一样，给人生评判一个分数。我认为唯一能够给自己的人生评判的就是——**长期以来看我们是否快乐。**

平时多问问自己："你觉得快乐吗？"

- 做感兴趣的事情会使你快乐，你可能本身就擅长做这些事情，你也更有可能获得快速成长。
- 和对的人相处会使你快乐，他们可能是你的良师益友或值得珍惜的伴侣。
- 玩游戏或者看小说会使你快乐，但是只能获得暂时的快乐，因为当你发现自己浪费了很多时间的时候，你会更想把时间花在自己觉得有意义的其他事情上，那才能使你长期快乐。

这些能够使你真正快乐的事和人，他们有什么特点？去分析他们，你也就知道自己真正喜欢的是什么事情、什么人了，也就知道了自己应该朝着什么方向去走了。

关于人生的方向还能说很多，那可能是另一篇文章了。那关于做具体事情的方向呢？总不能只做快乐的事情吧！

当然了，不过你还是不妨用问题来分析：

- **何人（Who）**：这件事情的服务对象是谁？他们背后的深层次需求是什么？
- **何事（What）**：这件事情的定义是什么？我真正理解了吗？
- **何因（Why）**：为什么需要做这件事情？为什么是由我来做这件事情，我做有什么优势？
- **如何（How）**做这件事情应该分为几个步骤，有没有更好的实现路径？

这是最简单的**“3W1H”**问题分析法。如果你要扩展，还能再加上两个**“W”**：**何时（When）**、**何处（Where）**，这样就更完整了。不过，从日常分析方向的角度上来看，**“3W1H”**已经基本够用了。

7.6.3 配镜还有最后一道工序

好了，这副眼镜的模板已经做好了。接下来的调试工作应该由你自己来完成，毕竟配眼镜除了选镜框和镜片，还需要根据你自己的情况来“验光”和“调整度数”，这就是要根据你自己的实际情况来调整使用了。

7.7 像山一样思考

在疲惫的时候，总喜欢看看山、看看水，因为大自然的绿色和宁静会给我们带来治愈的感觉。下面先来聊聊我们能从山的身上学到什么吧！

人法地，地法天，天法道，道法自然。

——老子，《道德经》

这里的“法”指的是学习、效法，老子提倡我们要顺应自然规律，学习天地自然的法则。“上善若水”当然是水的法则，那山有什么法则呢？

美国著名生态学家阿尔多·李奥帕德（Aldo Leopold）曾提出，人类要学会“像山一样思考”。

像山一样思考，就是像一个生态系统那样去思考。

想象一座绿树覆盖的高山，山上有可爱的鹿群，也有残暴的狼群。鹿每天吃山上的植被，狼每天都在捕食鹿，这座山就一直这样运行着。

从平常的角度看来似乎应该多杀狼，要拯救那些弱小的鹿。

但是如果真的把狼杀光了会怎样？

鹿群没了天敌，它们想怎么吃就怎么吃，想怎么生就怎么生，繁衍成灾。

为了生存，这些鹿群会把整座山都啃光，将山变成荒山。然后荒山会被风和水侵蚀，当大风刮过来时，就会沙尘漫天；而一旦下起大雨，山上的沙石就会滑落，堵塞和损坏山下的道路，山体滑坡还可能对人类和动物造成伤害。

阿尔多·李奥帕德说："我们都没有学会像山一样思考，因此我们才有了尘暴区，河水会把一切冲进海里。"

不要仅仅担心和考虑系统中的某个环节会出错，死抠细节是没有用的。你真正要学会的是如何像山一样从全局着眼的系统性视野，既明白鹿的作用，也要利用好狼对鹿的控制能力。

也许你从某个细节去看，政府或者公司的某项措施显得不近人情，甚至有点傻。比如当年改革开放的时候推行市场经济，不得不让大批国有企业的职工下岗重归市场，这对下岗员工确实有点残忍。但如果从全盘和长远考虑就会发现，正是因为如此，才给了市场更多的空间和活力，才有了后来无数像华为、腾讯、阿里和联想这样国际知名的企业，才有了现在越来越发达的市场经济和中国的世界经济大国的地位。

7.7.1 火山的厚积薄发

火山是怎么形成的?

地球内部存在大量的放射性物质，在自然状态下衰变，产生大量的热。这些热无法散发到地面，温度不断升高，直至把岩石融化，形成高温流动状态的岩浆。这些岩浆一旦冲破地壳喷出地面，就形成了火山。

这些需要花费数亿年才能形成的火山，有的每次喷发不过几分钟。这是地球上威力巨大的力量，它们真正能够造山填海，现在的夏威夷群岛和冰岛就是海底火山喷发形成的。

如果没有前面那么长时间的积累，岩浆无法形成足够的气泡和内部压强，也就无法冲破地面形成火山爆发。但是人们往往只记住了它们最终爆发出来的震撼人心的光景，看到了火山灰下遗留的钻石，却不会认真思考它们究竟是如何形成的。

很多人喜欢急功近利，看到别人赚了大钱就想着自己是否也能碰碰运气，却忽略了别人是付出了怎样艰苦的努力和十数年的打拼才有了今天的财富；羡慕进 BAT 等大企业的人，觉得那些人的实力也不过比自己强上那么一点，却没有想过那些人是花费了怎样的日夜努力和刻意学习才达到比你强的那一点的；看了一本书就觉得自己掌握了和作者相同的知识，看了十本书就觉得自己无所不知了，却没有想过就算是同样的知识，在作者手中是能够得心应手的理论，而在你手中只不过是一知半解的谈资而已。

我们应该学着像火山一样思考，先要忍受长时间低调的积累，才有机会寻找到适当的机会突破地壳，形成雄伟壮阔的辉煌光景。而就算是火山喷发再壮丽，也不要忘了长时间的喷发是会损害自然生态的，适可而止才能惠及万民。

7.7.2 冰山的深藏不露

冰山给我们印象最深的事件是什么？

也许是《泰坦尼克号》电影中那段轰轰烈烈的生死爱情吧。

为什么泰坦尼克号的船员看不到那座足以撞沉巨轮的冰山呢？

你看看这座冰山的照片，如下图所示。

在海上不过就是这么一点点而已，当时负责瞭望的船员最终还是看到了这“两张桌子大小”的黑影，然后抓起电话示警了。

甚至有人分析，如果当时的泰坦尼克号不转向，而是全力减速，然后让船撞向这冰山露出的二十分之一，可能也不至于让船受到足以立刻沉没的损伤。然而正是因为船员以为转向就能避开风险，所以冰山在海面下的那巨大的体积让当时这艘世界上最大的、号称永不沉没的泰坦尼克号最终沉没了。

冰山的力量是如此的巨大，但是展示给这个世界的部分却小到容易被忽略，这似乎不符合人类对强者的定义。我们通常看到的强者都是强大到让人望而生畏的，又怎么可能如此低调呢？这对他们有什么好处？

其实世界上有太多的强者，在他们真正显露锋芒之前，都是默默无闻的，人们甚至把他们当作无用之人。

在司马懿一次次抵抗住神机妙算的诸葛丞相之前，谁会想到魏国还有这等的军事人才？他的前半生几乎是默默无闻的，甚至都没打过几次仗，怎么能跟在赤壁以少胜多打败曹操大军、开创“三分天下”的诸葛孔明相比呢？

但正是这样一个其貌不扬、藏拙半生之人，真正显露出他在冰山下的智慧的时候，震惊了世人。

他不仅抵抗住了诸葛丞相的历次北伐，还成功控制了魏国的军政大权。他的儿子司马师、司马昭也个个出类拔萃，不仅曹家天下成了司马家的，连曹操和曹丕都奈何不了的蜀国和吴国，最终都被司马家一个个灭掉了。

所有人都能看出来的强者是脆弱的，因为他们在展现自己强悍的同时，也把自己的弱点暴露无遗。真正的强者是低调而谦逊的，因为他们懂得正视每个人背后的能力，懂得团结最大的力量来完成组织的目标，也就能做到很多人都做不到的事情。

7.7.3 壁立千仞，无欲则刚

关于山，我最喜欢的就是这句：

海纳百川，有容乃大；壁立千仞，无欲则刚。

——林则徐，两广总督府堂联

心中没有执念，才能无欲；只有无欲，才能无所惧；只有无所惧，才能成其所愿。

第 8 章 沟通能力

Communication Ability

8.1 内心博远，不假外求

现实生活往往不如意，比如想买房但是买不起，想娶妻但是没有女朋友，想赚更多钱但是没有好工作，委实令人郁闷不已。

不仅如此，除了这些难以即时改变的事情之外，你我身边还天天发生着各种各样的麻烦。比如和同事发生争执，驾照被扣分，家人生病等。

面对这些情况，如何保持自己的心境平和就是一门很深的学问了，也非常有必要，因此为你介绍一个很有用的心理学理论吧。

8.1.1 情绪 ABC 理论

一般都认为，**诱发性事件**（Activating Events）是让我们产生**情绪及行为**（Consequences）的直接原因，比如今天被领导骂了（诱发性事件 A），我们就会生气和反驳（情绪及行为 C），如下图所示。

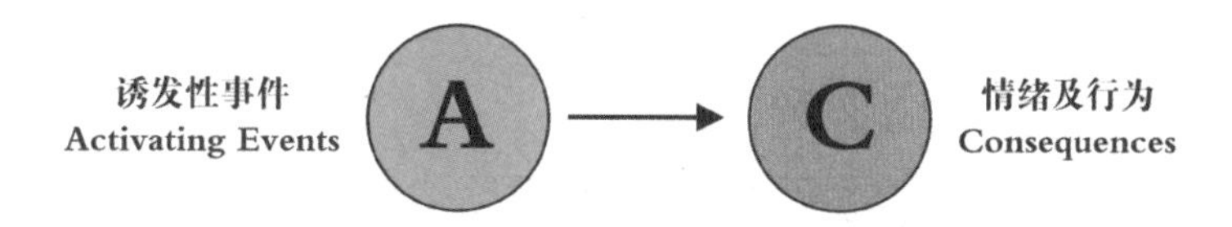

这看起来很合理?

其实并非如此。因为就算同样被领导骂，也许大多数人都会生气和不甘，有些人会反驳，有些人会沉默，而另一些人则心平气和，他会认真倾听领导的意见，还能以开放地心态和他一起讨论问题的解决办法。

为什么同样的诱发性事件 A 会引发不同的情绪及行为 C？

美国心理学家**阿尔伯特·艾利斯**（Albert Ellis）对此进行了深入的思考和研究，并提出了著名的**“情绪 ABC 理论”。**

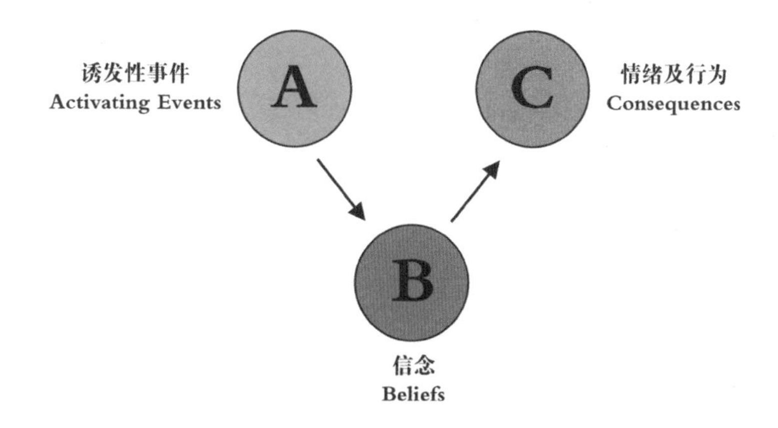

引起你的情绪及行为 C 的并不是诱发性事件 A，它仅仅是间接原因，直接原因是你基于自己的信念 B 而产生的对 A 的看法。

以刚才的例子来说，同样的诱发性事件 A（被领导骂），不同的人会有不同的信念 B：

1. **信念 B1- 怪他型：**领导骂我一定是因为他脾气不好，今天是不是又吃错药了？（因此他表现出来的情绪及行为 C 就是生气和反驳）。

2. **信念 B2- 怪我型：**我肯定是能力不行所以才做得不好，领导会不会因为这件事而开除我？（因此他表现出来的情绪及行为 C 就是沉默和自责）。

3. **信念 B3- 坦然型：**这件事我确实没做好，但不代表我能力不行，先听听领导怎么说，我想找到改进的方法。（因此他表现出来的情绪及行为 C 就是心平气和地认错，然后认真倾听和讨论）。

你看，同样一件事，不同的人会有截然不同的三种信念 B，因此也就会产生三种不同的情绪及行为 C。如果我们能调整好自己的信念 B，时刻保持一种谦逊和开放的心态，就不容易因为小事和别人发生争执，也就会显得彬彬有礼和讨人喜欢了。

这也是为什么现在的人越来越注重自己内心的修养，正是他们注意到了这个世界和环境并非都是自己所能改变的，唯一能改变的只有自己看待这个世界的心态。

孔子很喜欢他的得意弟子颜回，曾这么评价他：

“贤哉回也，一箪食一瓢饮，人在陋巷，人不堪其忧，回也不改其乐！”

在其他人看来，颜回的生活条件是如此清苦，仅仅能满足自己基本的温饱和居住需要而已，怎么可能快乐呢？

这些生活条件（诱发性事件 A）在颜回看来其实一点都不在意，因为他的信念 B 是：**我只要能追随老师（孔子），每天都能学到很多新东西，能不断提高自己的修养，而生活条件只要能吃能住就好了！**所以他才能有“回也不改其乐”这样的情绪及行为 C。

既然信念 B 这么重要，关系到我们的每一天的情绪和行为，那如何才能拥有一个更好的信念呢？

来看看佛家是怎么说的吧。

8.1.2 五祖付法传衣

一日，佛家禅宗的五祖弘忍大师觉得自己年事已高，想要在弟子中挑选一位禅悟最深的传付其衣钵，作自己的接班人。于是召集弟子，让大家各自作偈（音 ji，四声）一首呈上，以看大家的心性如何。

弘忍大师座下的大弟子叫神秀，他觉得师父肯定是希望自己把握这次机会，于是就在寺院墙上作偈一首：

身是菩提树，心如明镜台。
时时勤拂拭，勿使惹尘埃。

意思是我们只有时时刻刻自省，才能保持自己的心境不被世俗所染，只有不断修行，才能觉悟成佛。其他弟子们看到之后，都觉得写得很好，纷纷传诵。

当时有个在厨房扫地烧柴的下等僧人叫作惠能，当他听到大家传诵的这首偈之后，觉得神秀首座还没有真正领悟到佛法所在，但是自己又不会写字，于是托人也在墙上写下自己作的偈：

菩提本无树，明镜亦非台。
本来无一物，何处惹尘埃。

意思是自己的身、心和万事万物都是空幻不实的，只有人人都具有的佛性才是唯一真实的存在。换作现在的话来说，就是**看待万事万物都不要局限于它们的表象，也不要拘泥于“自我”的利益和得失，如此才能真正把握到事物的本质，才能拥有一颗平常心。**

弘忍大师看到惠能的这首偈语后大惊，认为惠能已掌握到了佛法的精髓，于是就把衣钵传给了他，也就是后来的六祖惠能。

可见无论是儒家的颜回还是佛教的惠能，他们都拥有不为环境所左右的心境，一个是吃住贫苦，一个是扫地烧柴，但是都能用良好的信念找到自己的乐趣，也都获得了各自领域的杰出成就。

世间的道理都是相通的，我越来越喜欢看各个领域的书，无论是春秋时期的诸子百家，还是佛教、道教，再到后来的程朱理学、阳明心学，甚至是国外的各宗教义。读到最后，你会发现，大家追寻的其实都是同一个真理，只不过路径不同而已。（当然，我也还仅仅只看了一部分而已，还有太多太多的知识等着我去发掘。）

于是你会发现，还是内心的博远也就是开放性最重要。如果只是局限于某个领域，你永远也不会发现世界上还有那么多精彩的知识、观点和故事，你失去的不仅是发现的乐趣，同时还失去了开放的视野和格局。

8.2 解释的敌人和朋友

为什么一些耄耋之年的长辈容易听信朋友圈里各种谣言，生姜怎么就能治百病了？真有人傻到去吃塑料做的大米吗？疫苗这个终结天花的伟大发明怎么就危害儿童健康了？

其实不只是长辈，我们自己有时也会有类似的盲目行为。比如前阵子转发很火的一张拜佛照片，说转发就能带走妈妈的疾病，是不是看到朋友圈的大家都发了，为了自己父母不敢不发？

但其实这张图不过是一位插画师自己练习的作品，连作者自己都不知道这张图有这个功效。

我们总是说谣言止于智者，但事实一次次表明，就算自认和公认的聪明人，也依然会犯这种缺乏判断的失误。即使我们不相信朋友圈的谣言，但如果是知乎大 V 和微博名人说的，或者是百度搜索结果里找的，你还辨别得出哪些是谣言吗？

在《知识的错觉》这本书里，史蒂文·斯洛曼和菲利普·费恩巴赫提出了一个概念，叫作**“解释的敌人”。我们经常不求甚解，有时候我们貌似需要进一步深入了解，才愿意做出决策，但其实我们做出的“深入了解”是非常有限的。**

比如一个创可贴，当它的宣传语只有一句简单的“泡沫填充物让伤口更快愈合”，顾客会觉得看不懂，也没有购买的兴趣。但只要多加一点说明，比如：

“泡沫加速了伤口周围的空气循环，由此达到了灭菌的效果，这使伤口愈合更快。”

有了这种简单的说明，马上就会有很多人买了。但你要是再多说几句，比如：

“泡沫填充物与伤口隔开，使空气流入。空气中的氧气会抑制大量细菌并消灭它们。”

这时大多数人对产品的评价反而降低了。《知识的错觉》的作者说，这些人就是解释的敌人，因为他们其实根本不想知道太多。

市场正是利用了“解释的敌人”对细节的厌恶，大多数广告都依赖一些模棱两可，闪烁其词的理由。

比如护肤品广告会承诺，用他们的产品可以修复DNA，让人年轻20岁，而不是真正告诉你有哪些临床研究支持这个产品，但顾客反而喜欢买。又比如我们只是知道“怕上火喝王老吉”，就喜欢在吃火锅的时候买上一罐来喝，但从来不去研究为什么用了这种配方就能降火，其实真的有用吗？

在做决策时，我们更愿意让别人替我们解释，因为我们希望得知信息，却又懒得对每件事都做详细的研究；同时解释的细节又存在一个最佳点，太多太少都不对。

还有一些人，他们试图先掌握所有的细节再做选择。他们会花上数日学习一切能找到的资料，弄懂新技术的全部来龙去脉，《知识的错觉》的作者把这类人称为**“解释的朋友”**。他们对于所给出说明的满意阈值比一般人更高，像前面例子中提到的创可贴的前两条解释都无法满足他们的胃口，他们需要一探到底。但绝大多数人都是“解释的敌人”，他们早在得到第三条广告的说明之前就心满意足了，加入过多的细节只会让产品显得愈发复杂难懂。谁知道细菌的代谢活动会和判断是否要买一小盒创可贴有关？有谁会在乎呢？

那是否就是做“解释的朋友”更好呢？也未必，因为世界是复杂的，要了解一切是不可能的。如果你事事都要耗费大量的时间去掌握大量的细节，可能会浪费太多的时间。此外，即使有些人在其专业领域是“解释的朋友”，比如美剧《生活大爆炸》中的谢尔多，他对于物理和科学的东西都很专业，在人情世故方面却完全是个小白。

知道了人的这个特点，我们就有了两种武器。

取信于人的“解释之矛”

在和别人介绍某件产品时，在设计产品界面上的文案时，我们应该想到人的这个特性，而有针对性地给出“点到为止”的解释。既让他明白产品的功能特点，又不会因为细节过多而让他厌烦。

在这方面，我们在看广告的时候可以多借鉴做得比较好的。比如小罐茶其实只说明了它是“大师做”“八大名茶源产地”和“真空氮保鲜”这些点，你就相信了它是好茶。而这些特点，正是他的创始人和团队在一起花了三年半的时间才研究出来，并且精炼地呈现给你的，当然简洁有效了。这样，看广告就不无聊了，每段广告都是一个可以学习和反思的对象。

质疑反问的“解释之盾”

与此相对，在接收信息时，我们要让自己成为“解释的朋友”。就算一件事情大家都说没问题，你也应该强迫自己的大脑多问个为什么，如果只是表面上看起来合理，细想却不明白，那就应该用各种方式去分析和查找论证。

每辆婴儿车的产品说明都差不多，为什么价格相差悬殊？它的那些功能对我来说都是有用的吗？贵的婴儿车到底好在哪里？买家们的实际使用体验如何？只有你平时多锻炼自己质疑和反问思考的能力，才能不再盲目跟风，才能让“谣言止于智者”。

8.3 掌握情绪的开关

虽然**“情绪智力”**这一概念是彼得 · 萨洛维和约翰 · 梅耶首次提出的，但是真正让**“情商”**（EQ）走出心理学的学术圈，成为人人所熟知的名词的则要归功于哈佛的心理学家**丹尼尔·戈尔曼**（Daniel Goleman）在1995年所写的《情商》一书。

在大多数的中国人看来，从小最重要的事情是读书，好成绩和进名校才是成功之路。但由于情商概念的提出，首次让我们认识到还有比智商更重要的东西，热忱的态度、自信、沟通和人际关系才是成功的推动力。

情商到底是什么?

有些人认为情商高就是不发脾气。不发脾气当然好，但情商不只是不发脾气而已。

情商高的人会激励自己。在遭遇挫折、陷入低潮时，他会提醒自己要勇敢面对、要站起来，未来还大有可为，一定会变得更好。因为他们相信自己有优点、有长处，因为自己做成过很多事，克服过很多困难，所以一定能做到。

情商高的人通常积极向上。

情商高的人也会激励他人。他会赞美周围的人，会肯定他的家人、同事、朋友，别人跟他在一起常常会有一种受重视的感觉。

你很容易知道某人的情商高不高，因为情商高的人常常面带笑容，充满热情。

8.3.1 为什么情绪会失控

大脑掌管情绪和理性的部分

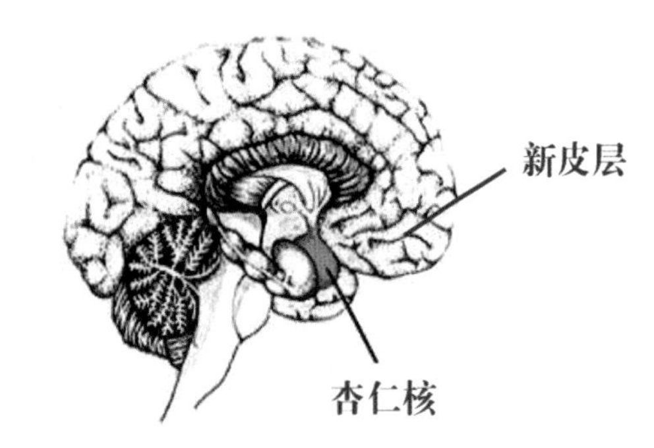

大脑中负责情绪的部位叫作“**杏仁核**”。它把过去的情绪记忆和信息进行匹配，然后引发出和过去一样的情绪，让身体快速反应，这就是情绪的产生。它像一个哨兵，承担着神经警报的作用，质疑每一种处境、每一种认知，此时大脑会出现一系列人类最原始的问题：“我讨厌它吗？它会伤害我吗？我害怕它吗？”如果答案是肯定的，杏仁核就会做出即时反应，向大脑各个部分发出危机信号。

举个例子，如果你正在专心玩手机，突然被人拍了一下肩膀，这一瞬间你是受到惊吓的，继而很不爽，你准备回头教训一下这个不识趣的家伙。这一系列反应，就是杏仁核通过情绪产生的。

大脑中负责理性的部位叫作“**新皮层**”。它会对信息先进行理性判断，做出决策，再传到杏仁核，通常决策和情绪是一致的。由于新皮层涉及更多的神经回路，其反应速度要慢于杏仁核，但它的判断也更加准确和周全。

而当你转头看见对方是你刚刚一直在等的女朋友时，你的不爽和愤怒突然就消失了，因为你大脑中新皮层控制的理性告诉你，不能对她发火，而应该对她微笑。

而人之所以会情绪失控，是因为有时一些过于激烈的刺激绕过了新皮层，直接由杏仁核指挥了你的行动。比如当你被别人指着鼻子骂无能的时候，比如曹操在吕伯奢家里听见外面磨刀声的时候，比如小偷正在行窃时发现家里有人的时候……这些时候神经警报过于强烈，以至于新皮层还来不及调动理性的力量，人就已经做出了相应的冲动反应。

这种冲动反应虽然有时会救我们，但是在更多情况下，当我们恢复理智的时候，都会后悔刚刚所作出的冲动行为。我们都不是曹操，说不出“宁可我负天下人，不可天下人负我”这样的话的。我想即使是他，在误杀了为他杀猪设宴的吕伯奢全家的时候，也一定是后悔的吧。

8.3.2 掌握情绪的开关

其实我们是有办法掌握自己情绪的开关的，这种方法叫作——**自我觉察**。

它指的是在情绪爆发的时候，你能跳出来看自己，就像是一个旁观者，意识到自己的情绪状态。自我觉察需要激活新皮层来控制冲动的杏仁核，让情绪保持平稳。

比如，在高速公路上行驶时，前面那辆车在路口前突然急刹车变道，导致你差点撞上它，你被吓出了一身冷汗。在后怕之后，当然非常生气，这股怒气会让你产生报复的想法，猛踩油门冲过去，想给那人点颜色瞧瞧。这种时候，如果车里有你的朋友或者家人，劝你不要冲动，你可能还会迁怒到他们身上，“明明是对方的错，我咽不下这口气。”

在这种关键时刻，如果你对自己的情绪能有自我觉察，想到：“我现在很生气，但是也许我不应该生气，生气开车太危险了。”这就说明，你的大脑新皮层被激活了，然后你可以用一种质疑的态度思考问题。比如，他可能是差点错过高速路口，所以才急刹车的，我上次错过路口时也很郁闷。或者你还可以这样想：“在高速公路上他这么开车，简直是不要命，我不能跟他一般见识。”

这样想之后，你还会继续生气吗？肯定不会了，因为你成功地用理性控制住了情绪。

开车如此，生活中其他情况我们当然也能如此。比如工作没做好，被领导批评了很生气，被同事取笑今天的发型很郁闷，上班打不到车很焦躁，你都能用这种自我觉察的方法来控制情绪。

为什么？明明有时候是他们做得不对啊，我忍气吞声，岂不是变成包子了？

未必，如果你事事都要计较，人人都要生气，那表现出来的不是强悍，而是不理智和鲁莽，因为谁也不喜欢看到一个天天都在发火和大吵大闹的人。相反，如果你每次都能成功调用情绪的开关，用新皮层的理性控制好自己的情绪，反而能对别人多一分谅解，对世界多一分宽容。

毕竟，生气大多时候不能让你得到什么，反而会让你失去很多东西。比如别人对你的尊敬、合作伙伴的认可，以及你当下的好心情。

情商高的人首先要能控制好自己的情绪，才能做到鼓励自己和处理好人际关系。

这是一项需要修炼的功夫，却一点也不难，只要有心。当你对别人的情绪也能觉察并且感同身受的时候，你就有了**“同理心”**。

8.4 拒绝是一种能力

你是不是被人看作老好人？

你是不是没办法拒绝别人的求助，觉得这很伤人？

你是不是有偶像包袱，觉得只有先对别人好，别人才会看得上你，才会对你好？

在拒绝别人这一点上，我也做得不好，因为我就是一个“好人体质”。同理心强的坏处就是太能理解别人了，看到别人有麻烦总是会忍不住帮忙，看到别人很忙也会忍住不去麻烦别人。

因为总不想麻烦别人，我变得善于独立解决问题。

因为总忍不住帮别人，我在乐于助人的同时也锻炼了自己的能力。

就这样我变成了一个独立自主，又乐于助人的人。

但是凡事过犹不及。

> *“诚信不光是一种态度和意愿，也包含着能力。有意愿却屡屡达不到效果，一样是不诚信。我之所以能做成，就是因为我不都做。**你要是答应什么都做，就会变成什么都做不到**。”*
>
> *——柳传志，联想创始人*

我很同意。

在乐于助人之上，诚信本身是更为重要的东西。没人会喜欢一个什么事都答应帮忙，却办不好几件事情的人，因为这等于是浪费了大家的时间成本和期待，他们还不如去找别人。

要想真正帮到别人，不如在力所能及的范围内，在保证自己的事情不受影响的前提下去帮忙，然后答应一件就做好一件，这才是真正的诚信。

达•芬奇说，**绘画是添加色彩以产生形态，而雕塑是移除多余部分以呈现本真。**

换一个角度，我们自己以及我们所做的产品，正是由那些我们选择不做的事情、不做的功能而定义的。

- 拒绝浪费太多时间在娱乐上，因为我们觉得本来用来学习和成长的时间就不够用了。
- 拒绝做那些伤害用户体验的功能，因为我们相信商业价值必须建立在用户价值之上。
- 拒绝因为睡懒觉而迟到，因为我们觉得如果连基本的守时都做不到，那也谈不上什么诚信了。
- 拒绝为了快速上线而不考虑长期规划，因为我们相信没有规划是做不好产品、打不赢市场的。

这些拒绝，本身就建立在我们本身的价值观之上，如果你不懂得拒绝，正说明了你的价值观还不牢靠，你太容易受别人和环境影响了。

还记得之前提到的京东刘强东做自建物流的例子吗？

2007 年京东 CEO 刘强东想自建物流的时候，大家都觉得他疯了，连股东和昔日战友都不支持他，因为成本太高、难度太大了。但刘强东依然一意孤行，因为他认定只有这样才有可能打造最好的购物体验。这条路一点都不好走，京东也因此连年亏损。但是现在再来看，刘强东的决策是对的，正因如此京东才能在当年一片 B2C 和 C2C 的电商红海中杀出一条血路，成为如今和淘宝天猫分庭抗礼的电商巨头。

刘强东坚信自己对于用户心理的把握是对的，坚信京东要在电商市场站稳必须要有自建物流，所以他拒绝了所有人，一意孤行地做了下去。

这确实是一个风险很大的事情，如果失败了，他就会被别人骂成是傻瓜、独裁者、自以为是。但那又怎样呢？有哪个做大事的英雄是听从大多数人的意见而成功的？如果大多数人的意见能让他成功，那还要英雄做什么？

同样地，微信的张小龙被大家视为一个独裁者，只相信自己的眼睛，所有的功能都需要不停地改改改、砍砍砍—— **所谓的只做对的事情，就是把所有不对的（不符合价值观的）事情都改掉、砍掉，那最后留下来的就是唯一正确的事情了。**

当然，我不是提倡要做一个独裁者，今日头条创始人张一鸣也说：“做 CEO 要避免理性的自负，因为 CEO 没有上级，极少被人 Challenge（挑战），但不代表你一个人的见识就足以适应市场环境的高速变化。”

我更希望大家想清楚的是，自己的价值观究竟是什么，什么是对的、什么是错的？

所以在本书 **“14.7 寻找心中的太阳”**，文中说的就是一个很好的寻找未来目标的方式。

当你确定好自己最终的目标之后，接下来要面对的就是如何规划路线，以及如何执行。

就算你的路线定得再好，你迟早都会面临来自外界的挑战、他人的质疑，甚至是自我的否定，这时候怎么办？

否定那些不符合你价值观的东西，接受那些符合你价值观的东西，然后坚定地走下去。

举个例子，我在下定决心之后，到底是怎么坚持写了 179 天的？

- 我从开始做的时候，就清楚自己写作的目的：这是我一直想做的事；我可以通过写作进行输出倒逼输入，逼迫自己看书、学习；长久地坚持一件事，可以锻炼我的毅力。

- 在每天加班后，晚上回到家已经很晚，很困写不下去的时候，我很想睡觉，我老婆也让我早点睡，但是我不写完不行啊，必须拒绝这种诱惑，写完为止。

- 但是每天都太晚睡也不好，所以我接受了老婆说的改成早睡早起的方式，后来改成了早上五点半起床写作，这样晚上我一回来就能直接洗澡睡觉了，这是符合我价值观的。

- 写了几十天后，我发现纯粹自己写感悟已经没东西可写了，怎么办？当然不能不写，但是我可以改成写读书笔记，把《得到》专栏上和书上的知识点，转化成自己的读书笔记分享出来，这样虽然算不得完全原创，但是符合我的写作目标。

- 每天都写一篇实在太累了，要不改成两天一篇、三天一篇？没意义的，这样只会变成第二天、第三天的时候再写，没有压力就不会完成，一旦规定好的规则就不要再改，否则就会一改再改。

- 但是规定每天都是早上七点就发这点太难了，我后来改成了只要是每天早上发就行，甚至周末还允许更晚一点，就算不能做到让所有人都是上班前能看到，但这样更容易做到，毕竟每天一篇才是我的强制规定。

- 周末两天都要加班怎么办？那就早上 5 点起床去公司写！公司年会要去惠州酒店怎么办？那就路上看书，晚上吃饭前先写，刚吃完趁着没醉先写完，然后回去喝酒、唱歌。

你可以看到，在表面上简单的每天一篇背后，其实有着很多的挣扎和拒绝，还有很多微调和改变，但是本质上都是为了我最初的目标服务的，我从没有改变初心。

我拒绝了所有内心的犹豫和不坚定，拒绝了放松要求的诱惑，唯一的原因只有一个——我有一定要完成的写作目的。

我觉得拒绝的技巧、时间管理的方式真的都只是辅助，最关键的还是要先有一个清晰而坚定的目标，剩下的（心态、技巧、解决方案）都会顺理成章地呈现出来。

所以技巧我也就不说了，懂得以上这个道理比什么都重要。

最后，分享一句我很喜欢的话：

但行好事，莫问前程。

——《增广贤文》

1000 天的目标没有什么可怕的，成为一个最优秀的设计师也没有什么难的，只要坚定、持续、初心不改地做下去就是了，一切会自然地发生。

8.5 “翻译”是一门技术活

并不是只有外语才需要翻译。

是否有的时候你觉得对方说的话很难听，让你很难接受？

是否有的时候你觉得女朋友是在无理取闹，又在说你不爱她？

要说世界上最难沟通的、脾气最差的领导，我想乔布斯一定排得上号。如果他认可你做的东西还好说，一旦他看不上，他就会把它说得一文不值——“这东西简直是垃圾！”

但如果你问苹果公司的老员工，他们一定会告诉你，乔布斯的话不能直接按照字面意思理解，而是应该翻译一下。当他说你做的东西是垃圾的时候，意思就是——**“你为什么觉得采用这个方案比较好？”**

乔布斯的助理苏珊也说过：“他的脾气说来就来，但散的也快，习惯了就好。经常乔布斯一边在电话那边破口大骂的时候，在电话这边我就在想，等会儿要不要去沃尔玛买点手纸呢？”

（注：到底是她太淡定了，还是想堵住老乔的嘴呢？）

正是这种对事不对人的特性，老乔身边的人都慢慢开始学会对付他的方法了。更有意思的是，从公司的早期开始，苹果团队就自己设立了一个内部的年度奖项，用来颁发给这一年最能勇敢面对乔布斯的人。（这个奖项后来乔布斯也知道了，他表示：你们很好。）

第一个获奖的人，是一位叫安娜的姑娘。有一次，她把自己的营销企划提交上去之后，乔布斯把她的整个方案全都胡乱改掉了，结果她知道后立刻就怒了，一路冲向乔布斯的办公室，边跑边说“我要一刀宰了他！”结果你猜怎么样，那位自负、傲慢的乔布斯听完之后居然就让步了，这位安娜最后还被升职，成了营销部门的负责人。

乔布斯的脾气虽然不好，但是他确实是一个很有眼光、有远见的战略专家，如果他不认可你做的东西，你应该想的不是：“哎呀，老乔这次太过分了，还是我真的能力不行？”

你应该这么想：

① 我刚刚是不是没有表述清楚，导致他没有理解我的创意？

② 忽略掉他的脏话，他既然觉得我做得不好，那我问问他觉得怎样改才算是好的？

③ 他说的那种方案是对的吗？我觉得还可以加上这点和那点，补充之后应该不错，我再向他确认一下。

④ 不错，他认可了第一点，对于第二点他提出了不同的意见，我觉得挺有道理，那我接下来按照他的意见改一下。

虽然现在没人能在乔布斯手下工作了，但是你依然有可能会碰上老板和上司用比较激烈的语言，挑战你的方案，否定你的努力，让你把整个方案推翻重来的时候。

这个时候，就是考验你的“翻译”功夫的时候了。

我现在的 Leader，以及我们大团队的总监，他们都是非常有创意和眼光的人，只是有一点真的和老乔很像——他们在评审方案的时候讲话很伤人。

有时我们辛辛苦苦加班了一周加上周末，绞尽脑汁做出了一套方案和汇报 PPT，给他看了之后，他直接来一句：“这方案不行，重新改。你们到底有没有认真在思考？”这种感觉不亚于晴天霹雳，一盆冷水从头浇下来。

在刚进腾讯的时候，我听到这类的话是非常难受的，恨不得跟他大吵一架：“我已经很努力在思考和设计了，你一句话就把我的成果给否定了？你觉得我做得不好，那你拿出更好的方案来呀！”

但是到了现在，我再次听到这类的话的时候，内心不会剧烈波动，我会把所有的思考点和他仔细沟通，然后了解他的想法，看他的思路和我们的有什么不同，他提出的方向 A 能不能衍生出方向 A1、A2、A3？当不断的否定、提案，再否定、再提案之后，我们总能得出一个比之前更有创意、更可行的解决方案。

事实证明，这种方法比单纯地去坚持我既有的努力成果要有意义得多。我们之前做的小火箭改版、手游助手改版以及种种获得外界认可的设计方案，全都是这么磨合出来的。

作为一个方案的设计者，当然会有很多创意和思考，当然会珍惜自己的产出成果。但是作为你的 Leader，他们站的角度更高，他们平时能够获得更多的信息，比如市场信息、公司战略方案和产品策略等，他们的职责就是在你所提出的设想的基础上进行修订、补充，甚至否定一些不靠谱的方案。

这种时候，不要用你的自尊心和固有思维当盾牌，把他人的意见挡在外面，而应该启动你的“翻译”技术，这种“翻译”是双向的，既包括对方的话语，也包括你要说出的。**把那些带有攻击性的内容全部去掉，只保留和讨论那些对于推进方案有意义的内容，理性地吸收和输出。**

这就是所谓的“对事不对人”，但说得容易，做起来难。

可能你会说，我的领导很好啊，他很温柔的，不会严厉地批评我，也不会让我推翻重来。

但是，他不严厉，是他的要求不够高呢，还是他有要求但是不忍心伤害你呢？

你能不能反向“翻译”一下，把他的“我觉得这里不太好看，你可以考虑改一下”翻译成“这里太丑了，你重新想想。”这样一想，是不是就严重很多？

别人对你的要求低，不是你松懈的理由，如果你想要的不仅仅是在这家公司永远做底层员工的话。

生活中的小例子

当女朋友说：“怎么一回来就一直打游戏，你到底爱不爱我？”

这种时候，你应该做的不是去和她理论，不是说你加班有多累，游戏对你来说是放松，你之前对她有多好，当然爱她了，这些都说明你没有“听懂”她说的话。

记得翻译一下，她说的应该是：“你一天都在上班，我想你了，能不能陪陪我？”

知道该怎么做了吧？

无论是工作还是爱情中，都别成为他人眼中的“钢铁直男”，多练练自己的“翻译”技术吧。

第 9 章 执行能力

Execution Ability

9.1 最好的计划是没有计划

最好的计划是没有计划。

关于计划，我们最喜欢听的可能就是这句话，最烦那些排得严谨周密的时间计划表了。

晚上有朋友问起我曾经发的一张时间表，说我竟然能把一天的计划排得那么紧密，执行起来难道不累吗?

提到这个我就会心一笑，告诉他，其实那张时间表不是计划出来的，而是我通过执行总结出来的。

我的时间表是怎么来的

先说一个精简版的小故事，可能你以前听过：

一个大玻璃罐，先装鹅卵石，很快就装满了，但是还能再装进很多碎石子；就算装满了碎石子，还是能倒进很多细沙子；连细沙子都填满了缝隙，还是能倒进一瓶水。

这个故事有很多版本，也能延伸出很多道理：不要总以为自己已经满了，其实还有很多潜力可以开发；要先放最大的鹅卵石，再放碎石和沙子，否则鹅卵石再也放不进去了，所以你要先做最重要的事情。

其实在这里要跟你说这个话题的时候，我才想起这个故事，发现很适合形容我的时间表。

还记得我之前的文章里有提到的**输出倒逼输入**吗?

我其实就是在践行这个方法的时候，慢慢地培养出了我现在的学习时间表：

① 为了晚上能够有内容写文章，我必须持续输入知识，学习新东西；

② 上班的路上我要骑车，所以我想到了用手机听《得到》专栏；

③ 午饭后有时间，所以我想到了看书和学 iOS 开发；

④ 晚饭后加班，做完工作的事情我就开始看书和想文章内容；

⑤ 回家的路上我继续用听的方式获取喜欢的知识；

⑥ 睡前的时间是完整而高效的，我从白天想到的灵感清单中选出一个来写成文章。

第一条是最重要的，也是我为什么想每天都写文章的最重要的动力来源，因为我希望能够通过要求自己每天输出相对高质量的内容来督促自己，一定要花更多的时间在提升自己和输入知识上。**而正是这个最核心的驱动力，让我所有的碎片时间都自然而然地被“沙子”和“水”真正填充满了。**

所以你看到的我的时间表，其实不是我给自己定的每日时间计划表，那可是精确到分的时间表啊！如果我每天都要求自己按照那个执行，很快就会觉得疲累，觉得自己被计划所绑架了。这张时间表其实是我由上面所说的过程，通过一个月的时间自然而然形成的习惯，然后我总结出来给你看而已。

你也完全可以按照上述类似的方法，形成适合自己的时间表。

不过这里有一个很重要的问题：你有没有一个核心的驱动力来帮你抵御诱惑和疲惫?

你的核心驱动力是什么

如果你也想每天坚持做点有意义的事，那时间不够可能就是你第一个要面临的问题。

不过请你仔细想想，你的时间都用来干什么了?真的不够吗?

上班的路上看不看手机？吃饭的时候看不看手机？午睡前玩不玩游戏？晚上下班看不看视频？

其实你不是没时间，只是你“太忙”，忙于做一些使自己感到放松的事情，做起来毫无压力，还能获得高效的即时反馈——和朋友聊天开心、看短视频新闻开心、玩游戏开心、看娱乐视频也开心。

而你想做的，认为有意义的事情是什么？也许是练画画，学口语，看专业书籍，看视频教程，去跑步和健身等。这些事情都有一个共同点，就是做一两次还好，坚持每天做就会感觉累、感到吃力，见效还很慢。如果遇到了瓶颈还会下意识地想逃避，总之就是难以持续地做下去。

这时如果你没有一个明确的核心驱动力在旁边守着你，就如同我每天必须写一篇文章发到公众号给你们看的这种高压力，你很快就会放弃做这些让你感到累和吃力的事情。

不如放下手机，好好问问自己：**“我为什么想做这件事情？我非做这件事情不可吗？做好这件事情对我有什么好处？”**

你可能会迷惑，甚至恐慌：“我好像也不是非做这件事情不可啊！”那很好，说明这件事情并不是你真正想做的，或者你并没有真正想好，那不如别浪费这个时间了，去玩吧。

只有你真正想好了，自己非做这件事情不可，时刻想着这件事情，如果不做那就是浪费时间、浪费生命，**你才真正拥有了做这件事情的核心驱动力，**你才有可能抵御玩手机、玩游戏、看视频以及其他你喜欢做的事情的诱惑。

有时间就想做

有了核心驱动力之后，只要你一有时间，你想的就不再是玩一把《王者荣耀》，不再是上《知乎》和刷微博朋友圈，你想的就会是做所有和那件有意义的事相关的事情。比如你想考雅思、托福，你就会只想背单词、看英文教材、看英文视频；比如你想练画画，你就会只想看大神画的画、看画画教程、自己随时画几笔。这些事情甚至不需要别人提醒你，你自然就会想到，自然也会想去做，这时你再说自己没有时间，是因为你真的很想多挤出一点时间多做点事情啊！

你终于鼓起了勇气，走到了那罐装满了鹅卵石和碎石子的玻璃罐面前，从核心驱动力的瓶子里倒出了细沙、倒出了水，真正地装满了这个玻璃罐。

恭喜你，你也拥有了自己的学习时间表。

9.2 别让未完成的事占用你的大脑

我在上一节聊了关于我的学习计划是怎样安排的，这里再来跟你分享我是怎么安排我的工作计划的。

多年以前就看过**《搞定 I：无压工作的艺术》和《番茄工作法》这两本书**，在自己的工作中也试过了书中提到的 GTD 工作法、番茄工作法，对我的帮助都很大。不过经过了这么多年的工作，我发现一味地用完美的 GTD 工作法是不现实的，人会变得很疲劳。番茄工作法那种强迫自己高度集中注意力的方式对于紧张的任务确实非常有用，也帮我找回过很多次工作状态，但是还是不适合经常使用。

最终，我发展出了一套最适合自己的工作任务管理方法，做起来最没有压力，又能保证工作质量。

9.2.1 清理你大脑中未完成的事

你是否总觉得有些事情好像没做，但是又忽然想不起来那是什么事情了？等到领导或者同事问起的时候，你才忽然想起来：“啊呀！又忘记做了！”

你是否手上有好多件事情需要做，只好用便签纸一件件写下来贴在显示器上，完成一件就撕掉一张，但是没过几天就发现还是有不少漏了没做，因为有些忘记写下来了。

你是否在蹲坑时或睡觉前有不少好想法，想着明天我就要开始做，结果上完厕所或者起床后就忘记了。

其实很正常，大家都有类似的情况，这都是因为我们还在依赖大脑或者便签纸来记录我们的工作和想法。但是在这个互联网和人工智能的时代，这方法早就落伍了！

你的大脑不是用来装碎片想法和任务的，而应该用来思考。

GTD 工作法中提到的一个概念非常好，就是给自己建一个 **“收件箱”**。把大脑中所有的想法和计划统统都丢进去，只有清空大脑，你的大脑才能“释放内存”，真正用来思考重要的问题，而不是一直被那些碎片想法占用着。

只要你的大脑中还有一些未完成的任务在提醒你，**你就会一直处于焦虑状态，因为你总是在想着它们；**如果你的大脑突然产生了很好的创意点子，你不马上记下来，很快它就会像流星一样划过脑海，再也找不回来了；如果你只是靠大脑和便签纸来提醒你还有哪些任务要做，你很可能只是在执行一些紧急而不重要的事情，真正重要的事情无法第一时间提醒你去做完。

所以最重要的事情就是，**先找一个趁手的任务管理软件，把你所有的任务和想法统统都丢进去！**

9.2.2 找一个趁手的任务管理软件

我使用过很多时间管理、任务管理软件，有些太简单，比如 Clear，看着很美，但是和便签纸没什么区别；有些太复杂，比如 OmniFocus，它有非常完整的 GTD 工作体系，但是使用了一两个月之后，发现自己变成了任务的奴隶。

反而是我在“印象笔记”里，每周写一篇笔记，标题如 **201712W1（W 表示 Week）**，只有最简单的待办清单，里面按天划分，记录每天需要做的事情，同时还能看到昨天已完成的事情，然后在下方写下每天的一些心得和感想。这个方法我用了一年多，写了 74 周的工作计划，简单又方便。

不过我发现个更适合我的软件：**Todoist**，它非常轻量和简洁，只有我需要的那些功能，一个不多，一个不少。它有全平台的客户端，还有 Web 版、Chrome 插件版。

A. 一目了然的任务清单

我最喜欢它的这个界面——今后 7 天，能同时看到 7 天内的工作任务，一目了然。

B. 添加任务简单又快捷

添加任务的方式也非常智能，你只要按正常的方式写下任务，如：**每天晚上 11 点**写公众号文章。它就会自动把“每天晚上 11 点”高亮显示出来，变成一个时间提醒，你每天完成这

个任务后还会自动在明天生成一个同样的任务。后面再写 # 落羽敬斋，它就能把这个任务放到**“落羽敬斋”**这个项目中去。

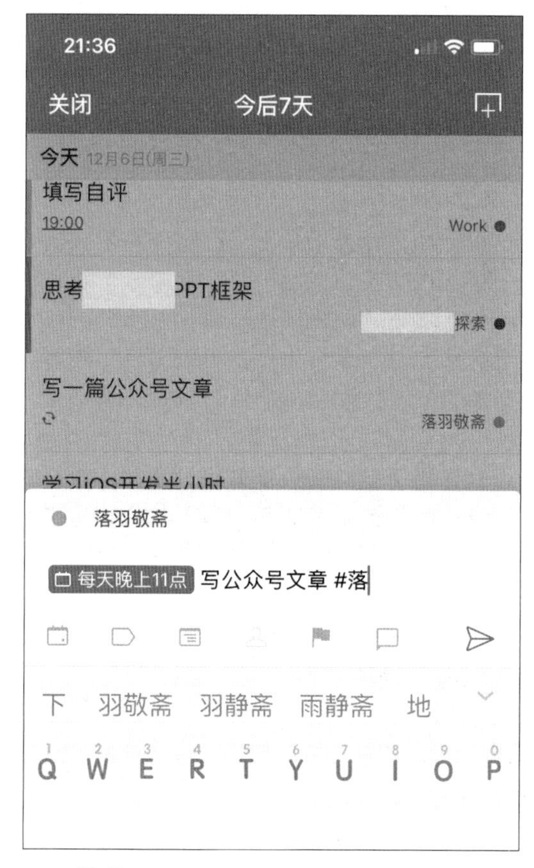

C. 最简单界面和最必要的功能

主要功能只有三个：收件箱、今天、今后 7 天，以及项目视图、标签视图和过滤器。

- **收件箱：**用来快速记录和存储你的任务和想法，每天一有想法和任务就丢进去。碎片时间整理一下，划分项目、确定执行日期或者时间点，没有时间要求的就不写时间。
- **今天：**这里可以看到所有今天要做的任务，每天上班后打开这个就可以了，一项项做。
- **今后 7 天：**每天下班前，概览一下近期的任务清单，对近期要做的事情一目了然、胸有成竹。
- **项目视图：**建议像我一样做一个简单的划分，一个是 Work 项目组，工作的小任务直接放在 Work 里，大项目就单独建下级项目；一个是 Private（个人）项目组，个人生活相关的任务就放在 Private 里，大项目如我写公众号、学 iOS 这样的也可以建下级项目组。
- **标签视图：**使用“@”符号可以为任务添加标签，比如“领导的指示”“等待他人”“会议”等，用来划分场景。
- **过滤器：**这是一个很强大的功能，可以自定义过滤出如“今天要开的会”“所有 P1 的 Work 任务”这样的清单。

D. 数据和成就感

在个人视图里，你能看到自己完成任务的数量、积分等级，以及各类任务的堆积图，是不是满满的成就感！这些颜色是你为每个项目定义的颜色（参见上一张图），比如工作类的我都定义成红色，生活学习类的是绿色和蓝色，这样就能看到你为几种任务投入的精力占比了。

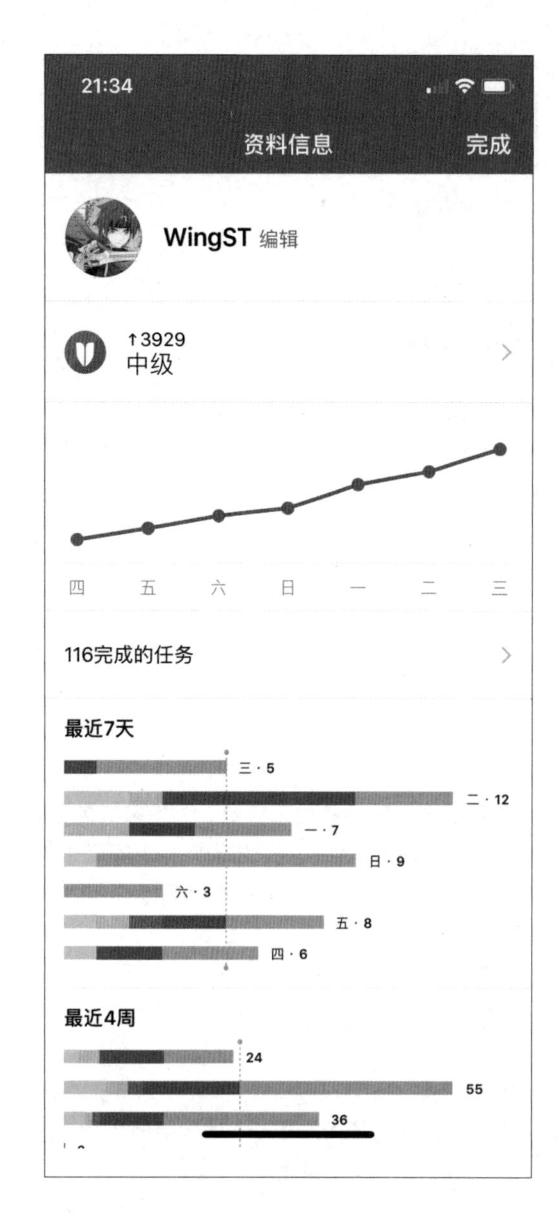

9.2.3 关于任务管理的小建议

① 随时随地记下你的想法和未完成的任务，用电脑代替人脑。

② 每天定时清空收件箱，工作的归工作，生活的归生活，想法的归想法。

③ 普通的任务只要精确到天，可以直接写“今天”“明天”“每天”它会自动为你分配。

④ 约会、会议等和有明确截止时间点的，就写上时间，它会用邮件和通知提醒你。

⑤ 工作任务最好根据重要级从高到低，写上p1、p2、p3，它会自动为你标记和排序。

⑥ 每天早上打开“今天”的任务清单，按照优先级排序，取出一个，完成一个。到了晚上下班前，再回顾一遍，为什么还有任务未完成？是今天安排得太满了，还是效率太低了？然后重新给任务安排日期。

⑦ 任务要拆分成每天能做完的分量，像“设计一款任务管理手机 APP”这样写是不行的，你可以写成“设计任务管理 APP 的首页 30%”，完成今天的份就勾掉，再建一个明天的“设计任务管理 APP 的首页 60%”就好。

也许你会觉得第 7 项很奇怪，任务还能不是完整地完成？这样有什么意义？

这正是我的一个小心得，很多任务就算拆分到最小单位，可能也不是一天就能做完的，那就分解成你能做完的份就好。这样就不会有一个任务一直卡着你，你每天完成一次就能增加一点进度和成就感。

其实关于工作任务管理的方法还有很多可以说，这里只是讲了最简单的一个概念：**清空你的大脑，用电脑代替人脑完成记忆和管理，把你的大脑用在更重要的思考和创造性工作上面。**

Part III 经验分享
Experience Sharing

关于交互设计，除了方法论之外，你是否还想知道这个职业的发展前景、如何进阶高级交互，以及关于求职的一些技巧呢？这里有我个人对于设计的一些感悟和经验，更多的是我面向公众号读者们的一些答疑解惑，属于设计师们的一些共性问题。

第 10 章 设计杂谈

About Design

10.1 设计中的消失哲学

我在文章里曾说，我看了 2018 年的 WWDC（苹果全球开发者大会）之后很失望，觉得缺乏亮点。有人不太同意，认为苹果还是一家很伟大的公司，在手机硬件这么多的限制下做设计很不容易，软件上能有这么多改进已经很有诚意了。

其实，我只是对发布会失望而已，并没有说苹果不是一家伟大的公司。相比而言，我还是非常欣赏他家的设计理念以及软硬件环境，否则也不会用着 MacBook、iMac、Apple Watch 和 iPhone X，以及 macOS 上的这么多软件了。

之所以有这么多吐槽，是因为希望越大，失望越大，大家对它的期待很高，希望晚些时候能做出更多的更新。

这里就来讲讲苹果的设计理念，先来看看 2017 年这部真正打动我的手机。

iPhone X

一直以来，我们都心存一个设想，期待着能够打造出这样一部 iPhone：它有整面的屏幕，能让你在使用时完全沉浸其中，仿佛忘记了它的存在。它是如此智能，你的一触、一碰、一言、一语，哪怕是轻轻一瞥，都会得到它心有灵犀的回应。而这个设想，终于随着 iPhone X 的到来成为了现实。现在，就跟未来见个面吧。

苹果的首席设计师乔纳森 · 艾弗（Jonathan Ive）在介绍 iPhone X 的时候说：

“十多年以来，我们都希望能打造一个拥有整面屏幕的 iPhone。它能让你在使用的时候完全沉浸其中，忘记了它的存在。”

这里的“忘记了它的存在”英文原文是“Disappear”，也就是**“消失”**，我觉得这两个字很好地阐释了苹果的设计理念。

iPhone X 最有特色的两个亮点是什么？

① **全面屏：**去掉了底部经典的 Home 键，正面的屏幕占比超过 90%，和所有的边框都等间距，甚至连四角的圆弧部分也覆盖到了，只有最顶部有个“刘海”。

② **Face ID（面部解锁）：**在顶部的“刘海”里布满了红外镜头、泛光感应元件、环境光传感器和点阵投影器等一系列装置，通过它们，iPhone X 会在你的脸上投射超过 3 万个肉眼不可见的光点，然后绘制出一个专属于你的 3D 面部图，在需要解锁的时候，它会通过红外线扫描，将你的面部和之前存储的数据进行对比，从而做到正确而快速地解锁。

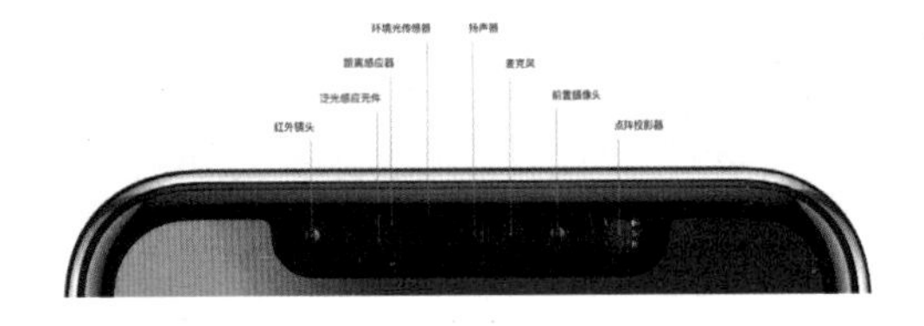

这两点，恰恰就是用来让 iPhone X“消失”的。

想想看，任何时候当你拿起手机时，它就会自动点亮，识别你的面部，然后自动解锁，显示出上面原本隐藏的信息，这时你顺手轻轻一划就能开始使用它。

这个过程是不是很流畅？

我相信，等到这个功能进一步改进，总有一天手机能做到你拿起就用，完全没有任何所谓的“解锁”，是你的就是你的，别人用不了，而对你来说,它就和你身体的一部分一样使用自如。

这个设计的简便之处在于，所有人都不需要教，只要拿起就用，谁不会？

他们希望“解锁”这个概念从人们脑海中“消失”。

相比之下，曾经的 Touch ID（指纹解锁）是不是弱爆了？你拿起 iPhone 6 的时候还要“有意识”地把右手大拇指放在 Home 键上让它识别，等到识别成功之后再按下去才能进入主界面，这种感觉并不是我们真正想要的，也不是苹果想要的。

就算为此需要给顶部留下一个难看的“刘海”也在所不惜。

并不是苹果的设计师不知道这样做不好看，他们为了做到全面屏甚至牺牲了所有正面的空间，甚至用了新的柔性 OLED（有机发光二极管）也要覆盖到所有的角落，如果有办法去掉这个“刘海”，他们怎么会不做呢？

说到全面屏手机，不妨来对比一下。

发现没有？这么多家里只有 iPhone X 做到了屏幕和所有边框等间距这一点，其他家都有一个很明显的“下巴”，甚至顶部还有一些更明显的东西。

想象一下，当你站在大街上，打开 iPhone X 的手机摄像头，几乎无边框的屏幕上映出了眼前的街道，这时路面上出现了一个用 AR（增强现实）技术生成的、栩栩如生的大象，你会不会感觉到虚拟和现实已经融为一体了？

这时，手机从你的眼前消失了，只剩下一个观察世界的新窗口。

说起这种关于“消失”的设计哲学，我想无印良品的设计师深泽直人一定有话说。

这个壁挂式 CD 机就是他“无意识”设计这一理念的最好体现。

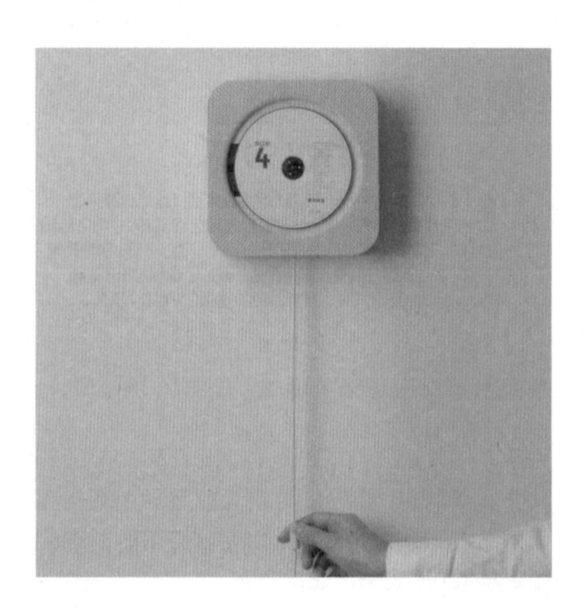

什么叫作“无意识”设计？

只要是年纪稍微大一点的人，一看到这个挂在墙上、垂下一根带着拉手的线的 CD 机，马上就会想到以前的台灯、电风扇等，都是靠拉线进行开关的，所以他就会很自然地去拉这根线。

于是音乐响起，就和台灯照亮了房间一样，这**份旋律也充满了整个房间。**

整个过程中，是习惯在产生作用，似乎没有让人感觉到有设计的存在。

这就是“无意识”设计，用户不用想太多就能自然地使用产品，和苹果正在使用的设计理念很像。

这个 CD 机的拉手如是，iPhone X 的面部解锁也如是。

这样的产品还有吗？

当然还有，而且曾经我们很多人都还嘲笑过。

对，就是这对“甩头就丢”的苹果无线耳机——**AirPods。**

它让什么消失了？

- 从耳机盒中拿起，**戴到耳朵上**，耳机就自动连上了，不需要开关，不需要点击连接。
- 当你**拿下一边**的耳机时，音乐会自动暂停，不需要点击。
- 当你再**戴回去**的时候，音乐又继续播放了，自然而然。
- 你不想听了，把两个耳机**拿下来**，手机上的音乐自然停止，耳机断开并待机。

发现了没有，整个过程中，你所做的一切动作都是自然而然的，你并没有按耳机上任何一个按键（它也没有实体按键），所有的操作都是它自动帮你完成的。

它让那些“有意识”的控制操作消失了，剩下的只是你应该做的动作。

这不是“少即是多”，也不是“如无必要，勿增实体”那么简单。

我觉得苹果自己说的“Disappear”（消失）已经很贴切了，所以就叫它“消失”式的设计哲学吧。

所以尽管当初我们吐槽 iPhone X 贵上天，吐槽 AirPods 容易丢，我们还是都买了，而且越来越多。

因为它们击中了我们的天性——懒惰，哦不，方便。

还有什么产品让你感觉到了“消失”？

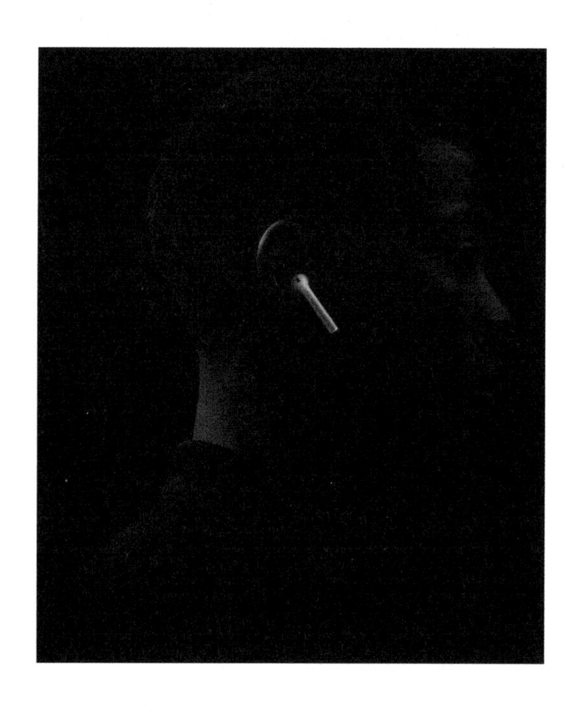

10.2 交互稿模板分享

曾有人希望我能分享一下我们这边的交互稿，当时我有说过，由于交互稿件都是不适合外发的，而且样式很自由，不用特地做什么规定，所以只说了一下主要的几个模块，希望大家自由发挥就好。

后来换了团队，刚好这边的交互稿样式和我们原先的有所不同，所以我又重新做了一个模板，既然做了，那就干脆分享出来吧，也算是对大家一直支持我的一点回馈。

但我还是那句话，框架是死的，人是活的，不一定要拘泥于某种形式，你可以根据自己的需要自由修改。

这里先分享第一种版本—— **PPT 型的分页交互稿。**

这个样式最早是从腾讯 CDC 团队流传下来的，我在第二家公司的时候就从他们的博客中看到过，当时还用 InDesign 软件做过一个模板。而我现在所在的团队用的也是这个，因此我重新用 Sketch 做了一版，方便以后使用。

PPT 型的分页交互稿

1. 封面

封面很简单，就是文档标题和作者，顶部有一个通用的文档标题栏，上面的内容包括：

- **项目名称**：阿尔法项目
- **页面标题**：iOS 版主界面框架（根据每页的内容进行变化）
- **版本号**：1.0（每修改一次都要 +0.1，当然你也可以直接变成 2.0、3.0 等）
- **修改日期**：2018-07-24
- **页码**：分为当前页码和总页数

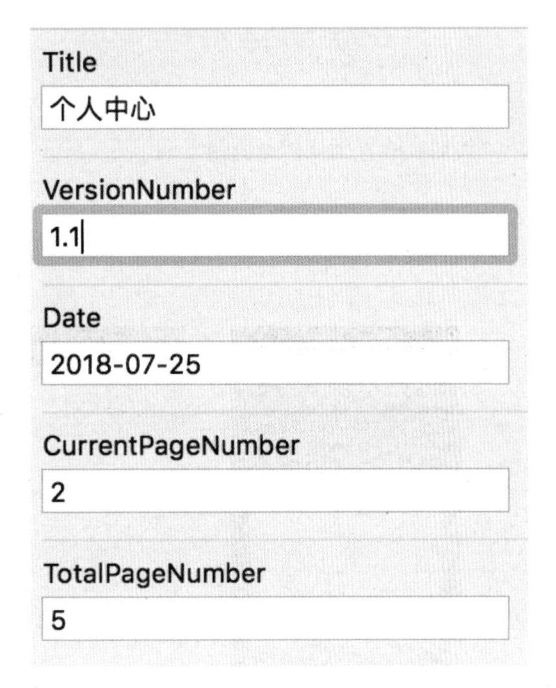

在 Sketch 中为这个模板中需要改动的内容都定义了 Symbol 元件，比如这个标题栏，你只要选中之后，就可以在右边的属性面板中自定义里面的内容。

2. 修订记录

修订记录页，记录了从文档建立开始，每次更新的主要内容，以及相关人员，方便后期交接的时候给对应的产品经理、游戏策划和设计师查看。有时交互稿更新一次只是修改一小处，如果不备注一下对方就会很难找，你自己可能以后都会遗忘。

阿尔法项目
修订记录　Version: 1.0　Last Modified: 2018-07-24　2 Of 8

更新日期	版本号	撰写人	审核人	更新内容
20180724	1.0	WingST	Lilei	创建
20180725	1.1	WingST	Lilei	新增-首页刷新功能（P4） 修改-首页点赞功能（P5）

这一块我也定义了 Symbol 元件，你可以直接复制一行，然后修改里面的内容，“更新内容”的文本支持多行输入。

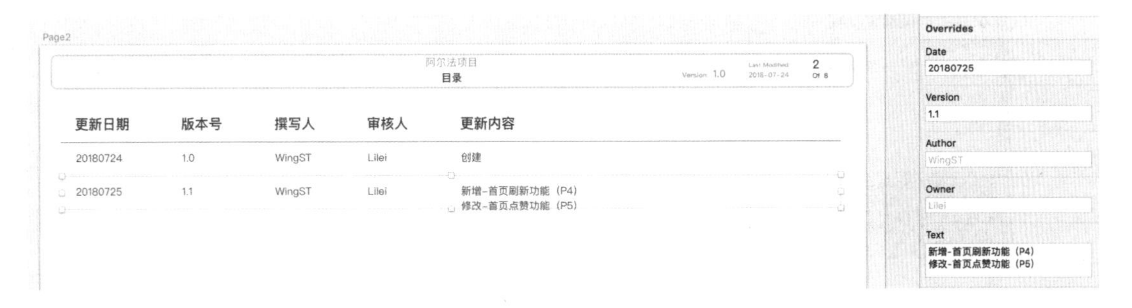
Page2

阿尔法项目
目录　Version: 1.0　Last Modified: 2018-07-24　2 Of 8

更新日期	版本号	撰写人	审核人	更新内容
20180724	1.0	WingST	Lilei	创建
20180725	1.1	WingST	Lilei	新增-首页刷新功能（P4） 修改-首页点赞功能（P5）

3. 目录

- **首页刷新功能（P4）**
- **首页点赞功能（P5）**

这种分页型的文档一定要有目录，备注好每个模块对应的页码，否则十几页看下来都晕了，每次想找到对应的界面还得重新翻一遍。

4. 内容页面

具体的内容页面才是交互稿的核心，一般会用小气泡和箭头进行标注，然后在右侧用对应的数字和它们对应，写下详细的交互说明。

结构可以有很多种，比如上面这种竖屏的界面可以是左右结构，如果是横屏界面还可以是上下结构，等等，根据情况自由调整吧。文字段落的样式已经定义好了，直接修改套用就好。

其中最重要的气泡我当然也做了元件，选中之后直接在右边修改数字就好。

导出方式

使用这套模板做好交互稿后，使用 Sketch 的 **File > Export Artboards to PDF** 即可将交互稿导出成 PDF 文档。我很喜欢这个格式，比起 **PPT** 来，PDF 在任何平台都可以通用，包括手机、Mac，都能很好地打开。

源文件

Sketch 源文件和导出的 PDF 文档示意我已经上传到坚果云和百度云网盘上了，需要的同学可以关注我的微信公众号“落羽敬斋”（wingstudy），然后直接在公众号会话界面回复关键字“**交互模板**”，即可获取网盘链接。

推荐用坚果云链接下载，可以直接查看，百度云竟然还要下客户端（差评）。

大家可以留意一下源文件和 PDF，里面我留了一个小彩蛋：

为什么我要把画的每个界面附在文档最后呢？

10.3 交互设计，道阻且长

之前在微信公众号读者来信专栏中收到了一封“读者来信”。

来信者是读者**不会飞的雕**，她是一名自动化专业的工科女生，目前已毕业一年，在从事与交互设计完全不相关的工作，现在正在自学交互，希望能够向这个行业进军。最大的疑惑是想知道目前交互行业的发展现状，因为目前网上没有太多相关的介绍，有也只是好几年前的，所以希望我能解答一下。

我觉得这个问题很有意思，应该也会有很多读者对这个话题感兴趣，所以我请她再把问题写得详细一些。

没想到她就真的写了一封长长的“信”发过来，而且很有条理，这份细致和严谨的精神我很喜欢。

所以我决定回应她的这份认真，也好好写一篇回答。

From 不会飞的雕

Hi 敬哥，

首先谢谢你回答我的留言，看到你要我写详细一点可以说我是非常开心了。准备入门时有一位前辈可以解答疑惑是件好且幸运的事。我想问的其实就是你所说的行业内对它的态度与是不是好找工作。首先说行业内对它的态度吧。

首先我想先说明一下，虽然我现在已经从业九年了，也经历了大大小小的四家互联网公司，我肯定对这个行业和一些公司有些了解，但这些都是我的个人视角，我不可能真的就此对整个行业下定义。

所以下面的回答，都是从就我所了解的公司和行业状况来回答，也许有些地方是以偏概全了，大家需要辩证地来看，如有疑问，也欢迎讨论交流。

10.3.1 交互设计师所处位置的重要性

1. 交互设计一般在成熟的公司才有比较重要的位置？

我想这个问题可能没有一个统一的答案，不同的公司对它的定位与需求可能都不一样。 如果从事交互设计当然会希望自身的角色处于比较重要的位置，这样理论上来说可以获得更好的发展。所以按照我的理解这个行业，如果要学习、要成长，最好能到主流大公司，目前来说是不是小公司其实是不太注重交互设计呢？

答案基本是肯定的。

在整个行业的发展初期，本身就是没有交互设计这个职位的，等到后来大家越来越重视用户体验，单单靠产品经理和视觉设计师的眼界和精力已经没法涵盖到这部分工作的时候，产品经理画的潦草原型显得太粗糙，视觉设计师直接做出的精美视觉稿又受不了反复修改的时候，才开始对交互设计师有强烈的需求。

随着行业越来越成熟，至少在深圳，无论大大小小的公司都开始有了交互设计师这个岗位，也都开始希望能够有专业的交互设计师来搭建整个规范化的设计流程。

但有一些很现实的因素，因为很多小公司没办法招到很专业的、有经验的交互设计师，所以大多这些公司里的交互很多都是在做一些基础的原型绘制和简单的体验优化。他们对于专业方面的研究不是很深入，对于体验类问题的话语权不足，开发不愿意按设计改，老板也不足够信任，所以往往会有一种使不上力又学不到很多东西的感觉。

而一些相对成熟的大公司，甚至是由大公司高管出去创业兴办的初创公司，由于感受到了成熟的用户体验设计团队给产品创新和增长带来的好处，所以那里首先都会有一个相对完整的设计团队，并且有专业的设计 Leader 来带领，也有完善的产品设计流程。在这样的地方肯定不愁会没有成长和发挥空间的，所要担心的只是你要有足够的实力进去。

所以我的建议可能跟你想的正相反，如果你是转行或者刚毕业的设计师，我建议你先去找一些愿意设置交互设计这个职位的小公司，先把自己在书本和网上学到的知识和技能在实际工作中好好打磨，等到你已经能够独当一面的时候，再想办法进入成熟的大公司。

为什么要这样？

原因很简单，也许你认为自己看得多，懂得多，但是书上看得懂和实际会操作完全是两回事，特别是交互设计这个职业，它是特别注重实操的，没有足够的经验，可能这些大公司连看都不会看你的简历，是基本没有可能进去的。

除非你能在大二大三的时候就开始在互联网公司实习做项目，在大三暑期实习的时候就签下这些公司的应届毕业生 Offer，这是一条捷径，但也要吃很多常人吃不了的苦，以及有一点点小运气。

2. 交互设计现在以及未来在互联网产品发展过程中占据的位置？

其实按照我的理解，也可以说是我喜欢交互的一个原因是我认为交互在互联网产品或者说在生活中都是有着很重要的位置的，因为它直接关乎人的感受，但是我不确定这种理解对不对，也不了解它的重要性走向。

我同意你的观点，这同样也是我之所以选择互联网行业和交互设计这个职业的原因。

正如有人预测，以后所有小孩可能都要把编程当成必修科目来学，因为以后的世界一定会越来越数字化、互联网化。这其中会涉及大量的软硬件产品设计和开发，对人才的需求量只会越来越大。

就像当年工业革命以后，机械制造大规模兴起时，对于机械工程师和蓝领工人会有大量的需求，因为需要有专业的人会做这些，这个产业才可能不断持续发展下去。

那这个互联网时代的需求呢？

无疑是所有和互联网软硬件产品相关的产品、设计、开发和项目管理等人才。

而为了让产品做出来之后有更多人会用、更好用，用户体验是必须强调的。这么一来，交互设计就是绕不过去的一环。

就算以后到了 VR、AR 时代也一样，甚至需求会更大，因为那些是比现在更注重互动操作体验的形式。但对于交互的能力要求也会越来越高，以后可能就是一个纯 3D 的设计了。

10.3.2 交互设计入门找工作

1. 现在对于交互设计入门门槛的要求？

根据我的了解，UI 与交互前几年应该有很多从培训班出来从事这些行业的人，因为市场需求大，可能门槛也就比较低。但是随着它发展了几年直到现在，从自动化专业转行的我会考虑到入门难度这个问题，现在是不是普遍要求会变高呢？虽然设计面试时作品可能是最重要的，对于所学专业等会不会有对应的要求呢？

入门门槛的要求一定是有的，但对于专业的要求则暂时没有。

从我待过的这几家互联网公司来看，甚至在腾讯这样的专业设计团队中，交互设计师都是一个“泛专业”的岗位。从工业设计、多媒体互动设计、平面设计等设计相关专业转过来的当然有，从物理、化学、生物、外国语等和设计毫不相关的专业转过来的也不在少数，这听起来很奇怪，是不是？

其实很正常，到现在为止，大学里真正靠谱的正经交互设计专业都没有几个，少数的几个还都是工业设计类的硕士方向，属于导师带着边学边做的那种。

既然没有真正的科班出身，设计类的专业也只是比我们这些“野路子”的人多学了一些关于视觉类的知识而已，那我们所有人就都有基本同等的机会进入这个行业。

但是交互设计的门槛同样存在，甚至比起其他职业来说只高不低。

正因为专业不是最重要的，那反而只能靠作品和经验来说话了，你准备好足够有说服力的作品集了吗？

2. 现在对于交互设计师的需求量？

不知道现在行业的需求情况如何，对于这个职业二线城市的需求现在应该不高，我比较想了解深圳的情况，因为计划之后在深圳发展。有人说市场渐渐

饱和，也有人说始终有很大的缺口，所以我比较好奇现在它的饱和度到底是怎样的。

别听“有人说”，在我 2005 年想报计算机专业的时候，所有人都说这个市场早已饱和了。那现在的程序员的数量比之当年来说呢？翻了不知几番了吧？

正如我们前面分析的，交互设计在相对成熟的公司中比较有机会，这些公司主要集中在一线城市，所以找工作的地点也很明确了。就算是小公司，对设计和开发人才比较有要求的，也会聚集在这些大公司和一线城市周围，才有可能招得到他们想要的人。

最后回答一下关于需求量的问题：交互设计**岗位相比视觉设计岗位来说更少，但是有经验的高级人才很难招。**

在设计团队中，产品经理、交互设计和视觉设计的比例一般是：

1 ：1~2 ：2~4。

在某些偏运营类的产品中，比如电商网站，视觉设计师的比例还会更高。

但是由于交互设计师在整个行业中还属于一个偏探索和边实践边自学的阶段，所以有经验、能够做出好产品的交互设计师一直非常少，而平庸的、只会画原型稿的交互设计师又非常多，所以这是一个两极分化比较严重，岗位并不算充裕的职业。

3. 交互设计师的初期成长？

我了解到的交互设计是一个入门相对来说不难的行业，可是这也让我对于交互设计师的成长有些疑惑。不过这个问题也许更需要自身进入行业去找自己的路吧。不知道敬哥你作为前辈对于小白在这条路上的发展有没有什么建议？

正如我前面所说，这是一个非常偏重实操和眼界的职业，所以你的设计思考能力和经验是最重要的。

在成长和提高的路上，一方面是自己不断地去思考和学习成熟产品的设计模式，另一方面则应该不断练习自己独立思考和设计自己的产品 Idea（想法），做热门产品的 Redesign（重新设计）也好，做自己想象出来的产品的从零到一的设计也好，这些经验和沉淀是你真正需要追求的。

职业规划路径上请谨记：**千万别眼高手低，别一出来就一定要进大公司，量力而行，积累才是硬道理。**

10.3.3 交互设计的纵向发展高度

从事交互设计从一个“线框崽”到一个有话语权将设计态度放到设计中，再到可以带领团做设计，这是我身为门外汉目前看到的发展，不知道这样的理解是不是不对。

大体路径是如此。

交互设计是一个需要对整个设计流程的上下游都非常了解的职业，从而也是一个最适合成长为设计团队 Leader 的职业，但至于是否能够做到，则要看你的努力程度和天分了。

做视觉的、用研的、UI 开发的和项目管理的，成为设计团队 Leader 的也大有人在。前提不是你的起点如何，而在于你和别人相比，有什么优势和不同。

没有谁是生来就只能干苦力和打杂的，只有愿不愿意、能不能往上爬得足够高罢了。

10.4 走向高级交互设计师

这一小节的主题是关于设计师的能力成长。有人在迷茫，觉得自己是一个只能输出的机器；有人在疑惑，到底怎样才算是高级交互设计师，不知道这其中的分界，觉得路径越来越长。

那我们就根据我收到的读者提问一起来讨论一下吧。

Q1：来自读者匿名

WingST 你好。我也是交互设计师，工作两年。同你一样，理工科硕士之后跨专业的。比较幸运，现在的 Leader 在我零基础的情况下愿意带我，所以一毕业就直接在设计中心交互组了。两年后的现在，我感觉成长很慢，工作开始感到疲惫。上班埋头做需求，下班之后回到家就想躺着，感觉自己完全就是一个机器了，只输出苦力劳动。然后心情失落，没有动力，恶性循环。该怎么办呢，这种状态简直了。之前也逼着自己每天写东西，看文章，后来都没坚持下来……

A：你肯定很想解决这个没有动力的问题吧，那就请找个安静的时间，坐下来好好想想下面的问题：

① 你为什么会成长很慢？是因为项目都是重复的浅层性劳动吗？公司不重视用户体验设计吗？还是因为你自己不会学习新技能，所以只能成为一个简单的画稿人？

② 你为什么会没有动力？是因为在公司两年依然没有什么加薪，没有看到这里有什么未来吗？还是纯粹因为懒？你想进大公司吗？你未来的规划是什么，有什么想完成的梦想？

做每件事情，先问为什么，再想怎么做。你可以准备十几张纸，或者用笔记本拼命写，写出所有能想到的原因也好，关键字也好，直到想不到为止。等你真正找到原因了，你也就明白该怎么做了。

Q2：来自读者那花

你好，敬哥。我想问一下腾讯内部设计小组成员轮流分享对整个团队是有帮助的吗？一般分享的话，都会分享什么方面的内容，感觉我们公司的轮流分享，现在好像变成了一个任务，并且分享的内容好像越来越窄，以至于不知道该分享什么了。谢谢，麻烦了。

A：我们这边也会有周例会轮流分享，两周一次。我们提倡的是自己报议题来分享，不强制要求谁来分享，但会让人轮流当例会主席，这样如果真的没人分享，主席也得自己上了。这样的好处是大家会比较自由没有压力，只是也容易变成没有议题。

我们的分享内容可以不限于设计，还可以是旅游、动漫、游戏相关的内容，主要是借这个机会开阔一下大家的眼界。也可以分享自己的读书笔记之类的内容。不知道你们的人数有多少，如果轮流的话，其实每个人至少都有一个月的准备时间吧，可以视为是对自己的一种锻炼，不要有那么大的压力才好。

至于是否有多大的收获，我觉得是对分享人本身的口才和表达能力的锻炼更有帮助，其他人的收获也是有的。

谢谢敬哥在百忙之中的回复，开心，我们团队有十二个人，也是两周分享一次，组织者定了分享的范围（都和设计有关，比如 C4D、AE 等）定了分享人的顺序，越到后面越不知道分享什么，以至于大家觉得这是一个任务，而不是一个分享，效果并不是很理想。

不过敬哥说的范围可以扩大，比如读书笔记分享，让我想到自己的每个月的读书目标也可以作为分享主题（当然也是敬哥带起来的）。把书中自己看到的、理解的和团队分享、讨论，这样也能加深自己对此书的理解。是一个很好的题材，谢谢敬哥的提点。

那很好啊，能够给你一些启发，以及还能带动你的读书目标。

如果觉得这样的机制有问题，你也可以和你们组织者商量讨论，提供一些建议，自己多出力，这样既解决大家的话题问题，也能体现出你是一个积极主动的人。我就是这种性格，不是为了表现什么，就是别人不爱做的事我不怕做而已。

Q3：来自读者邓俊

敬哥，想请问你什么是全栈设计师和全链路设计师？是不是以后设计师要懂 UI、交互、代码和产品等，要往这个趋势发展？

A：我认为这两个的区别主要是，前者是设计师的能力横向发展，所有和产品开发相关的能力都掌握一些，而后者指的是参与所有和产品从提案、开发、运营到售后等各项的流程中，体现在设计参与的深度上了。我觉得如果设计师想要不断加强自己的影响力和专业能力，这些方面肯定是要懂一些的，否则成长空间有限。

Q4：来自读者莫哥哥

敬哥周末好啊，刚看到你也在看《增长黑客》，刚好我也刚到手一批书，包括这一本。期待你以后可以分享一下关于这两个主题的观点：

一是设计师如何进行多项目管理，比如我之前在网易游戏实习忙的时候，同时对接三个策划……

二是高级交互、交互总监跟初级交互三者之间的最大区别在哪，初级交互的成长方向应该是怎样的，这点我有看别人分享过，但是缺乏与具体工作环境和项目的结合。

A：朋友小莫在之前也向我提了这个问题，当时我答应有时间的时候就会写，不能再拖了，在这里就回答你。

问题一：多项目管理

这个问题比较简单，就一个关键词——**优先级**。

人本质上都是适合单线程活动的生物，那些表面上的多线程行为其实还是会有一个真正的注意力目标。比如边听歌边写作，比如边洗碗边想事情，真正在做的事情其实都是后者。

设计工作尤其如此，每一个项目都会花去你大量的前期沟通、构思以及画稿的时间，就算你的能力再强，也不要强迫自己把多个项目的同个阶段并行在一条线上，比如同时沟通、同时构思、同时画稿，这会导致你这几个项目没有一个能做好。

正确的做法应该是，在接收需求的同时，必须同时沟通清楚以下几点。

① **需求背景**：为什么要做这个需求，它对用户的价值，能够辅助完成哪个产品目标？

② **需求内容**：这个需求最主要的部分有哪些，产品经理预期的设计方案是怎样的，你认为的设计方案大体应该是怎样的？

③ **工作量**：这包括你实际预估的工作时间，比如全人力投入的话需要 3 个工作日，以及给到对方的预估时间，比如你现在手上还有一些项目，你只能投入 0.5 个人力，因此需要 6 个工作日以上，还要加上审稿和修改的时间，需要再加 3 天。

④ **截止时间**：项目组什么时候开始开发，倒推视觉设计和交互设计的截止时间。

⑤ **项目优先级**：这个需求对于项目组的优先级有多高，是这段时期的重点必须按时，还是可以灵活安排时间。

弄明白这几点之后，这个项目需求对你来说才算是完整了，然后你可以真正为手上的需求**评估优先级**了：

- 你的手上现在都有哪些项目，各自需求方给它们定义的优先级是怎样的？
- 每个需求的截止日期和工作量怎样？有马上就可以结掉的吗？
- 你认为应该如何排这几个项目的优先级，如果自己弄不明白，可以问 Leader 需求方的意见供参考，但是要结合实际情况考虑，还是以自己设计团队的判断为准。

评估过后，你给需求方的答复应该是这样的：

① 如果手上项目都不紧急，新需求的优先级最高，那可以直接按照工作量答复他最快的时间，优先给他做。

② 如果手上有优先级更高的项目，那可以排好序之后给他估算一个完成的时间，告诉他这是尽力安排的结果。

③ 如果手上有和新需求优先级差不多的项目在做，那可以按照先来后到的顺序做，如果对方有异议，可以让需求方自己讨论协商。

只要你的规则清晰，给到的执行期限合理，其实对方都能够理解的。

项目不是不能并行，但一定是同时只有一个在做构思和执行，其他的可以在沟通和跟进验证的阶段，千万不要把需求都挤在一起，这会让你一个都做不好。

最重要的其实是一点：与其说到做不到，不如一开始就跟对方说好合理的期限，认认真真按时完成好每一个项目才是真正负责任的表现。

久而久之，你就会慢慢成为一个在需求方眼中口碑好、靠谱的设计师。

关于问题二，我就结合前面几位同学的情况一起回答一下。

走向高级交互设计师

1. 新手交互设计师该做什么？

知道基本的设计流程，能画出有一定逻辑结构的交互稿，对项目中所涉及的产品有一定了解。但一来没法独立和需求方沟通明白这个需求到底是什么，应该做成什么样，二来也没法独立提供一个有创意、可落地的设计方案，甚至方案还有不少功能性和逻辑性的问题。

这个阶段的设计师要做的事情很简单，就是在导师和 Leader 的带领下好好学习他们是怎么做这些事情的，正确的沟通方式和执行步骤是怎样，他们有什么有效的设计方法来解决这些问题，你做出的方案为什么会有那么多问题，他们是从什么角度来思考的。

关键词：榜样、对齐。

2. 初级交互设计师该做什么？

他能够熟练执行设计流程，画出的交互稿逻辑清晰、各种模块完整，熟悉自己业务领域内的各种产品，可以独立和需求方沟通各种需求，也能提供能够满足需求的设计方案。唯一的问题是做出的东西还不够有创意，借鉴和模仿的痕迹比较多，规范化严重，还没有自己的设计方法论。

这个阶段的设计师已经是一个可以独当一面的设计师了，但也是最容易遇到瓶颈的阶段。我该学什么东西才好？要怎样才能做出有亮点的设计？我的设计方法论到底是什么？这些依然没有捷径，唯有寻找自己的不足之处，看自己还需要补充的技能是什么，这也是我写本书的目的。

最好边学边实践，边看边输出，不要害怕给别人分享自己的学习成果。交互本身就是一个沟通和执行对半开的职业，只会做不会说怎么行。

关键词：积累、输出。

3. 高级交互设计师是怎样的？

当然能够做到初级交互会的那些事情，区别只在于：

- 他不会再以需求方提过来的需求为准，他会根据自己对于行业、产品和体验的理解，提供自己独到的见解，帮助需求方一起梳理和规划产品方向，并提出优质的解决方案。

- 他在做设计方案的时候能够举一反三，找出竞品各种解决方案的优缺点，配合产品和用研人员一起找到自己产品的差异化定位，然后根据这些前期调研给出一个有创意、体验流畅、逻辑清晰的交互方案，甚至还会做出高保真 Demo 和提案 PPT，说服需求方、老板和开发人员为什么我们应该做成这样。

- 他并不会把做出设计方案当成任务的终点，他的眼中只有完整的产品，每一个需求只有成功还原设计效果并且上线验证后才算是一个阶段的结束。他还要收集用户反馈和产品数据，看还有什么改进的空间，持续迭代自己的设计。真正的设计方法论是验证出来的，而不是靠看书和埋头想出来的。

这个阶段的交互设计师，已经不是单纯的交互设计师了，他的能力范围和眼界一定涵盖了上下游的多个工种，不是为了抢别人的饭碗，而是为了更好地和他们配合以及开阔自己的设计视野，只有这样才有可能做出真正适合市场的产品。

这个阶段的交互设计师，他应该掌握更多领域的产品，无论是移动端、PC 端、Web 端还是 VR、AR 产品，他都有很深入的了解，不存在不会的方向，就算有不够了解的，在需要的时候也能够迅速学习并掌握。

到了这个阶段，每个公司都会想要这样的交互设计师，这是设计行业内稀缺的岗位之一。

关键词：跨界、全能。

至于交互设计总监，正确来说应该是交互团队的 Leader 吧，他当然首先是一个高级交互设计师，其次更应该是一个好的基层管理者。他的任务更多是进行设计项目的管理，输出设计规范，辅导下属更好地成长，这是每一个交互设计师的阶段性成长目标。

这也是为什么我以前在 OPPO 的时候会放弃 UE 团队的 Leader 不当，选择重新去学习交互，从初级交互设计师干起——**因为我觉得自己的能力还没到那个阶段，我想好好打造自己的职业生涯——而不是靠着功劳坐吃山空。**

10.5 交互设计师是可有可无的吗

有一位读者问了我一个问题。

对于他来说，这可能是对自己从事行业的担心，也可能是现在社会上流传的一些说法。我不清楚目前相信这种说法的人有多少，但值得我专门写一篇文章来澄清一下。

问题如下：

交互设计这一专业，会不会天花板很低？

越来越多的人都有用户体验思维，都会从用户角度出发考虑问题，我们这里连开发都能看出来一些交互上的可优化点。当互联网从业者都有对用户的观察力和同理心，都能从用户角度出发解决问题的时候，我们专业的交互设计师，还有什么竞争力？我记得刘津写过一篇文章，有句话是这样“（我）越来越觉得交互设计不能算是一个岗位，而应该是一种能力”。

这种能力现在人人都具有的情况下，交互设计师地位在哪里？

我知道你只是单纯地对这个职业有所担心，**但是听到这种说法我还是挺生气的，尤其是我们自己从业者来说更不该有这种想法。**

这种说法就类似于：

- 视觉设计不就是画几个图标和界面嘛，我也会。
- 开发不就是写几行代码，我也学过。
- 游戏策划不就是想一些玩法，很难吗？
- 产品经理就是想点子、跟需求，和人沟通，我也行。

每一个行业都有它的准入门槛，大多数这么讲的其他岗位的人，仅仅是对这个职业有一点了解，就以为自己已经摸到了天花板，可以从业了。殊不知，如果真的让他来干，又有多少知识还需要补呢？就如同想要画一个好图标、好 LOGO 有多难，只有视觉设计师才能懂一样，一份可以做出优秀产品的交互稿有多复杂，需要凝结多少知识、思考和调研，需要反复修改打磨多少次，同样也只有真正踏踏实实的交互设计从业者才有可能体会。

你觉得自己“可以做”，和“能够做得好”完全是两回事。

退一万步说，就算他真的可以做，甚至也能做得好，那难道就不需要这个岗位了吗？如果没有这个岗位，又应该由谁来专门思考这些用户体验的细节，打磨交互流程、动效，以及研究用户习惯和反馈呢？

产品经理？那他的产品方向和跟进怎么办？

视觉设计？那所有的设计工作都会变成单线程，而你们公司只有一个产品功能要做吗？

开发人员？那他的代码谁来写？开发思维和用户思维是一回事吗？

这一岗位最开始就是从无到有的，正是因为需要才出现，如果现在因为别人几句话就说它没有存在的价值，那岂不是开历史的倒车了？没有交互的公司还是有很多的，比如一些小公司和传统企业，但你去看看他们做出的产品，用户体验好吗？

就算刘津说过那句话，我觉得她的意思更多也是希望所有的从业者都具有一些用户体验思维，这也是现在的行业基础，但不代表就不需要专门的、专业的人来执行这套流程和工作了，这两者的区别还是很大的。

随着科技和生产力的发展，这个社会的分工变得越来越细、越来越精，我们所拥有的各种产品也变得越来越好用和先进，这是我们大家所喜闻乐见的。互联网行业在进步，产品竞争越来越激烈，每家公司都希望自己的产品体验越来越好，用户能够越来越喜欢用，而交互设计师正是在这种趋势下自然产生的需求。

所谓的“人人都是产品经理”“人人都具有用户体验思维”不是说交互设计应该消失，恰恰相反，这正是证明在这个方面需要全员都具有这种意识，同时还需要有一些专门做体验设计的专家来执行和改进，其实是在强调这个岗位的重要性。

一句话总结：**历史的倒车开不得，不信你看现在哪家互联网大公司敢试试看？**

虽然我听到这个问题和写下给那位同学的回答的时候，真的有些生气，以至于大段大段的文字都是瞬间涌现出来的。但我还是对事不对人，我希望能够解答大家的一些疑惑，不要轻易相信某些传言。

所幸的是，这位提问的同学在看完我的回答后，也非常诚恳地改变了自己的观点，吾心甚慰。

10.6 人生怎么可能无悔

这一小节的主题是关于工作和职业中的困惑的。

Q1: 来自读者疯狂的小狗仔

敬哥，你好！最近在工作中遇到一些问题，导致整个人都充满着负能量，一个视觉稿改了不下 20 次，大方向换过 5 次，当然这些都是设计师工作中常有的事，只是我心态有点崩，老大是网易出来的，对美术很严格，通常几个为什么就把我问懵了！道理我当时大多都懂，但是自己做执行的时候总是没注意，比如元素的应用是否与主题搭配，底纹是不是用了清代的花纹，类似这样的问题。设计是靠内容支持，如果没有内容的设计纯属自我表达，属于艺术范畴！

哎，想想都头大，工作四年多了，经常摸不着头绪，容易被别人牵着鼻子走，又没有反驳的点。

A: 有两个点：

① 发现自己有错误是好事，你可以弄一个常见的错误列表，放在自己的桌面上，作为

一个走查的提醒，作图的时候多看看，不要踩低级坑。

② 有严格和水准高的老大很幸福，你应该多记住他说了什么和他问的点，这些都是你可以学习的地方，不要把这个当成挫折，而应该当成挑战，你成长必经的挑战。

总之，开心点，迎难而上，与其否定自己，不如成为更好的自己，加油！

Q2：来自读者獬

你好，我是上次因为职业的问题联系你的那个人。我是做平面的，前段时间，自己觉得在公司做平面没有成就感，做出来的东西也不尽人意，每天感觉像是行尸走肉，上下班坐在电脑前，工作的积极性不高了（以前的我对工作充满激情）。加上同事各种说公司的体制太压榨了，就提交了很早之前就想的离职申请了。我主要想的是提升自己的审美和工作能力，公司同事都不愿意做事以及配合，没人愿意一起讨论事情，讨论各自散发出的灵感，感觉自己慢慢被沙漠的沙子一点点地埋了起来。

出来后，我面试了花型设计师，笔试通过了（笔试是画一张花），后来通知我被录取了。现在的问题是底薪挺低的，主要看提成，我没有做过这一行，我要是重新来过的话，我怕一段时间没有生活来源，做到现在我也发现，每天会不停地画，我也出了一张作品了，都说效果也还可以。我知道还是要努力的，但是没有接触到其他的新鲜事物，我看那些做了10年的花型设计师设计做出来的东西确实好看，我现在是迷茫的，不知道自己做回平面还是继续做花型设计。

A：Hi，关于职业，首先得看你想要的是什么。

- 如果你愿意只为了爱好投入一生，那你就看自己喜欢什么就好了。
- 如果你要的是前途和钱途，那你不妨仔细对比两个职业10年经验的设计师的薪资待遇。

坦白地说，这两个职业我自己没做过，所以不算了解。花型设计，而且还有提成，听起来更像是给一些企业做定制的，比如纺织品、被套等，像是一个传统职业。

你在公司做平面没有成就感，可能是因为团队成员都只是为了领一份工资，打一份工而已，并没有什么需要创意的火花的东西，而花型设计，我也不认为可以解决你的问题。

请明白，你是为了解决自己的问题而辞职的，不是任性。那就好好想想自己想要的是什么，再继续往前走。千万不要被生活和环境推着走，人的一生是有限的，犹豫和被动，只会导致你最后面对不喜欢的人生。

最后，想要创意和团队配合，我所知道的只有互联网设计团队有，也许设计公司也有，你都可以试试看。

趁年轻，梦想再难也值得追寻。

人生怎么可能无悔

我很欣赏能够为了自己的梦想而果断行动的人，我一直希望自己就是这样一种人，所以也在努力践行着。

小狗仔同学的问题，我想不少同学也会有共鸣：明明有些错误很低级，我却老犯；老大要求很高，我却无法达到，总是被批得无法反驳。

獬同学的问题，也是职业生涯中很容易遇到的：我看着周围的同事都满足于现状，这种缺乏创意和上进心的环境不是我喜欢的，所以我想换个环境。但是在真正做出离开的决定后，又由于生活和环境的限制，被动选择了一份看似还可以的工作。殊不知，这真的是你当初想要的吗？

我并不是什么人生导师，我并不为我现在这点成绩而骄傲，如果非要让我说有什么值得自豪的地方，那就是——至少这条路，是我自己选择的，是我自己通过努力走出来的。

在我看来，你们最幸福的地方就是年轻，看着还在追逐梦想的你们，就像是看到了曾经的自己。

不同的是，你们很多人比我幸运，比我有才，比我更早意识到了，应该把命运掌握在自己的手里，不要把时光浪费在无意义的人和事上面。

- 我是在大学毕业之后才醒悟，如果当初早就想好自己应该做设计，那就算我大学的专业是物理，也应该全力去学习和练习所有和设计相关的东西，而不是浪费那四年光阴。
- 我从来都把玩游戏当作我一生的爱好，从小学第一次接触到FC上日文版的《火焰之纹章》开始，一直玩了二十年。直到 2017 年年底，才终于醒悟，游戏固然锻炼了我的很多思维和创意，给我带来了很多快乐，但更多的是让我沉迷其中，浪费了很多本来可以用来学习和成长的时间。
- 我总是说自己只是三分钟热度，什么事情都只是短时间的热情，很快就坚持不下去，甚至因此有很多事情真的都不敢尝试，怕开始了也没有用。但我最近终于想明白了，不是我没有毅力，而是这件事情对我来说是否足够重要，我是否能够排除那些诱惑我放弃的干扰因素。

要说我一点都不后悔，怎么可能?

但是时光不会因为任何人而停止流转，更不用说倒流了。所以与其有时间去后悔，去想这些事情，不如换个角度思考：

- 正是因为我浪费了大学的四年，所以我才会分外珍惜工作后的所有机会，用尽全力只为朝着设计这条路一直走下去。
- 正是因为我浪费了玩游戏的二十年，所以当我真正决定不再被游戏羁绊的时候，我才会义无反顾得像是最绝情的负心汉，如今手机游戏和 PS4 对我来说就是一个体验道具，这一百多天来我再也没有浪费什么时间在它们身上。
- 正是因为我一直都是三分钟热度，所以当我发现自己能够坚持一件事情到所有人都觉得不可思议的时候，我才会更加珍惜这份坚持，无论再苦再难，只要它对我来说是有意义的，我都会一直坚持下去。

这些现在看来再正常不过的事情，对于过去的我来说，都是奇迹。

是的，那些曾经对我来说，可能要用来后悔的事情，统统被我用来当作“梦想的燃料”，支持我继续走下去。下定决心和过去告别，再也不要停留。

人生怎么可能无悔，所谓年轻，就是用来不停地闯荡、摔倒，爬起，再受伤、痛苦，然后爬起，如此才会成长的。

不要害怕做决定，不要害怕为现在的生活所困、为过去所困。

与其为了不曾改变而后悔，不如多去尝试、多去思考，然后你才有可能找到想要去的彼岸。而不是现在的苟且。

第 11 章 设计师求职指南

Designer's Interview Guide

在工作的 9 年多的时间里，我经历过转型期的 OPPO 公司、同洲电子孵化创业期的子公司、成熟期的软件公司金蝶，以及现在成熟期的互联网公司腾讯。有过求职、管理以及当面试官的各种经历，也算是有一点自己的心得。

接下来，我会通过简历篇、作品篇、面试篇来给大家分享下关于设计师如何求职的一些技巧。其中的一些内容其他职业也可以借鉴，但是由于我本身所在的是设计行业，所以内容会更偏向我熟悉的这个领域。

11.1 简历篇

很多人认为，求职最重要的是面试的表现，简历只要能够把自己的主要经历说清楚就好了，不用花太多心思。

这其实是一个很天真的想法。

你有没有经历过投了许多家心仪的公司，却如同石沉大海一般，全都杳无音信?

11.1.1 核心：十秒原则

第一次写简历的同学特别容易犯两个错误：

一是觉得自己什么都好，把自己的个人信息、学校经历、工作经历等各种内容都写得非常详细，不仅连星座都写了，还会写从小到大喜欢玩什么游戏、喜欢什么类型的朋友等，觉得只要把自己完整地展现给 HR（人力资源）和面试官就好了，他们自然会从中找到自己的闪光点；

二是觉得自己的经历不够丰富，没什么好写的，因此只是简简单单地写了自己的个人信息、学校和工作过的几家公司，似乎觉得 HR 和面试官肯定对自己的学校和公司很了解，识货的人自然能发现自己是一个人才。

前者是内容太多，完全找不到重点，而后者又是内容太少，看起来好像是重点的东西其实都没说明白，相当于什么都没写。

负责看招聘简历的有两个岗位，最主要的是公司的 HR，他每天要看几百上千份在人才网站的简历收件箱和公司招聘邮箱中的简历。如果不够，还会再从人才网站的简历列表中进行条件筛选，一目十行地过滤，从这些地方挑出合适的候选人，再发给用人部门的初试官。经过这轮过滤，初试官要看的简历虽然已经大大减少了，但由于他们平时的主要工作还是做项目，只能百忙之中抽出一点时间来看简历，就算一天能看十份也是很多了。

所以如果你的简历不能在十秒甚至更短的时间内传达出你是一个足够优秀、符合岗位要求的人才，那你就永远没机会了。

一定要记住，HR 和面试官都很忙、都很忙、都很忙！他们没有时间好好看所有人的简历，他们只会从茫茫人海中找出能够抓住他们眼球的那几位。

要想做到这一点，以下的三个原则一个都不能少。

11.1.2 原则一：简洁突出重点

一份简历想要传达出来的最重要的信息是什么?

- 你是一个聪明人。
- 你是一个符合我们岗位要求的聪明人。
- 你是一个符合我们岗位要求并且能做事的聪明人。

要传达出这三层的意思，你的简历中要突出的重点内容就很明确了：

① 突出显示你的名字、联系方式，让人一眼就记住的名字和明显的联系方式，能够加深你给人的第一印象。

② 照片非常重要，用证件照都好过你睡眼惺忪或者看不见脸的生活照，用生活照一定是能让你看起来阳光、活泼、有精神的，再次强调，要看得见正脸、脸部区域要大，给人留下好印象。

③ 如果你的学校很不错，是清华、北大、哈工大或者 985、211 学校，又或者是该求职岗位的热门学校如中央美院、广东美院等，那就突出学校，加大字体或者加上 LOGO。

④ 如果你的学校不够好，但是专业和岗位很契合，那就突出专业。

⑤ 要体现你是聪明人，除了能考上好的大学和专业之外，更重要的是你的上进心、学习能力和社交能力，这体现在你的奖学金、专业技能树、在学生会和社团中的岗位，最好在公司还有过岗位提升。

⑥ 你掌握了很多专业技能，可以用能力雷达图或者条形图表示，不要每项都是高分，高分的在旁边备注高分原因，比如 Photoshop 和图标技巧高分是因为你获得过站酷大赛一等奖。千万不要写 Office 软件精通或者熟练，一是我没见过身边真的精通的人，二是用好这些本来就是职场基本功。

⑦ 能做事主要体现在你的实习经验、工作经验，你能在很好的公司实习或者工作，所做的项目无论和你的专业是否契合，最重要的是要表现出你在项目中的贡献和项目获得的成绩。

重点有了，更重要的还是简洁，接下来你要思考的是如何用最简单明了的文字和结构，在一两页内把这些内容说清楚。这没有一定的格式，关键是考验你自己组织信息和排版的能力。

我非常不推荐你用 Word 来写简历，它的格式非常受限。作为设计师，你当然应该有更好的方式自己来排版和设计自己的简历，因此你的简历最好的格式是 PDF，不要直接用 Keynote，而应该用它做完后导成 PDF，否则阅读起来很不方便。

11.1.3 原则二：岗位契合度

这非常关键，但是很多人并没有真正重视这一点，因此我单独提出来补充说明。

所谓的岗位契合度并不是说你学的是视觉传达专业，而你要投的这家公司招的是视觉设计师，那你就是符合要求了。真正的岗位契合度要看这家公司招聘的这个岗位的能力要求是怎样的，具体要做的项目是什么方向、工作职责又是什么，而你都能符合吗？

如果你想找一份足够好的工作，我非常不建议你直接海投。那种不管哪家公司，只要招的岗位和工作地点还可以就直接投的做法，只会让你失去一次次的好机会，因为你的准备不够。

正确的做法应该是先筛选出你有意向的公司和岗位，然后好好研究这几家公司及其岗位要求。他们做的是什么领域的产品或服务，所招的岗位是在什么部门、做的项目是什么，然后把岗位相关的能力要求和工作职责保存下来，放在你的简历旁边一项项地检查，如果你有符合要求的能力、做过相似的工作内容，就把这些内容在你的简历中提升优先级、突出显示出来，再对应地做一些修改和补充解释。

只有做到让 HR 和面试官一眼就能看出这份简历和他们所招的岗位是高度契合的，你才有可能进入他们的候选人名单。

11.1.4 原则三：设计师的美感

只要你做的是设计行业的工作，无论你是视觉设计师、平面设计师、工业设计师还是交互设计师，都需要让人相信，你是有能力做好设计这件事的。

连自己的简历都用 Word 和 Excel 来应付的人，怎么能让人相信你能设计好软件的界面和产品外观？

所以这就是我为什么在原则一中强调千万不要用 Word 来写简历，Excel 当然更不行。

你不是说会 Photoshop，会 Sketch，学过视觉传达，会做海报吗？

那你的简历怎么看起来花花绿绿的，没有重点，没有美感，或者干脆就是人才网站上导出来的表格？

聪明的设计师，不仅会让自己的简历简洁有重点，同时看起来还很舒服、漂亮，这样不仅能抓住 HR 的眼球，还能让设计专业的初试官明白你有扎实的基本功。

千万不要忽视了设计师的美感！

千万不要忽视了设计师的美感！

千万不要忽视了设计师的美感！

重要的事情说三遍，这是设计师的命根，也是最核心的能力。

简历的部分就不讲太多了，网上也已经有很多相关内容，这里主要讲的还是我的一些心得。

11.2 作品篇

如果说简历是你投向这份新工作的敲门砖，那作品集则是对方开门之后你给他的大礼盒。只有这个礼盒里的东西足够有价值，你才有可能获得这份工作的面试机会。

正如我们写简历的时候需要站在 HR 和面试官的角度来考虑，让他们能够在最短的时间里确认你是他们想要的人。在制作这份作品集的时候，同样需要处处为面试官考虑，他们想看到的是怎样的一份作品集？

11.2.1 好的作品集结构

一份好的作品集，首先需要有一个好的结构。

① **封面和封底：**和简历的作用类似，关键是留下基本信息和联系方式，封底再强调一次姓名和联系方式，以便面试官看完之后能直接联系你。你还可以放上 Dribbble 和站酷账号，将这些作为项目内容的补充。

② **目录：**可选，目的是让面试官了解作品集中的内容结构，方便他快速阅读。

③ **主要项目：**千万不要只是简单罗列项目而不分清主次。你所写的第一个项目一定是你近期做的或者近几年做得最好的项目，这里体现的是你的整个设计能力。因此需要详细陈述整个项目的来龙去脉，篇幅大概是整份作品集的 50%~60%。

④ **次要项目：**第二个项目的目的是补充说明你在其他项目中也一样能够做得好，并且最好能够体现你其他方面的能力，比如主要项目说的是设计界面和动画，那次要项目就说一下做的品牌或原型，篇幅大概是 30% 左右。

⑤ **其他项目**：作品集的重点一定是放在前两个项目里，一定要说得够清楚，足够证明你的能力。如果你还有一些早期的其他项目，也可以用两三页来简单展示一下效果图，这里的目的除了更全面地展示你的能力外，还可以作为和主要项目的对比，证明你是在不断成长的。

整份作品集应该在 20 页左右，如果你的经历足够丰富，可以适当增加，但是千万不要超过 40 页。至于为什么，请参考前文“简历篇”的十秒原则。看作品集虽然不至于只花十秒，但是你也不可能奢望面试官会花 20 分钟来看你的作品，毕竟他手上还有好几份其他人的作品集，而且还有很多工作项目要忙。

格式方面再提个醒，最好是 PDF，不要用 PPT 和 Keynote，后两者的打开时间更长、体积更大，并且毫无必要，除非你需要在里面插入一些关键的动画和视频。但是和带来的麻烦相比，坏处大于好处，因为就算是 PPT，面试官也一般喜欢直接阅读而不是进入放映模式。你可以把后两者导出成 PDF 格式。

11.2.2 证明自己的能力

作品集存在的目的是什么？

目的只有一个，就是在你参加面试之前，提前证明你有足够的能力胜任这份工作。

而能力分为两种：一种是你已有的能力，从简历和主次要项目的陈述中就应该要能看出来；另一种是你的潜在能力，也就是潜力，这方面你可能要多费些心思了。

1. 已有能力

作为一位设计师，你的已有能力应该包含这两个方面：

① **专业能力：**这是硬功夫，无论是视觉设计师还是交互设计师，如果这方面的能力体现不足，那会直接被 Pass（淘汰）掉。

② **合作能力：**这关系到你是否有足够的能力将自己的设计方案推行下去，保证设计质量，如果你还带过新人，那新人的能力成长速度也能体现你的能力。

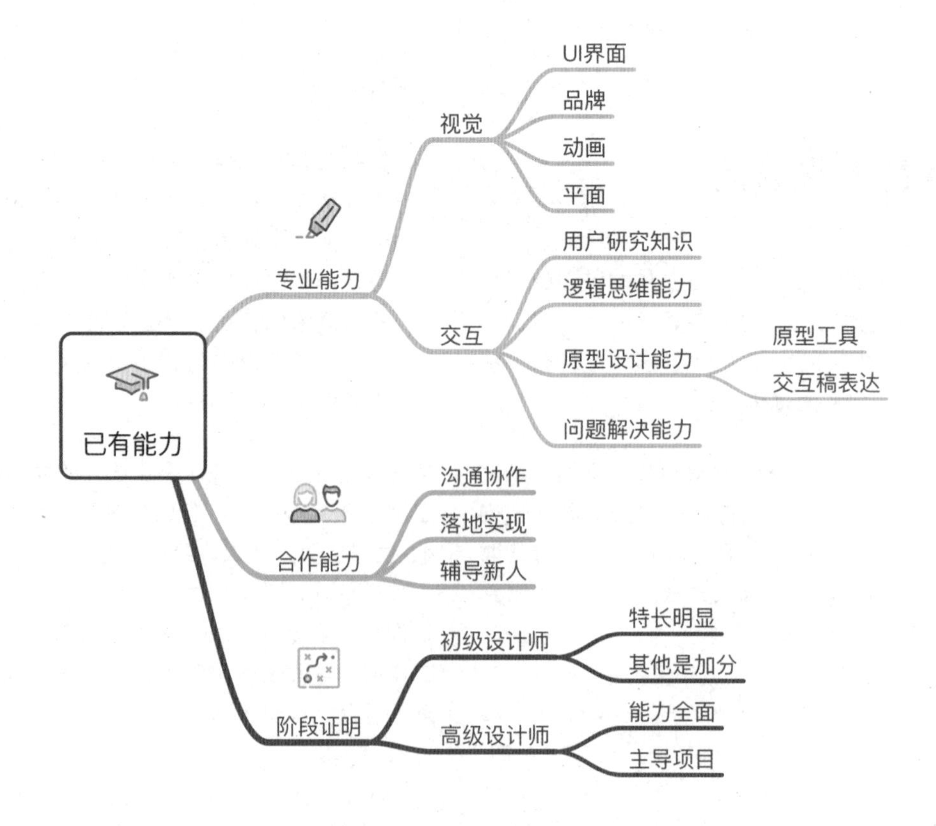

还有一点需要说明的是，根据你的工作经验和你所应聘的岗位不同，你所需要证明的已有能力也不同。

初级设计师重点是要证明自己某些方面的能力特别突出，如 UI 界面设计得非常漂亮，或者图标和 LOGO 画得非常好，又或者做移动端的经验非常丰富。只要能让面试官认为你的这些方面的技能是他想要的，就已经获得了比较高的基础分，而如果你其他方面还做得不错，比如还会做动画，会插画设计，那些都是加分项。

高级设计师的要求则要高很多，你不仅要能证明你本专业的能力很全面，还要能够主导完成公司项目从需求阶段一直到上线阶段，并且还要能证明项目因为你的设计而带来了什么价值。

这也就是为什么说要重视主要项目和次要项目，这两个项目陈述的效果如何，会直接影响到面试官对你已有能力的判断。

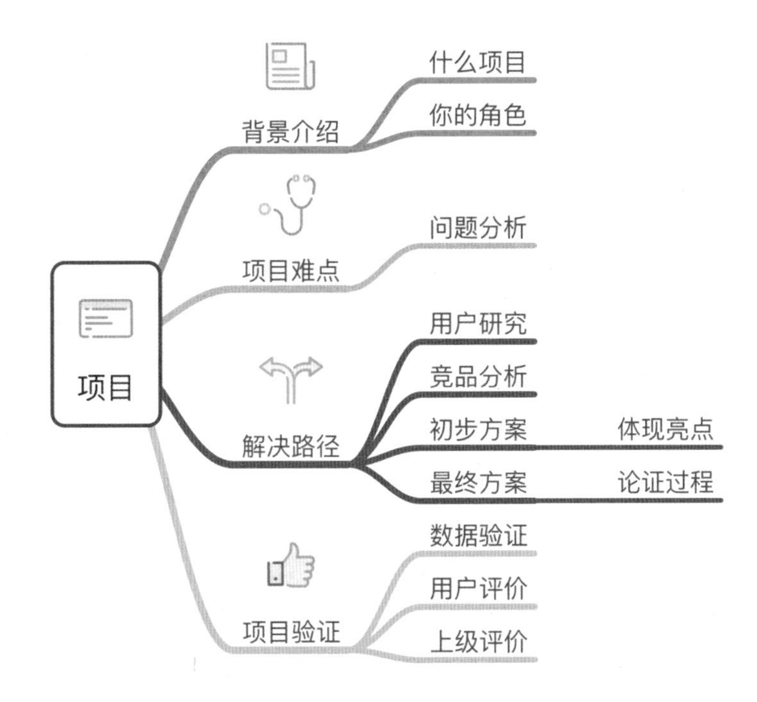

项目陈述的要点

- **背景介绍:** 项目的背景、目标用户、产品形态、现在所处的阶段和成绩等，你在项目中的角色是主导者、主要设计师或者是协助者。
- **项目难点:** 具体到这次项目的设计过程，有什么比较难以解决的问题，要能够体现你做这次设计的挑战。
- **解决路径:** 你是通过怎样的方式来解决这个问题的？要有整套用户体验设计的方法，你在提出方案的过程中经过了反复的推敲和打磨，既能体现你的设计亮点，又能满足用户需求。
- **项目验证:** 这点是可选的加分项，很多公司比较缺乏这个流程，但是如果有条件、有机会，你最好能够找到一些用户评价和产品使用数据、付费数据，证明你的这次设计真正帮到了产品的口碑和数据的提升，如果实在没有，也可以是你的上级或者合作方对你的评价。

2. 潜在能力

如果说在项目陈述过程中体现已有能力是一条“明线”，那潜在能力的体现就是一条“暗线”，是冰山模型中藏在海面下的那些特质。虽然不容易直接看出来，却是决定一个人是否具备长期发展潜质的重要性格特征。

我们在看简历和作品集的过程中，也会特意去留意应聘候选人是否有团队所看重的潜力。

进取心

进取心是指不满足于现状，坚持不懈地向新的目标追求的蓬勃向上的心理状态。

如果一个人有进取心，那无论他之前在什么学校，他都会做好自己想做的事情。比如争取海外交换生的资格、考研到更好的大学和专业、获得学校的奖学金、在学生会有突出贡献，或者是大二、大三就开始找到好的实习机会等。这些事情并不是只要聪明就够了，更重要的是有不断追求更高目标的自驱力，严格要求自己并持续努力才能做得到。

如果你认为自己是一个有进取心的人，那一定要在简历和作品集的字里行间表现出来，这不是说你把这三个字写在里面就好了，而是应该多用事实传达出来这种精神，光说是没用的。

成长性

成长性和一个人的学习能力有关，体现在他学习新东西的能力和进步速度上。

- 学校的专业是理工科，却能找到设计类的实习工作，并且做出的作品质量还不错。
- 明明只会做 UI 界面设计，但是公司需要做品牌和形象设计的时候，能够快速上手，还能做出漂亮的作品。
- 在刚开始工作的时候会的东西不多，但后来逐渐掌握越来越多的技能，成为公司的业务骨干，甚至升级为基层管理者。

如果你是一个成长性很强的人，不妨在作品集的前面放上一页根据时间轴排列的工作履历：**工作越来越好、能力越来越全面，敢于跨领域突破自己，表现出来的是一个不断向上的成长曲线。**

责任心

你在学校里是否是班长、学生会部长这类的角色？在公司负责的项目，你会跟进开发实现，直到完美还原设计效果吗？

除了才华横溢的能力，优秀的员工更重要的是对自己负责的领域有充分的责任心，只要做就一定要做到最好。

作品的内容是一方面，还有一个最简单直接的表达方式，就是看你对简历和作品集的细节是否足够注意。逻辑是否通顺、元素是否对齐、字号是否规范统一，最重要的是千万不要有错别字。

一个连自己的简历和作品集都不严格要求的人，说得再天花乱坠，也很难让人相信你是一个有责任心的人。

11.2.3 写不出这样的作品集怎么办

可能你会说：“这也太难了吧？我才刚毕业，也不是一定要进BAT这样的大公司，需要做到这样吗？”

别着急，咱们不妨来个逆向思维，现有能力不足没关系，项目呈现还不够也没关系，但是我们已经知道了应该怎样写出最好的作品集不是吗？

项目需要有前期研究分析、要有推导有验证，之前的项目没有，那从现在开始注意这些，重新开始积累不好吗？

优秀的人才需要有进取心、成长性和责任心，之前做得不够好没关系，从现在开始严格要求自己，争取在未来的一两年内能够有一个更出色的表现，难道不应该吗？

要用发展的眼光看待问题，而不是说做不到我就不做了。先有了 120 分的严格要求，然后尽全力去完成，做出的东西即使暂时达不到要求，那也是 80 分、90 分。而如果一开始就奔着 80 分去，那样你做出来的东西可能最多也就是 60 分。

好了，关于作品集就暂时说到这里，虽然说的是作品集，但是我讲得更多的还是“功夫在诗外”的内容，希望对你有所启发。

11.3 面试篇

依靠好的简历和作品集，终于获得了面试的机会，该怎么走好这个最关键的一步呢？

从以下四个方面来帮你分析：

① 准备阶段

② 自我介绍

③ 项目陈述

④ 常见问题

11.3.1 准备阶段

很多人不知道在面试前该准备些什么，甚至干脆就没有准备，这都是很可惜的。无论你是第二天就要面试，还是有几天的时间进行准备，都一定要利用好这段时间。

1. 信息上的准备

最重要的问题是：你要面试的公司和岗位是怎样的？

- 公司所在的行业，你是否了解和喜欢这个行业。
- 公司的发展历史，它的产品风格和产品线布局。
- 岗位所在的部门，它所负责的产品是什么。
- 岗位具体的要求，你的能力是否能够胜任。

不妨在搜索引擎、公司官网和人才网站上先看一遍，把关键内容先整理下来。

在学生时代，老师都会要求在上课之前先预习下一节课的内容，以免上课的时候听不懂，跟不上进度。到了自己找工作的时候，很多人却忘记了提前先了解自己要去的公司，或者有了解也仅限于百度一下公司的简单信息。

就算你放心把自己交给一个完全不了解的公司，公司的面试官也未必愿意招一个连自己公司都完全不愿意了解的应聘者。

知道这些信息有什么用？

岂止是有用，简直太关键了。

- 通过对行业和公司的了解，判断这个公司的发展前景和所处的发展阶段，是上升期还是成熟期，或者已经到了衰退期。
- 通过对产品风格、产品线布局和部门产品的了解，判断你是否喜欢、是否擅长做这一类产品，做这一类产品所需的知识你是否都有掌握。
- 通过对岗位具体要求的了解，对比自己的简历和作品，判断这个岗位所负责的工作内容是否是自己想要的，以及自己是否足以胜任目前的岗位，提前思考面试官可能会根据这些要求对自己问的问题。

2. 材料上的准备

这里我提供一份物品清单，请根据自己的情况准备。

① 简历（纸质版），电子版最好也有。

② 作品集（电子版）。

③ 作品集中作品的完整版，包括效果图、原型 Demo、视频等。

④ 不涉密的所有作品，根据公司和时期分类整理。

⑤ 为目标公司现有产品做的 Redesgin 作品、概念设计，或者一些改进建议（可选，加分项）。

⑥ U 盘，装好以上所有内容，分目录存放。

⑦ 笔记本电脑，装好以上所有内容，在面试前提前打开好 ①、②、③、⑤的内容。

⑧ 面试具体地址，住处到面试地点的公交地铁路线，打车也可以，预估好路程时间。

这里着重解释一下第 5 点，如果有时间，非常建议做一下这件事情，可以极大地加深你对应聘部门的产品设计思考，同时也可以向面试官表明你的诚意和决心，如果能体现出你的思考深度和亮点那就更好了。如果做完之后还有时间，你甚至应该为此做一个单独的 PPT 并带过去展示。

当然这仅限于你真的非常想去这家公司，比如 BAT 或者其他你认为值得这么付出的公司。就算最后你没有通过面试，你也能把这些作品作为你作品集的一部分，增加下一次面试成功的机会。

我个人就在面试金蝶时准备了类似这样的一份材料，不仅当时应聘成功了，后来跳槽时也打动了腾讯的面试官。

11.3.2 自我介绍

这部分内容相信大家都不陌生，也准备了很多的内容，我就不讲太多了。

只讲一个心得，自我介绍一定要短，只要讲出最关键的个人基本背景和曾经待过的公司就好了。如果有跨专业和转行的经历，最好简单强调一下自己为什么要这么做，最终又是怎么成功做到的。

同时，这其实是克服紧张的好时机。因为在进行自我介绍的这几分钟里，面试官大多是边听你的陈述边看你的简历，他还没有开始直接问问题。而你对这个自我介绍又非常熟练，因此你可以放松地去说，同时多观察你的面试官，判断他的性格，试着想象他以后就是你的上级和同事。当你把这次面试当成一次正常的和公司同事的谈话后，你就能放松很多了。

11.3.3 项目陈述

自我介绍结束后，接下来就是对着你的作品集来介绍你的项目了。

如果他是一位成熟的面试官，那他多半会用 **STAR 面试法** 来对你进行提问。而聪明的你完全可以不用他来问，提前准备好用这种方式来陈述你的项目。

STAR 面试法

① **Situation（背景）：**你在公司所负责的项目和担任的职位，你平时是作为主导项目的角色还是普通的参与者。

② **Task（任务）：**你所负责的这几个项目，你都完成了哪些任务，这些任务的具体内容是怎样的，有什么比较有挑战性的内容。

③ **Action（行动）：**为了完成这些任务，你都采取了哪些具体的行动，你为什么选择采取这些行动，你当时是怎么思考的。

④ **Result（结果）：**每项任务在采取行动之后的结果如何，是否有数据证明，是好还是不好。如果不好，你对它的反思和总结是什么，下次你准备如何完成得更好。

看过我“作品集”相关内容的人会发现，我建议你写项目的方式其实就是符合 STAR 面试法的原则的。如果你在写作品集的时候已经按照这种方式来写了，那你在陈述这些内容的时候一定会从容很多。

关于项目还需要注意的是，面试官一般会问你在项目中遇到的最大的困难是什么，你是如何解决的。你可以选一个印象深刻的事情，根据 STAR 原则来陈述，最终表明你是一个能够很好解决项目问题或团队沟通问题的人。

11.3.4 常见问题

你一定很想知道面试官常问的都是哪些问题吧？

不过我想告诉你的是，这些只是表面，你就算在网上搜集了几十个问题，你现场又能碰到几个？更关键的是你需要思考面试官想要知道的是什么，从他的角度去思考和分析问题，那他问出任何问题你就都能够随机应变地解答了。

授人以鱼不如授人以渔，不是么？

1. 他想知道什么

- **你的现有能力：**他会对你做项目的细节尽可能地提问，为的就是要了解你是否有足够胜任当前岗位的能力。

- **你的潜力：**你在成长过程中对自己人生的规划和选择的方式以及解决问题的思考方式，这些都能体现出你是否是一个有进取心、有成长性和有责任心的人，也就可以看出你的发展潜力如何。

- **你的性格：**性格是外向还是内向、遇事是否冷静、沟通能力如何，这些他可能会通过一两个问题来问你，也可能通过你在整个面试陈述中的表现进行判断。

- **你的家庭背景：**这是一定会问的，关系到你是否愿意长期在异地工作、是否能稳定待在这家公司等，如实回答就好。你可以增加一些自己的意见作为补充，比如特别喜欢深圳、喜欢独立、女朋友愿意随你过来这个城市。

2. 你想知道什么

在面试的最后，面试官一般会问你：“你有什么问题想问我的吗？”

这时候是你进一步了解公司、了解这个岗位的最好机会，也能体现出你提前对公司做了功课，只是想通过面试官核实和确认你了解到的信息，同时流露出你对该岗位的兴趣，给他留下一个好印象。

如果他不开口，千万不要傻傻地主动问薪资条件。很多面试官只是用人部门的主管或资深员工，未必知道公司能给你多少薪资，而且薪资在很多公司都是互相保密的，贸然问出只会让他尴尬。就算他真的有资格决定你的薪资，你主动去问也容易暴露你目前的薪资水平和期望，降低谈判的筹码。你只需要在跟 HR 沟通的时候再去交流这个问题，并且给出超过你当前工资 20%~30% 的期望就好。

11.3.5 最后强调一点

面试有一个大忌，就是过度准备。

你可能太希望进这家公司，于是问了很多朋友、看了很多面试经验，找来一大堆面试官会问的常见问题，然后把自己的陈述内容装进一个个套路里，试图让自己成为一个完美的面试者。

以过来人的经验，我会明确地告诉你：千万不要这么做，否则你会给人留下虚伪、不真诚的坏印象，反而可能让你失去这次宝贵的机会。作为面试官，他见过太多的面试者、太多的套路，你也许只是不想犯错、想让自己看起来更完美，但恰恰就是这种更完美，让你看起来显得很做作。

其实你只要做好我说的这些准备工作，按照自己的真实情况来陈述，把完整的自己真诚地展示给面试官就够了，他要招的是一个诚实正直而有能力的员工，不会介意你的不完美，谁能没有一些小缺点呢？

11.4 转职的黑暗时光

无论现在的工作你有多不满意，多半你也下不了决心要换工作的。

- 觉得现在做的事情没什么成就感，获得不了多少成长？

- 觉得同事只出工不出力，上级又不管事，时常感到心累？
- 觉得小公司待遇和前景都不行，想去大公司升职加薪？

也许你无数次转过这些念头，但是随之而来的就是你内心中的另一些声音：

- 虽然没有成就感，但是这里的同事对我都很好，我也获得了认可，也许很快就能升职了，我舍不得离开。
- 虽然同事和上级都不给力，但是至少我在这里能体现我的价值吧，有些事情他们也有自己的苦衷，忍忍就过去了。
- 虽然待遇和前景不行，但是我现在也没能力去到大公司啊，之前投过几次简历也没录取我，还是再准备准备吧……

尽管现在跳槽已经是一个普遍的事情，不像长辈们当年一辈子只打一份工。但是大多数人还是宁愿选择少变动，宁愿在一个自己都不满意的公司里继续加注投资，尽管在别人面前各种抱怨，但最后还是会给自己找各种借口留下来。这不能怪谁，因为这本来就是人性的弱点，其实我们都是一样的。

鼓起勇气跨越跳槽这段鸿沟其实一点都不容易，尽管当你真的跨越过去之后，回头看看这不过是一个小水沟而已。但这是事后啊，当初要鼓起勇气可是一件多么麻烦的事情啊！

更何况，你真的跨过去后，还要面对转职之后的一段人人都需要经历的黑暗时光。只不过人和人之间的区别在于，大多数人都会对自己面对的痛苦经历沉默不语，保持一种坚强的状态，仿佛这些对自己来说从来都不是问题；而极少数的人会选择说出来，比如和菜头就在他的《得到》专栏《槽边往事》里首次提到了“转职黑暗期”这个概念，讲述了他在转职后的痛苦经历。

根据不同的人，不同的公司，这段黑暗期的时间可能在 3~6 个月。从一个熟悉的环境，猛然切换到一个全新的环境中，在这里你会面对全然不同的工作内容和人际关系，只有极少数人会对此欢欣鼓舞，大部分人会因此感到不适应，甚至是恐慌。

但是最微妙的一点在于：几乎没有人会对外承认这一点，承认自己恐慌、迷惘、无力，不知道应该怎么做才好。因为这触及了个人最核心的利益——质疑自己的工作能力。如果一旦说出口，家人会担心和焦虑，新公司会质疑你是否能胜任这份工作，新同事会对你不信任，缺乏和你合作的意愿。而对你自己来说，这种想法甚至都不应该升起，因为一旦开始自我怀疑，你的自信就会如雪崩一样，片片下落直至轰然崩塌。这时你对自己能力不足的担心恐怕就会变成真的。

我也和大多数人一样，经历过这种时期，而且还有很多次。

当我进入 OPPO 成为一个网站美工、网站编辑时是如此，因为刚开始我只会一点简单的 Photoshop 功能，要我自己弄一个网站 Banner（横幅广告）我都弄不好，更别说是设计一个网站了。

当我进入同洲电子转行成一名交互设计师时是如此，因为尽管我了解了网站设计的用户体验流程，但是对于软件行业正统的交互设计应该怎样做还是一点底都没有，只能从零开始学习和摸索。

当我进入金蝶从事企业管理软件设计时是如此，因为我完全不了解财务、ERP 等软件的操作流程，还要将上百个页面的软件系统进行改版设计，同时和好几位产品经理进行协作，甚至还要优化团队的设计流程，真是压力山大。

当我终于进入腾讯开始设计 PC 安全产品时是如此，以前从没设计过 PC 端产品，这种都算是小事了，真正的困难在于以前我可以一个人花一天时间就设计好一款软件的全部界面和流程，而现在仅仅是设计软件中的一个小流程，就需要反复修改、不停讨论，领导评审了几次还是觉得不行，这有点太苛刻了吧？

坦白地讲，我在每份工作的试用期都是心惊胆战的，生怕有一点做不好，然而每份工作给我的挑战又都很大，我只能硬着头皮不停地去尝试。好消息是，因为前面几次我都顺利扛过来了，所以我的信心每次都会提升一点点，但也仅仅是一点点而已，毕竟我根本不清楚新公司领导对我的表现是何态度，要求究竟有多高。

这种转职黑暗期，对我个人而言一般在 3 个月左右，直到我进了腾讯。

我在腾讯的黑暗期有多长?

一年，半年，3 个月……

啊?

是的，你没看错，黑暗期不止一个，而且可能还会继续有。

第一个黑暗期我花了一年，那一年我拼尽全力才能使自己不掉队，那时我真的好几次想要辞职，但还是咬牙逼自己努力，终于从一个天天被领导骂的新人，成了一个偶尔能被领导夸的合格交互设计师。那段时期有多痛苦? 痛苦到我身边的同事都能看得出来，老同事们到现在还记得我当初被骂的样子，而我甚至不愿去回想。

第二个黑暗期我花了半年，尽管我扛过了第一轮，然而随之而来的更高要求让我的压力骤然增大，在持续的加班和被骂之间，我真的不想干了。这时真的很感谢领导们对我的关心和帮助，他们给了我很多指点和鼓励，我也终于想明白了，有些难关要靠自己才能挺过去，他们也从来没有放弃过我。经过了那半年对自己的重新改造，那年我获得了两次公司五星员工的表彰。

第三个黑暗期我花了三个月，当我觉得一切都很顺利，参加公司的高级设计师通道晋级面试也一定能成功的时候，失败了。不仅如此，和我同时参加面试的还有同个团队的两位视觉设计师，他们都通过了。尽管我安慰自己这不算什么，通过率本来就很低，但是依然很痛苦。所以才有了我在 2017 年终总结中说的，那连续上班 24 天和 4 个通宵的壮举，在第二次终于通过面试的时候，我如释重负，去了深圳湾的海边静静地待了一个早上。

转职黑暗期并不可怕

在这个社会上，人人都经历过的痛苦有很多，区别在于大多数人都会把自己伪装得很坚强，似乎从来没有什么难题能难倒他们，这样才能显出他们的强大和无所不能。

但实际上，这里遍布荆棘，天上下着瓢泼大雨，你只能孤独地在雨中缓缓前进。

而我，选择冒着大雨走到你身边，告诉你，前路虽然有很多困难，但是并不可怕，因为雨过总会天晴。没有什么事情比克服无数困难之后看到一个成长后的自己和一个光明的未来更令人开心和自豪的了。

只要你想走，那就卷起裤脚，不要害怕泥泞，大踏步地前进吧!

第 12 章 交互设计书籍推荐

Recommended UE Books

不时会有朋友让我推荐一些交互设计或者用户体验相关的书籍，我干脆就用这一部分来回答吧。

交互设计其实是伴随着用户体验思想而生的一门设计学科，交互设计是用户体验设计的重要环节，所以每一位交互设计师（Interaction Designer）其实都是用户体验设计师（UE Designer），而如果你想学习用户体验知识，也就应该从基础的交互理论学起，两者密不可分。

目前市面上的大多数优秀的用户体验类书籍我都有看过，虽然不是每一本都有精读，但也算是对整体的情况比较了解。这里我向大家推荐的四本书（最后一本其实是一套）是我觉得最适合入门或者打好基础的同学看的。

12.1 总纲：《About Face 4：交互设计精髓》

作者 **艾伦·库伯（Alan Cooper）** 被誉为“交互设计之父”“Visual Basic 之父”，他在 1992 年写的这本书在设计行业产生了很大的影响，真正让交互设计师这个职业为大众所熟知。而后再过了近十年，国内才慢慢开始有了交互设计师这个职业。书中提出的 **“目标导向设计法”“用户画像”** 都是现在大家常用的设计方法。本书不仅畅销至今，并且到最近作者都还在更新，一直出到了《About Face 4：交互设计精髓》。

书中前半部分介绍了很多交互设计的基础知识和方法，后半部分介绍了搜索、窗口、菜单等控件的定义和用途，真真正正是教科书级的好书，必读，不用多解释。

但是有一个建议还是要讲，我手上的是《About Face 3：交互设计精髓》，有 447 页，如果你不用合适的阅读方法，是没办法看进去的，就算勉强看完了也记不住，因为这种又干又厚的书看起来真的很累。你可以速读之，精读之，然后反复咀嚼之。

12.2 流程：《用户体验与可用性测试》

如果说上一本是交互设计的 **“武学总纲”**，那这本则是简明易懂的 **“入门口诀”**。这是第一本我

从开始阅读就放不下来的用户体验书，也是我唯一一本每章都做了读书笔记的书。为什么？因为它真的好懂，而且真的有用，最关键的是——**薄！**

这本书也是少见的日本人写的用户体验类的书籍，日本人一贯严谨，所以他们也更重视流程和测试。除了介绍基本的体验设计知识，可用性测试和用户研究相关的内容也是本书的特色内容，对这方面内容感兴趣的同学可以详读。

12.3 原则：《简约至上 交互式设计四策略》

你可能听过一本书 *Don't Make Me Think*，**少即是多**正是它极力倡导的设计原则。而这本《简约至上 交互式设计四策略》则把这个理论进行了扩展，详细总结成了四个交互设计策略：

① **删除：**简约设计的核心原则，去除不必要的元素，让产品更好用、更易懂。

② **组织：**将同类功能和信息围绕用户的使用场景进行整合、重新布局。

③ **隐藏：**不必要的功能和信息可以先隐藏起来，根据用户的操作和需求再自动出现。

④ **转移：**不必非要在当前产品和界面上完成任务，联合其他设备和用户一起创造开放性的解决方案。

这本书比上一本还薄，我在写这部分内容的时候只花了 30 分钟就重新看了一遍。但是书中通过介绍这四个核心原则扩展出来的各种方法非常值得学习，真的是大道至简，可谓是无招胜有招的“**剑法**”了。

12.4 心法：《设计心理学》

做用户体验的同学都听过诺曼（Norman）博士的大名，他所著的这套《设计心理学》中提出的很多理论都深入人心，也正是书中的“情感化设计”方法让大家真正开始关注用户情感层面的感受，而不是仅仅把设计停留在满足基本的功能需求层面。

他提出了设计的三个层次：

① **本能层次的设计：**产品的外观和界面。

② **行为层次的设计：**使用的愉悦和效用。

③ **反思层次的设计：**自我形象的投射，个人内心的满足，产品的记忆性。

这个层次模型不仅可以应用在产品的工业设计上，更可以用在界面设计、流程设计，甚至是品牌设计上，真可谓是设计的重要“**心法**”了。不过这套书不仅更厚，还有四本之多，建议你看完了前面几本再来好好看这套书，同时更需要用正确的阅读方法，方能有更多的收获，而不是半途而废。

Part IV 我的故事
My Story

我是一个非典型的、半路出家的设计师，我和你们一样，也许曾经遇到的瓶颈、困难和迷茫比你们还要多。我把我的故事分享出来，为的是希望能给你们一点启发，让你们看到，希望和汗水永远是并存的，而我，一直都在挣扎和前进着。

第 13 章 我是怎样进腾讯的

The Way To Join Tencent
During My Career

我想给你讲一个故事，关于理工科专业的我是怎么进入腾讯成为交互设计师的。请注意，这并不能算是一个成功的案例，我想给你分享的更多的是我这一路上的感悟和教训。

Lv1~Lv2：迷茫期

我本科是在成都电子科技大学读的，专业是电子信息科学与技术——研究无线微波通信和电子工程相关的内容。高考后，我对于专业方向并没有什么特别的主意，一心想的只是去一个离家更远的大城市感受“悠闲”的大学生活，因此在听到我爸的同学的儿子的推荐后，没想太多就选择了一个看起来很有前途的“工程师”方向。

也许你会说，这没什么不好的啊？这个专业毕业后可以去华为、中兴这些硬件企业作为一名硬件工程师，待遇前途都不错啊？或许如此，但是作为当事人的我，在真正了解这个方向后，便很快明白，即使我高中的数学和物理都还可以，但我真的不想一辈子都和这些公式和电路图打交道。

我适合干什么？这应该是很多人在大学毕业前后都会问自己的问题。

我也如此。

幸运的是，从大一参加学生会的宣传部开始，我发现自己喜欢做和设计相关的事情，这多少和我小时候喜欢画画有点关系。大学的宣传部需要负责学院里各种活动的海报设计，于是我便在网吧里从零开始学习 Photoshop。从基本的尺寸和形状开始学起，字体刚开始只会用宋体，样式里觉得自带的彩虹样式最漂亮，排版则是怎么顺眼怎么来……尽管如此，三年的宣传部生涯也让我从一个“PS 白痴”变成了一个——“PS 小白”。

正是这个契机，让我能够用自己掌握的少得可怜的 Photoshop 知识，为当时尚不成熟的一款 NDS 游戏机烧录卡制作了几套动漫主题的皮肤。因为那时候非常原始，根本就没有什么所谓的主题编辑器，只能靠拆解原始的系统皮肤来研究，整个制作过程完全靠我用肉眼在游戏机屏幕上数像素、调位置等各种研究，花了一两个日夜全神投入才能搞定的。也正因为我做的是别人没有做出来的东西，我的主题皮肤一经推出，就大受欢迎，在游戏论坛上获得了很多的下载、回帖和粉丝，让我第一次感受到了自己制作的东西受到别人欢迎是怎样的一种成就感。

我在这个过程中发现了：我非常喜欢这种从无到有的设计过程，通过自己的双手生产出自己想要的东西，为此甚至可以在宿舍里从早到晚十几个小时一动不动，这在我之前除了玩游戏之外的任何生活体验里都是没有的，而这些作品一旦获得了别人的喜爱，这种快乐更是从未有过的。

从那时起，我就告诉自己，我要做设计。

Lv3~Lv5：探索期

可以说是几乎没有设计经验的我，找到了上文提到的游戏论坛的老板，说我想去他那里做设计实习，幸运地是由于我之前在论坛里的付出，他真的给了我这个机会，于是我千里迢迢地从成都来到了深圳——成了一名光荣的淘宝客服。

是的，我只是一名淘宝客服，白天回答买家的各种咨询，学习给游戏机贴膜、打包和发货，晚上给淘宝店做广告 Banner，作为论坛版主发表游戏评测和处理版务。尽管工作中只有少少的设计，但是第一次工作的经验非常宝贵，我每天都能学到很多新东西，也明白了自己其实真的非常欠缺设计的知识和经验，需要更多的时间成长。

按理来说，非设计专业出身的我是不太可能在毕业后找到一份不错的设计工作的，事实也正是如此。毕业后我回到深圳，放弃小淘宝店客服的光荣职业，在试图成为网站美工的过程中碰了一鼻子灰，不仅工资水平只有 2000 上下，甚至还没有公司要，因为他们要的是能够一个人就能设计并开发出网站的“全栈设计师”。

有趣的是，当时我还参加了腾讯拍拍网的电话客服面试（可见我是多么的走投无路）。我想只要能进腾讯就好，哪怕是从外包的电话客服做起，我也相信自己能凭借自己的能力和成长成为正式的设计师。结果可能是被面试官看出来了我“胸怀大志”，连第一轮群面都没过……不过还有个意外收获——在面试的时候认识了我现在的妻子（赚大了，嘻嘻）。

客服虽然没有当成，但是后来我成功地进了 OPPO 手机公司成了一名网站编辑，因为他们正好需要一位**有网站论坛管理经验的网站美工。**

又有这么巧的！

所以那时起我就认识到：**你在成长路上付出的任何不经意的努力，都有可能成为你成功路上关键的垫脚石。**

这可能需要运气，不过如果你都没有努力过，那就算运气来了又有什么用呢？

Lv6~Lv10：成长期

刚来 OPPO 的这段时间，我的本职工作是负责网站论坛的编辑，用了很多方法提升了官方论坛的人气，但同时也没有放弃过自己的设计梦想，想尽办法做更多和设计相关的事情：

① 2009 年的官方论坛的皮肤实在太丑了，我用自己的方式重新为它设计了一套好看一点的皮肤。

② 网站的设计过程中需要和外包设计公司、设计师进行大量的沟通并配合做一些杂活，我主动接手了这项工作，在和他们沟通的过程中学到了很多有用的知识。

③ 在第二点的基础上，参与并主要负责了官网的改版沟通工作，配合 Echo Design 设计公司对网站进行了重新设计，并根据他们的模板对剩余页面做了继续设计和切图。

④ 在第三点的基础上，根据最新的官网风格重新设计了新版官方论坛的皮肤，并重新设计了所有版块的主题图片。

⑤ 自学了 HTML 和 CSS，自己包办了 OPPO 手机主题库这个网站从产品定位、交互、视觉到初期前端开发的所有工作。

⑥ 自学交互设计，研究用户体验流程和方法。

⑦ 自学用户研究，和同事一起跟进多个城市的用户满意度调研。

⑧ ……

做到这里，我相信你已经看到了，这个过程中我没有放弃学习和成长。我一步一步按照自己的能力所及做了越来越多的事情，从一个编辑变成了美工、切图工、甲方联络人、视觉设计师、交互设计师、“全栈”设计师……尽管可能我做得还不够专业，但是我的努力也确实得到了领导的认可——一年半后我成了新成立的网站 UE 组的负责人，开始负责官方网站、官方论坛和相关产品的设计工作。

我很喜欢这种成长的感觉，也很喜欢为了自己喜欢的事情付出所有的努力。

Lv11~Lv20：转职期

我在 OPPO 从网站编辑开始做到了 UE 小组负责人，开始学习指导新人、管理团队、管理项目，这些事情让我对于用户体验设计有了更全面的感受，同时也有机会掌握更高一些的视角来审视产品，也就是有了一点大局观。

正是这一点大局观的掌握，让我开始发现自己的状态不对了：

① 团队有交互、有视觉和前端开发，我不需要执行具体的设计任务了。

② 基层管理岗需要我掌握更多的管理知识，辅助团队成员更好地完成任务。

③ 我每天负责的更多的是需求沟通、项目管理和设计评审工作。

④ 最关键的是，我真的有做好上面这些事情的能力吗？

也许我刚开始不愿意承认，但是我确实想明白了两个问题：第一个是我作为设计师的时间太短了，短到还没有掌握足够多的设计知识和技能就成了 Team Leader，这样的 Leader 我认为是很难给团队更大的发展空间的，因为天花板太低；第二个是我并不喜欢这么早就做管理，我更喜欢做的是实际的设计工作，渴望继续提高自己的设计能力，用自己的双手做出让自己和用户都会心动的产品。

虽然在外人看来或许很傻，但是我在明白了自己的内心诉求之后，选择离开了待了三年的 OPPO，放弃了相比刚开始工作已经很优厚的待遇和管理通道的成长空间，重新出发，寻找自己作为设计师的定位。

我同时做过产品、交互、视觉和开发这四类工作（虽然都不够专业），而这里面既能够发挥自己擅长的理工科思维，又能够做自己喜欢的设计岗位就只有一个——交互设计。而通过前三年的工作对行业的了解，我觉得做手机 ROM 和营销类网站是很难发挥作为交互设计师的全部能量的，只有真正的互联网企业才能，因为做出来的产品有足够大的能量辐射到所有用户，只要是真正的好产品就能够改变世界。

所以我选择了腾讯。之所以不喜欢百度和阿里，各人有各人的看法吧，我个人更认可腾讯的以用户为中心的文化。

事实证明，腾讯不是你想进就能进的。连自己都觉得专业水平还需要提高的时候，我当然连门槛都摸不着，一次电话面试之后就石沉大海了。

但是这更坚定了我转职的决心。我甚至不惜降薪加入了第二家公司——同洲电子，只为了在它新成立的分公司中负责 APP 的交互设计，只为了这个能够在互联网行业重新开始做交互设计师的机会。

成为交互设计师难吗？其实一点都不难，只要你能够学会 Axure 的基本操作，掌握快速建立低保真甚至高保真原型的能力，再学习一些基本的用户体验设计原则就可以了。

成为**优秀的**交互设计师难吗？其实真的很难。因为在前几年还没有什么大学开始教授用户体验、交互设计相关的内容，很多交互设计师都是从其他专业转行过来的，并没有掌握太多的用户心理学、行为经济学、大众心理学等基础知识，甚至连用户体验相关的书籍也只是看过几本，他们设计交互原型靠的更多的是把自己当作用户来思考和设计所获得的经验，充满着实用主义精神。而要成为他们中的佼佼者，在起点和环境接近的情况下，比的只能是学习和成长的速度。

刚进公司的时候，我只是一个懂一些简单交互基础的入门级交互设计师，甚至连 Axure 的基本功都还不是很好，而公司的另一位交互是从事设计行业已经快十年的交互设计师，高下立判。如果当时我想的只是如何超过他，那可能很快就会失去信心。

但我明白，我要的不是比谁更强，而是找到如何提升自己的方法：

① 我在网上购买了一套 Axure 基础教程，并在一周内学完了所有内容，掌握了 Axure 这款大众交互设计软件从基础到高级的用法。

② 学习网上和身边同事画的交互稿格式，尽可能细致和完整地思考整个产品的交互逻辑和细节，画出尽可能完整的交互稿。

③ 用掌握的 Axure 技术研究我负责的项目里的原型如何做出更高保真的效果，就算有的效果看起来实现不了，甚至网上也没人教怎么实现，我也花了很多工夫研究出了实现的方法，并且做了自己的控件库来提高自己做原型的效率。

④ 自学《About Face 3：交互设计精髓》里的关键内容，通过这本经典的交互设计教材打好了我的专业基础。

⑤ 在网上看到 CDC 的 Yoyo 推荐的通过 InDesign 设计规范化的交互设计文档的分享后，马上自学 InDesign 并设计了一套自己的交互设计文档，并用这个文档写了新产品从用研到交互的完整报告，向公司集团总裁、副总裁汇报了新产品的设计方向，还锻炼了自己的口才和胆量。

⑥ 跟进设计完成的 APP 的开发落地，利用自己的代码基础，在和开发人员交流的时候明显更容易理解他们的难点和思维方式，配合他们讨论还原性更高的设计落地方式。

这个阶段的我，只花了一年的时间，从新手交互设计师成了合格的交互设计师，在最后决定离开同洲寻找更好的设计团队的时候，也是因为我觉得在这里已经学不到更多的知识了。

因此我又一次寻求进入腾讯的机会，在一次腾讯参与的 IXDC（国际体验设计大会）分享会上向 MIG 的周陟提交了简历，但遗憾的是机会依然没有来。

尽管如此，我还是同时得到了金蝶和华为的用户体验设计团队的 Offer，最终我选择了金蝶，成了

T6- 高级设计师（此为金蝶的职级体系）。

刚开始比不上别人又如何呢，成长的路是你自己走出来的，关键是你要想好怎么走。

Lv21~Lv30：轻骑兵

"你的能力也许不是最强的，但是你是最适合这里的人。"在我最后选择离开金蝶加入腾讯的时候，我的总监这么对我说。

我认为这真是对我在这里的付出所能给予的最大的肯定。

2013 年刚加入金蝶时，我看到的是一家处于转型期的 ERP（Enterprise Resource Planning，企业资源计划）软件公司。它是做财务管理软件起家的，经过十多年的努力，已经成为国内最大的两家企业管理类软件厂商之一，目前面临的是想要将庞大的本地软件环境放到云上，推行全面 Web 化、移动化办公。

金蝶的软件都是给企业用户用的，曾经追求的是功能更多、更全、更强大，操作效率是不是高反而不是那么重要，甚至都没有很好的新手引导，因为在卖给企业用户的时候还会有销售顾问负责上门培训软件的使用。所以在刚刚开始做产品的时候，我看到的都是各种复杂的界面和流程。这里的产品经理是我所见过的最懂业务的产品经理，因为他们都是做财务管理类出身，明白同行的术语、规范，也明白同行想要怎样的软件来完成他们的工作。也正因为金蝶产品的特殊性，所有的交互原型最开始都是由这些产品经理来画的，ERP 类软件的界面不仅非常专业和复杂，还超级多，一个完整系统如 EAS 的所有界面可能都超过三位数之多。

而我所接到的第一个任务是：在半年内，找出适合金蝶的用户体验设计流程并推行，完成大型 ERP 系统 EAS 的 V8.0 Web 化改版。为什么是我这样一个新人来做？因为金蝶最大的产品线有三个，而交互设计师包括我也只有三个，其他两位设计师负责的是另外的系统，所以就是我了。

虽然听起来真的很吓人，但是最终我还是做到了。

① EAS 的系统复杂，界面多，但是我不是一个人作战，还有很多靠谱的产品经理，我要做的只是给他们提供一张最合适的蓝图——产品交互规范，剩下的事情可以和他们一起配合完成。

② 在熟悉了 V7.0 系统里的大部分界面之后，向产品经理要到了主要的几大类页面，我和导师（我以后的总监）一起讨论和研究了互联网上各种控件的操作方式，然后我将这些主要页面拆解成：导航、菜单、筛选器、操作按钮、表单、图表等各类控件，并针对每个控件进行重新设计优化。

③ 用 Axure 开始制作 EAS V8.0 的交互规范，内容分为两块：一是控件类，这些控件经过我的再设计，不仅有详细的流程和说明，每类控件还有独立的可演示高保真原型；二是页面类，将内容和控件按照模块化的方式填入，组合生成符合各种要求的页面。

④ 每个控件和页面设计完成之后，都会和系统的首席架构师、产品经理进行讨论，讲解我在每个部分的设计思考，这时可演示的高保真控件就很有用了，一看就懂，一用就知道好不好用，然后根据他们对于业务的理解进行调整。

⑤ 业务方面的进展顺利之后，我又利用自己的网页代码知识，重新操办起荒废了一阵子的

KDUED 用户体验博客，还建了一个内部版，并组织同事定期在内部版输出文章和项目总结，选择优秀的部分再输出到外部博客。

⑥ 代表团队参加了北京的 IXDC 用户体验设计周，全程记录了很多优质的干货，并参加了工作坊。

⑦ 将 IXDC 参会见闻经过自己的理解重新演绎，在内部开分享会进行再宣讲，效果很好，观众都听得很开心，我也发现自己不再害怕在人前演讲。

⑧ 于是继续将自己在项目中使用高保真原型的设计流程进行内部分享，再次爆满，在这个过程中我发现，我们团队好像都只有我在讲课啊……

⑨ 再接下来的移动端 H5 项目中，有了前面 EAS 的经验，我很早就组织交互设计、视觉设计一起输出了完整的包括交互原则、字体字号、视觉用色、控件使用规范等内容的轻应用设计规范，用 Axure 做成网页版放到内网上，给产品经理和其他团队成员起到了很好的指导作用。

由于有了前面四年的积累，我能做的事情越来越多，而随着能力的提高，我发现自己又掌握了一项很重要的技能——同理心。因为我接触的人越来越多，需要说服的人也越来越多，所以我意识到如果能在讨论时就站在他们的角度去思考："他们要的是什么？""他们思考的方式是怎样的？""他们有什么是不能接受的底线？"那么我就能掌握到整个讨论的流向，**只要能用我的方式达到他们想要的，不要触碰他们的底线，那没有什么是不能达成双赢的。**

我在同事间有了很好的口碑，因为我喜欢考虑他们的感受，力所能及地帮助他们，给他们提供专业的意见，还能做好自己的项目、乐于分享，甚至还能帮他们说服他们搞不定的产品经理……因此我每个季度的绩效考核，都是数一数二的。我也成了交互团队的负责人，辅助总监完成招聘和管理工作。

这时的我就像一名轻骑兵，有了适合自己的工作节奏，快马加鞭地奔跑。

在奔跑的路上，我惊喜地发现身边还有另一位优秀的新人设计师，他是工业设计出身，为了转行 UI 设计，离职后只花了一个月的时间临摹了大量的作品，成功用自己的方式掌握了 UI 方面的技能。他比我早两个月进的金蝶，但是比我还小好几岁。我在他身上看到了和我一样的成就动机和学习能力，因此我们很快就成了好朋友。

有一天他突然问我："你想不想创业？"

我一愣，随即明白了，这是我们共同的目标，也成了我们成长的最大动力。

于是我们开始探讨人生的终极目标，开始研究我们能自己做些什么。我也因此开始研究 iOS 开发，想要自己做一个有意思的 APP。

也正是因为遇到了他，我们的奔跑开始一起加速，几乎每天都在跟时间赛跑，因为我们知道，现在就创业可能还是有些早，但是我们完全可以先完成下一个目标——进腾讯。

有一天他告诉我，嘈帝（他给张晓翔 Celegorm 起的外号）在微博上发了个腾讯的招聘启事，你要不要去试试？

幸运的是，这一次我终于做到了。

这时我刚加入金蝶不过一年，但我不想放弃这次机会，因此才有了开头的那段话。

Lv1：洗点重来

如果你问我："你最后是怎样加入腾讯的，他们看上了你哪一点？"

我只能说："我也不知道，可能就是运气好一点吧。"

因为我后来也明白，我并没有达到自己的最好状态，只是当时的时机正好而已。

不过进了腾讯之后，我的日子比之前要难过很多很多，甚至可以这么总结："在刚腾讯的前三个月里我加的班比之前的所有公司加的班都多！"我的同事前阵子也说："你看看 WingST 当年刚进来的时候，再看看现在，进步是不是非常大！"

也许以后我会和你分享我在腾讯的故事，这真是一个洗点重来的过程，可能比这个故事还要说来话长。

尾声

为什么我会说这不是一个成功的案例，我想给你分享的除了感悟，还有教训呢？

因为我前后花了整整五年的时间，才终于进了腾讯。

① 如果不是一开始我就选择了我不喜欢的专业，而是选了设计专业，这条路还会这么难吗？

② 如果我继续坚持在 OPPO 做管理，想到了别的路径提高我的设计能力，我可以进腾讯吗？事实证明，我离开 OPPO 时为团队选择的接班人——也是一位很有才华的交互，他在 OPPO 做了五年之后，直接跳槽进了腾讯，职级还比我当时高了一级。

③ 如果我从 OPPO 出来就能进入金蝶，是否也能加快自己的成长，更快地进入腾讯呢？

其实我并不后悔自己的选择，因为这条路是我自己选的，也是我认为最适合自己的道路。而我分析的这些可能性，正是想让你自己思考的，这才是你花了这么多时间看完这部分内容应得的最大收获吧。

第 14 章　坚持 1000 天写作

Keep Writing For 1000 Days

14.1 为什么我要坚持1000天

我之所以开这个微信公众号，目的就是为了提升自己的写作能力、思考能力。目标是坚持1000天，那为什么是1000天呢？

最直接的原因是我看的一本书《刻意学习》里提到的理论，作者Scalers把持续一个行动分成了几个阶段，用10的N次方来表示这些阶段，把这些持续行动的人称为N阶持续者。

一阶持续：10的1次方 = 10天（约一周）

这几乎是任何持续行动的基础也是入门阶段，如果无法跨越这个阶段，这件事情也就等于没有开始做。而大部分人在做很多他们想要坚持下去的事情的时候，都是倒在了这里。

二阶持续：10的2次方 = 100天（约三个月）

能够连续三个月做一件事情，说明他对这件事情有热情，但还没有构成真正的习惯。这是一个真正的分界岭，越过了一阶的少部分人，绝大多数只能抵达这里，随时会放弃他们好不容易坚持下来的事情。而他们也认为这是再正常不过的，因为大家也都这样，所以这一阶是大众阶。

三阶持续：10的3次方 = 1000天（约三年）

当人们能坚持到这个阶段的时候，才会真正看到一些改变，这才刚刚是入门的阶段。曾经的坚持也成了习惯，这个时候面临的更多是反思、重构和创新，正如三年也是大多数我们生活中的一些特殊阶段，比如大学生从入学到大三开始找工作或者考研，职场人士从新人到入行三年就会多少遇到一些瓶颈或者感到疲倦，一个行业三年左右也会有小的周期波动，比如三年前称为马上要火的VR。

四阶持续：10的4次方 = 10 000天（约三十年）

男人三十而立，三十年河东三十年河西，我现在刚刚三十出头，回首望去曾经的人和事，真的如同沧海桑田。别说三十年，就是十年前的我又何尝能预见我现在会真的在做设计行业呢？而我的这前三十年，其实都是处在父母、老师和前辈们的规划下的人生，唯一产生变动的正是我在大学毕业前后自己的一些思考。我不愿意做本专业的微波通信工程师，选择了自己喜欢的设计方向，虽然我自己心里也没底，但是这一步的踏出和随后的坚持，真正改变了我的生活。

五阶以上持续：10的5次方 = 100 000（三百年）

单从人的寿命来说已经无法跨越这个时间段，这要上升到一个家族乃至一个国家的传承了，中国以前的那些朝代几乎都是在三百年这个层面，要坚持三百年都是如此之难。

你曾经到达了第几阶呢？

看到了这种跨度极大的对时间的定义，我一开始是目瞪口呆的，因为我对其中的跨越感到了绝望和战栗。我们总是习惯于对时间的小时、天、周、月、年这样的分类法，以至于我们经常觉得三天、一周、一个月、半年、一年这样的跨度才是正常的。所以如果一个人能将某个习惯坚持一年，就很厉害了，而一周、一个月、半年就放弃的人，简直再正常不过。而在Scalers给的定义下，三年这样的跨度仅仅只是入门，不得不说更为大气，细想下来，却也令人信服。

回想一下自己过去的三十年，我有什么事情坚持下来了呢？

① **游戏：**从小学四年级第一次接触游戏机，到现在也才不过二十年。

② **读书：**算是我引以为傲的习惯了，然而从来也没有坚持过，只是一直喜欢。

③ ……

我惊讶地发现，就算最不值得称道的习惯——玩游戏，也不过二十年，这算是坚持起来最没有难度的吧，没有玩出什么名堂，最多只算是熟悉这个领域而已。而对于读书这个习惯来说，偶尔看一本书，喜欢买书，根本没有什么好说的，因为我从来没有坚持过，产出也很有限。然后呢？竟然没有别的了？！

汗流浃背，细思极恐。

现在还不算晚

这并不是一句简单的安慰——现在还不算晚。因为我认识到另一个问题：尽管现在看起来，我好像已经浪费了三十年，这可以说至少是人生的三分之一，但是就算有人能在二十年前跟我说“孩子，你要坚持一些有意义的事情，尽管你现在看不到作用，但是它们迟早能够帮到你”，我也并不会听进去的。

可笑的正是这里，我相信不只是我，这世界上几乎所有人在小时候都会有长辈对自己进行类似的谆谆教诲。而小时候的我们又有多少人能够认识到这些话背后的辛酸呢？现在的你一定已经知道，掌握一项甚至多项有用的技能，独立自学的能力，会说英语……这些的重要性了吧，然而你试试对自己的下一代或者身边亲戚的孩子说一说，看能否让他们也认识到这些的重要性呢？

答案其实很显然：你也如同你的长辈一样，没办法让他们真正听懂你说的话。

原因是什么？他们没有像现在的你一样，已经切身体会到这些道理的重要性，吃了亏也好，赚了也好，正是这些经历告诉你这些，让你记住。这就好比你现在正走在一条平平坦坦的大马路上，一望无际，左右无车，突然对面有一个人走过来告诉你：“别往前走了，前面有危险。”你将信将疑，往前看了看，前面就是我要去的地方啊，什么也没有，那个人肯定是骗我的。然后你继续走，突然脚下一空，掉洞里了！这时候你才突然醒悟：啊！原来这里有个坑，但是从我过来的方向根本看不出来啊！

听到这里你会说，这有什么，有人告诉我，我肯定会注意啊，怎么可能犯这么低级的错误？那我问你，你还记得从小到大有多少人给过你忠告、警告甚至是打骂鞭策吗？你都会一一注意并听进去，然后多加小心？爸爸妈妈让你好好读书，以后才有出息，你是否觉得很烦，明明我是个孩子，我每天都想玩啊！

是的，好好读书，以后才有出息。这句话正确无比，字字珠玑，既告诉了你方法，也给了你未来的预期，如果你做好了，无疑可以获得很大的回报。而小时候的你不能理解的是，小学课本有什么好读的，数学有什么用？政治学来做什么？现在的你也许知道了，学什么其实根本不重要，中国的教育其实想要让你学会的，只是**学习本身，学会学习任何一门你之前不知道的知识的能力，**仅此而已。

说到这里不知道你明白了吗？正是因为这些是别人难以言传的东西，往往只有靠你自身的经历和积累，也正是经过了这二三十年的磨炼，你才有可能真正领悟到——我要学习，我要坚持，我要靠自己的努力改变生活。所以现在无论如何也不算晚，可惜的无非是我已经三十岁了，而你可能不到二十。你如果能听得懂我说的话，你就比我多赚了十年，这多幸福！

所以我现在已经开始

正因为我已经年纪不小了，所以我更明白一个道理：**如果你想做一件对的事情，那不要说等会儿，也不要说明天，现在就开始，然后坚持下去。**

至于我为什么选择写作这样一件事情，这是另一个话题，这不重要。重要的是，我希望你也能和我一样，开始新的生活，开始从一阶持续者做起，向三阶进发，迈向四阶……

14.2 所谓的没时间只是一种借口

你是否早就想过要做一些有意义的事情，比如学外语、练书法、看书，却总是发现挤不出时间来做？每天上班、学习很辛苦，回家之后只想好好放松一下，放松、洗澡、聊天、玩游戏，转眼怎么就晚上 12 点了，我哪有时间学习和看书啊？还是明天吧……这样好几天过去了，你突然发现，好像真的没时间啊，算了还是不做好了。

坦白地说，这些事情无数次地发生在我的身上，区别只在于，是做了几天之后放弃，还是还没开始就放弃而已。这是为什么？真的只是因为我没时间吗？还是我天生就是一个没有毅力的人，没办法每天挤出一点时间来做想做的事情？

我发现其实并不是。

曾经有一次，我下定决心要啃完一本书，名字叫**《精通 iOS 开发》**，这是一本厚达 536 页的 iOS 开发教程书，而我不仅不是做开发的，甚至专业也和计算机没什么关系，但我就是想学学 iOS 开发，**想自己做个 APP**。所以我发了狠，每天至少花一个小时读一点，慢慢把它读完、学会。于是我每天定了闹钟，6 点起床，洗漱之后开始看，边看边写实例上的代码，一直看到 7 点 45 分，然后出门坐公司的班车去上班，晚上下班回来，9 点之后有时间再花一个小时左右继续看。就这样，一本又枯燥又复杂又厚的开发教程我花了一个多月的时间通读完了。

做完这件事情给我带来的冲击是难以言喻的，我为我自己的行动力和坚持感到骄傲，尽管时间并不长，只是一个月，但是我第一次靠自学学完了一本开发类的书籍（尽管最终的掌握情况并不是特别理想，但那是我自己学习方法的问题）。放在之前，我根本看不到第三章就会放弃，因为太难了，也因为我总是“没时间”。

我为什么突然做到了以前做不到的事情呢？

兴趣？有关系，但不是最重要的，因为学口琴的时候我也很有兴趣。

计划？有关系，但也不是最重要的，我学很多东西的计划比这严密多了，但是全都放弃了。

最后我发现了，根本原因其实并不是这些显而易见的，大家经常用来作为自我管理的方法，而是**输出倒逼输入**这个简单的道理。

14.2.1 什么是输出倒逼输入？

举个简单的例子，还有一个月就要期末考了，你这次复习的努力程度当然会影响最终的成绩，但是你懒洋洋提不起劲。这时候妈妈跟你说：“儿子，如果这次你能**从班级第十名前进到前五名，我就给你买一台你最喜欢的 PS4 游戏机，**怎么样？”还有这好事？你当然忙不迭地答应。为了这好不容易妈妈答应的奖品，你每天回家也不看电视了，吃完饭就开始学习到深夜；每天早起晨读也不瞌睡了，把不会的单词从头背到尾；那些平时看着讨厌的尖子生也不讨厌了，你厚着脸皮去找他们问了你各种解不出来的题……最后的结果当然是好的，你如愿以偿地考了很好的成绩，妈妈也给你买了你想要的游戏机。

这一幕是不是很熟悉？这个例子里，如果把妈妈换成老板，把游戏机换成年终奖，把成绩排名换成绩效 KPI，那就是工作中常见的通过激励提高员工工作动力的例子，同理，你还可以换成别的。

这其中的关键是激励吗？

是，又不是。

是激励让你有了动力，但是根本原因是你有了一个目标——成绩从班级第十名前进到前五名，然后获得奖励。这是你要达到的输出目标。而输入，就是你为考试成绩所做的复习和努力。

如果没有输出目标，那你面临的就是我随便考多少分排多少名，似乎也没什么区别；而有了输出目标，你就有了前进的方向以及相应的动力，你就会想尽办法增加自己的输入，以至于最终能够达到输出目标。

我们再回来看上文提到我学习《精通 iOS 开发》的例子，我特地突出显示想**自己做一个 APP，**这就是当时我要的输出，因为我甚至把 APP 相应的界面都设计好了，就差开发能力，所以我有了一个很明确的输出目标。有了这个目标，我很自然地就做到了压缩工作生活中的业余时间，也做到了集中注意力、做到了坚持，完成了学习任务。

这就是输出倒逼输入。

其实工作生活中还有很多类似的例子。比如很多人的拖延症，明明有一周的时间可以写报告，他就是不愿意写，东搞搞西拖拖，到了最后一天了，还只写了个提纲，然后发现不得了，明天要交了！于是乎突然来了动力，关掉了微信、微博，拒绝了同事的聊天，戴上耳机，全神贯注拼命找资料写文档，终于在最后的 Deadline（截止期限）前半小时，把东西写完了交给了老板。

这时你可能就不同意了，他不是有输出目标嘛，早就知道一周后要交报告，为什么就是不输入呢？

这确实很奇怪，但是如果你经历过这种拖延，你可能会想到答案。

真相就是其实他的输出目标太难了。

这个**“难”**有两种，一种是别人给他的难度，一种是他自己设置的难度。前者是他人的要求，很可能因为别人不了解他的能力，给了过高难度的任务；后者则是他的完美主义作祟，就算任务看起来很简单，他因为想要给别人一个自己很厉害的形象，所以想了各种各样的完美方案，最后发现自己眼高手低做不出来。不管是哪种难度，只要输出目标太难了，超过了他本人当前的能力范围，那就像你要一只狗去打赢一只老虎一样，它压根就不想动，甚至只想跑。目标的难度应该是稍稍高出他当前的能力范围一点点，比如让狗去打赢一只比它大一点的狗，那你只要承诺给它一根美味的肉骨头，就能激发它的潜力打赢给你看。

那为什么到了时间点的最后，他又能完成了呢？

这同样是因为难度，因为时间快到了，他主动给自己降低了难度，因为这时候质量已经是次要的，是否完成才更重要，于是他将输出目标定为自己当前时间、当前能力所能做到的程度，因此很容易就靠着这个输出目标逼自己完成了。

因此我们可以得出一个有趣的公式和相关条件：

输入量 = 输出难度（输入量和输出难度成正比）

if 输出难度 >> 输出能力（但是如果输出难度远大于输出能力）

输入量 = 0（那输入就会降为 0）

其实这里还可以继续探讨和深入下去。如果输出难度过低，同样可能导致输入量 =0，因为太简单的任务他可能根本提不起劲来完成。比如你让一个班级第一名的同学成绩只要保持班级前十名就好了，那他很可能这学期就玩给你看。

14.2.2 输出能力的成长性

那问题来了，难道我们就一直只能完成输出难度不高的目标吗？

当然不是。

因为我们的输出能力是会成长的，甚至可以通过你的努力每天都成长。举个例子，如果你从没健过身，今天开始就想做 50 个俯卧撑很可能做不到，但是如果今天的目标是 3 个呢？那很容易就能完成。然后明天的目标就可以定为 5 个，一咬牙就能做到。后天改为 8 个可以吗？再加一把劲也可以坚持完成。大后天改为 12 个可以吗？

说到这里你应该明白了，能力是可以随着时间成长的，但是成长的幅度可能不会很大，这就要求定目标的时候不要想着一口吃成个胖子。最好定为比你刚好能完成的程度再难一点，踮起脚尖或者小跳一下就能够着。一旦每天都做这种重复提高的任务，你会发现，最后的成长超乎你的想象。

这里有另一个公式，假设你每天提高的幅度是1%，那么N天之后的输出能力X等于：

X = 1.01 的 N 次方

- N=5 时，X=1.05。
- N=10 时，X=1.104。
- N=100 时，X=2.705。
- N=200 时，X=7.316。
- N=500 时，X=144.77。
- N=1000 时，X=20959.16！

我想我们不用算下去了吧，你是否都不敢相信自己的眼睛，我并没有算错，你可以自己用计算器试一下。这是一个典型的成长的**复利效应曲线。**如果每天都能有一点点的成长，只要持续的时间足够长，你终将看到一个翻天覆地的变化！

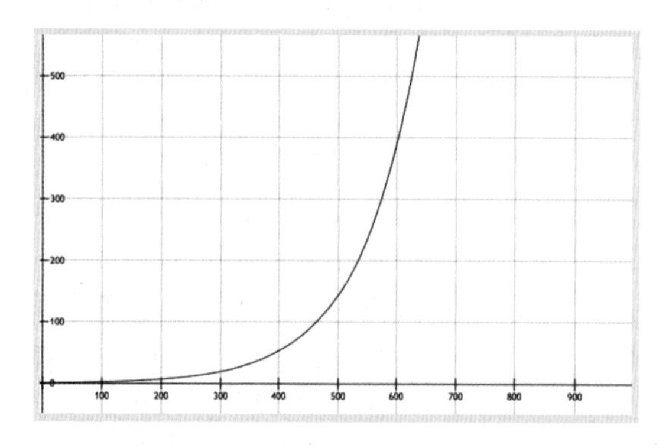

上图就是这个函数的曲线图，我们可以发现，在前面的很长一段时间里（N<200），纵坐标X的成长是很慢很微弱的，但是一旦超过了某个临界点（N=400左右）的时候，X的增长速度陡然上升，一路狂飙，然后就是突破天际……

看到这里你应该明白了，之所以大多数人对于自己的成长坚持不下去，恰恰就是因为他们坚持了10天、50天、100天，甚至300天这么长的时间里，他们都很难看到自己明显的变化，到最后放弃的时候也很干脆利落——学习成长这么累又看不到效果，我还不如把这些时间用来休息呢！

真为他们以及过去的我感到可惜万分,仰天长叹。

14.2.3 找一个合适的输出目标

知道了输出可以倒逼输入，知道了成长的复利效应曲线，你还会没有时间做自己想做的事情吗？

之所以没时间，只是因为你还没有想到一个合适的输出目标，不明白通过持续足够长的时间来提升自己的输出能力能够达到的效果，因此你没有足够的输入动力而已。

回到我开公众号的初衷，我正是希望通过每天向阅读这个公众号的你们输出有质量的内容，倒逼自己每天输入足够多的知识、进行足够多的思考和提炼，来达到自己不断成长的目的，而你们如果能够在我的这些文字里获得一些感悟和灵感，那无疑是更棒的了。

尽管从开始不过短短的三天，我想你也许也能看到我的一些变化：第一天的文章格式简单，没有一张好图；第二天的文章开始有配图，思考的深度开始体现；第三天的文章也就是这篇文章，应该算是有一些干货的内容了吧。而我自己，也发现了我开始不会去想什么回家之后要休息、要玩会游戏的念头，一心只会想着：我还有什么好的话题可以分享给你们呢？

14.3 获得原创认证和我的学习时间表

2017 年 11 月 1 日，我开通了个人微信公众号“落羽敬斋”，开始了连续写作 1000 天的计划。每天都写一篇相对高质量的原创文章，直到 2017 年 12 月 4 日已经满 34 天了，我也终于收到了微信官方邀请我开通“原创保护”功能的通知消息。总算完成了这个阶段性目标，很开心！

这是每一个个人公众号都希望获得的功能，但是微信官方卡得很严，很多人公众号开通了好几个月也没有开通成功这个功能。而我能够这么快就获得这个原创认证，除了我自己付出了一些努力之外，更重要的是有你们，愿意每天花点时间听我唠叨，愿意为我的文章点赞。我最开心的是，有小伙伴给我留言，说我的文章对他触动很大，帮助他下定决心重新开始坚持学习。也很感谢有小伙伴主动转发和分享我的文章到朋友圈，还写了自己的感触。

这真是一个作者能获得的最大赞美！这也是我越来越有动力每天写一写自己的心得和感悟的原因。

前两天有朋友给我留言，问我是怎么做到坚持每天学习和写文章的？明明是两个孩子的爸爸，每天还加班到那么晚。

在这里我就分享一下我上个月的学习时间表吧。

- 早上 7 点定时发布公众号文章。
- 7 点 30 分正式起床。
- 8 点从家里出发，骑电动车到 14 公里外的公司，路上的 50 分钟用来听《得到》里的专栏和听书。
- 9 点到公司，上班前的 30 分钟吃早餐、在软件里安排每日任务表。
- 12 点 30 分 ~13 点 30 分吃午饭，午饭后的 30 分钟时间用来学习 iOS 开发。
- 19 点吃完晚饭，在公司加班和看书，一直到 21 点左右下班。
- 下班骑车回家的路上依然是听《得到》专栏，22 点左右到家。
- 到家后大宝已经睡了，接手老婆的工作，哄哄小宝，让她去洗澡、洗衣服，陪家人说说话。
- 23 点 30 分洗漱完毕，开始看书和写文章，根据文章的难度，可能会写 1~3 个小时。
- 凌晨 1 点 30 分左右写完文章，并且多次发送到手机进行校对和修改之后，设定文章明早群发，睡觉。

并没有什么惊天地泣鬼神的时间安排，只是在一天中尽量利用碎片时间进行充电和学习，并且强制自己一定要在前一天晚上写完第二天要发布的文章而已。这其中最辛苦的是我的家人，我妈和我老婆承担了家里的家务和带孩子的工作，尽量减少我的负担，所以我才得以用最多的时间来工作和学习，她们功不可没。

可能你会发现，一向喜欢玩游戏的我已经没有了游戏的时间，也没有花时间做其他的娱乐活动。

确实如此，自从开始每天写文章和更新公众号之后，我成功地利用我提到的**输出倒逼输入**的方法，让自己把所有的时间都花在学习、看书和写文章上，没有一点其他时间能够浪费在娱乐活动上。

我一点也不后悔，反而很开心。

每次我因为玩游戏而花了很多时间，放下游戏机或者手机后，带给我的只有无尽的空虚和焦虑。因为我的内心始终会有一个声音在质问我："你的事情都做完了吗？是不是又想拖到明天再做？"

我无言以对，只能重新拿起游戏机再玩一把，把该做的事情再往后拖一天。

这是一个恶性循环。不是我不知道游戏有毒，不是我不知道事情早就该做了，而是我总觉得还有时间，控制不住我自己。

现在我能够不玩游戏，可以每天保持学习状态，还能获得快乐和成就感，真是太幸福了！

为什么现在时间不够用？因为如果我不每天保持学习状态，我无法让自己始终有话可说，无法不停地优化自己的文章内容，也就不可能写这么多天。何况我还有 966 天要继续坚持，仅仅 34 天算什么！

我只恨自己没有更早地醒悟这个道理，不过为时未晚，我会付出加倍的努力来弥补我之前所浪费的时间。

你是否也愿意和我一起坚持自己认为对的事情呢？

14.4 我为什么要写作

我为什么要写作？

这听起来很像同事间总爱自嘲的话语：你为什么要加班？因为我爱加班，加班使我快乐！

不过说起来还真是这样，**真的是因为我爱写作，写作使我快乐。**

其实这个问题在我开始写第一篇公众号文章的时候就已经想好了答案，我也在写作的过程中和你聊过一些自己在写作过程中的收获，但是在这里，我想再和你做一次总结性的分享，话题其实不仅仅是我为什么要写作，而应该是：

人人都应该写作。

是不是有点过分了？

你可能会说：没错，你是喜欢写，也写得出来，但不代表我们所有人都应该写、适合写啊？难道真的有那么大的好处？

是的，真的有很大的好处。

还是先从我为什么要写作开始吧。写作于我而言，主要有以下四点好处：

① 写作能锻炼思考与表达。

② 写作是一种输出倒逼输入的方式。

③ 写作是一种最易实现的个人产品。

④ 写作是一种边际成本为零的分享方式。

14.4.1 写作能锻炼思考与表达

大家回忆一下学生时代听老师讲课的过程就知道，听课的时候好像都听懂了，但一旦到了做作业和考试的时候又好像都不会了，这是因为老师上课讲的内容对你来说仅仅还只是知识。如果你没有经过自己的思考和总结，这些知识是不会变成你自己的东西的。

我们现在虽然不用上学了，但是每天接触到的信息和知识其实一点都不比学生时代少，甚至应该说是多得多。上班时我们需要上网查阅大量的资料，和同事沟通了解项目背景，看书学习专业知识；下班后我们看微信公众号、朋友圈文章、资讯 APP，看各种各样的书和音视频教程。一天下来看起来好像是收获满满，但是这些信息有多少是真正有用的知识呢？这些知识你又能记住多少呢？

可以说很少很少，少得可怜、可怕。

这和我们上学时听课是一个道理，因为这些内容虽然我们都“看过”了，但是最终什么都没有留下。等到某一天真正想要用的时候，我们会发现，自己还是啥也不懂、什么也想不起来。

因为我们没有对它们进行思考和总结。

而写作正是这样一个思考和总结的上好方式。如果你能把自己写的东西发布到网上，无论是用博客、站酷、微博或者是微信公众号都好，公开写作和自己写日记是完全不同的两种形式，前者会让你对这件事情更重视。

如果不独立思考，你很难写出什么有价值的东西，也就不好意思发到网上了。

而如果你不善于表达，那写作更是一个很好的锻炼方式了。中国人看待写作最大的问题就是喜欢说“文笔”，仿佛文笔不好就不该提笔写作似的。可是你是否想过，如果连文章都没写过几篇，文笔从何而来？难道从中学时期的命题作文里来吗？现在那些写得出微信公众号中 10 万 + 阅读量的那些大 V，往往都是写作超过十年的老江湖了，所以他们才能有现在的提笔如有神，怎么写都有人爱看。连他们自己都说自己最开始写的那些文章简直不堪入目，我们难道还好意思给自己找“文笔不好”这种借口来逃避写作吗？

思考和表达是我们人生中重要的“元能力”之一，而写作正是锻炼它们的最佳方式。

14.4.2 写作是输出倒逼输入

我在公众号创立之初，就说到：

之所以没时间，只是因为你还没有想到一个合适的输出目标，不明白通过持续足够长的时间来提升自己的输出能力能够达到的效果，因此你没有足够的输入动力而已。

回到我开这个公众号的初衷，我正是希望通过每天向阅读这个公众号的你们输出有质量的内容，倒逼自己每天输入足够多的知识、进行足够多的思考和提炼，来达到自己不断成长的目的，而你们如果能够在我的这些文字里获得一些感悟和灵感，那无疑是更棒的了。

——《L3- 所谓的没时间只是一种借口》

而从我这 89 天的持续写作来看，这种输出倒逼输入的目的是已经达到了。正是因为我需要每天都写一篇文章，所以我额外做了很多：

① 每天听《得到》专栏或看书，在《得到》也连续学习超过 90 天，平均每天 200 分钟。听完了李笑来的《通往财富自由之路》（52 周）、刘润的《五分钟商学院》（260 篇）和熊逸的《熊逸书院》（已看 194 篇）等 4、5 个专栏近千篇文章。以前并不是不看，而是频率和时长绝对没有现在这么高。

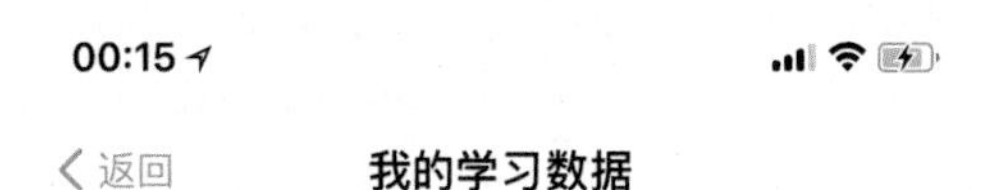

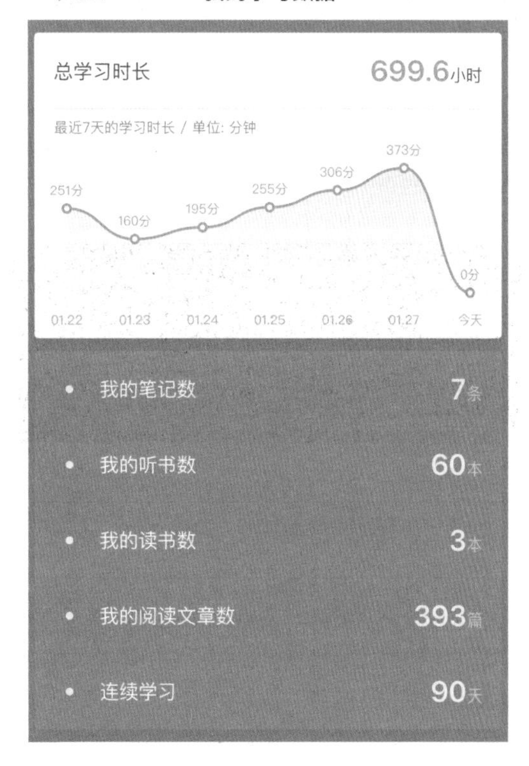

② 大量看书，文章中的很多内容其实就是我的读书笔记，同时我还总结和更新了自己的读书方法。

③ 学习 iOS 开发，已经完成 120 个短课（累计 1200 分钟 +）的学习，最近项目太忙有点耽搁了。

④ 学习弹钢琴，之前的文章中也放过一些片段，这周刚刚学会了《月亮代表我的心》，也算是朝着儿时梦想稳步前进。

⑤ 戒除了曾经每天 2 小时以上的游戏时间，用来做上面这些更有意义的事情，效果显著。之前是想要放弃游戏的，但是考虑到我现在的工作内容就和游戏有关，所以还是会要求自己适当体验。

⑥ 工作和生活都是用 Todoist 这款任务管理软件进行规划，一方面是保证任务的闭环和不遗忘，另一方面也是一种理性生活的坚持。

以上的这些好习惯都是通过这次的持续 1000 天写作行动所获得的阶段性成果，这还仅仅不到我路程的十分之一。我越来越期待当这次计划完成时，自己会有怎样的变化。

通过强制要求自己每日输出稳定的内容，自然能提高自己每日输入的内容质量，也就能起到改变自己的奇效。

14.4.3 写作是最易实现的个人产品

之所以想做用户体验、想做交互设计，其实就是想像乔布斯帮主一样做一些改变世界的事情，只是我的愿望要小很多，我只愿自己做出的产品能让尽可能多的人愿意使用、喜欢使用就够了。

我最大的期待其实是：**某一天我能见到身边的陌生人在使用我的产品，他因为我的产品获得了快乐，而我能很自豪地告诉他，我就是这款产品的作者。**

正是为了这种期待，我加入了腾讯这家拥有大量亿级产品的公司，这家以重视用户体验著称的公司，为此奉献我的所有精力与时间，只希望能够让自己经手的每一款产品都做到尽善尽美，让每一个用户都能用得更爽一些。

然而在公司所做的产品毕竟是团队的成果，我更希望能够独立做一些小而美的产品如手机应用、游戏等。

直到后来我领悟到了一件事：**写作就是最易实现的个人产品啊，它承载着作者的思想和灵魂，依靠文字和互联网就能够传播和被使用，我为什么一定要做一款有形的产品呢？**

所以你现在看到的 **“落羽敬斋”** 公众号就是我的第一款个人产品，我为它打造了图标、简介、菜单、目录和自动回复，以及更重要的每日更新的文章。我为它的每个字、每张图负责，我希望你能和我一样喜欢它，我也会让它变得越来越好。

这是多么令人高兴的事业！

14.4.4 写作是边际成本为零的分享

从人类有甲骨文起（3 600 多年前），人类就在用文字传递自己的思想，向自己的同伴和后代分享信息和知识。

正是因为分享信息和知识这件事情很重要，所以人们不断地在研究和改进写作的方式，从龟壳到竹简到丝帛再到纸的发明，写作越来越便利。知识也就从古代的贵族独有慢慢变成士族、平民都能获得，人类文明也才能不断地向前发展。

但是无论纸质书再怎么方便，也是需要印刷和出版的，还需要物流和运输，所以书籍依然很贵，因为它们有实体，传播起来有很高的边际成本。

而到了现在的互联网时代，分享的成本进一步降低，边际成本甚至已经降为零了。无论任何人写的任何一段文字，都能够用极快的速度传遍整个互联网，除非作者设限，否则大家都能免费获得任何一篇文章的所有内容，这在以前简直是不可想象的。

既然如此方便，我们又何苦拘泥于用面对面沟通、电话沟通、开会分享的这种形式呢？直接用文字记录下来自己的所思所想就能向全世界发声，还有比这更酷的事情吗？

无论过了多少年，我们的子孙后代依然能通过文字感受到我们曾经的喜怒哀乐、思想脉络，一如我们现在还能知道孔子的一言一行、孙子的兵法诡道一样，这不正是古人一直所追求的不朽么？

结尾

正是因为有这么多好处，所以我才开始写作，我才一直坚持写作。

你不妨也来试试，用写作改变你自己？

其实就算没有这些好处，我也会写作的。

因为我真的爱写作，我喜欢这种表达自己的感觉，它让我有一种真真实实的存在感。

14.5 我的持续写作 100 天

2017 年 11 月 1 日：开始写作

我决定开始持续写作 1 000 天的计划，建立了这个“落羽敬斋”的公众号。当时的想法其实很简单，就是想通过在公众号里写文章这种方式，让大家监督自己，用输出倒逼输入的方式让自己坚持每天进行读书和学习，锻炼自己独立思考和写文章的能力。

但是那时还没什么自信，我想的是不要向外推广自己的公众号，自己一个人偷偷写，生怕看的人多了，自己会因为害怕达不到大家的要求而写不下去。

2017 年 11 月 11 日：10 天，一阶持续者

我完成了一阶持续的目标——10 天。

千万不要小看这前面 10 天的坚持，这也许是最困难的时期。开头的几天当然容易，因为你有热情、有冲劲，基本上都能坚持 3~5 天。但是再过两天你就会发现，工作比你想象中的忙，生活中的琐事比你想象中的多，你想做的事情、想玩的东西都很多，何必要天天坚持做一件比较枯燥的事情？

这后面的几天真的是咬牙坚持下来的，幸运的是，我在前期找到了游戏化实战、进腾讯这样的话题，滔滔不绝地聊了下来。

这时我似乎找到一点写文章的感觉了，发现自己写的东西还是有人喜欢看的，而且我也能做到在三个小时内写出自己想写的东西，开始有了一些自信。然后就托我的好朋友——“回音神教”的“教主”Nefish 帮我的文章做了转载，于是也就有了第一批的非亲友团读者，回音那里也有了我的“回音专栏”。现在在看文章的你们，很多人是来自这里吧！

回音转发的，也就是我的第一篇超过 1 000 人看的文章，讲的是不要再把没时间当成一种借口，开始通过持续积累获得成长才是最重要的，这是我一直坚信的，也是我亲身实践到现在的。

2017 年 12 月 4 日：获得原创认证

在公众号创立后不久，我就发现原来普通的文章下面是不能留言的，需要先获得原创认证，获得原创保护功能才行。但是这个功能是不能主动申请的，一直都是微信官方后台自动检测和提醒开通，要求公众号的作者需要坚持一定时长的原创写作（有一两个月的，通常要半年到一年），关注数也要超过 200 人。

所以我后来也一直把这个当作写作目标之一，当然我相信像我这种每天都写超过 2 000 字原创文章的人肯定能很快获得认证的，并不是很担心。

在第 34 天的时候，我终于收到了微信官方的邀请，可以开通原创保护了！

于是大家就能在文章下面留言了，很开心一直以来都有不少热心好学的同学在下面和我互动，我也有问必答，感谢你们一直以来的陪伴！

尴尬的是，在我终于获得原创认证后的没几天，微信官方就发文，全面开放了公众号的留言功能和原创保护功能了……还好我是在全面开放之前获得的，也算是对我之前努力的一种认可吧！

2018 年 2 月 8 日：100 天，二阶持续者

我完成了二阶持续的目标——100 天。

根据 Scalers 对持续的定义，100 天仅仅是二阶持续，要完成三阶持续需要 1 000 天。很感谢看到这种定义，这让我从一开始就抛弃了急功近利的思想，只想着要脚踏实地地一天天写下去，而不是像大多数人一样地把目标仅仅定为一个月、一百天或者半年。

当这第 100 天真正到来的时候，我的内心其实很平静。就像讲习惯的章节中说的，我已经习惯了每天这样看看书、听听专栏，想想自己的感悟，然后把觉得有价值的内容写出来分享给你。

但这 100 天却依然让我觉得很不可思议，在我爸妈眼中、在朋友眼中、在我自己眼中，我一直都是个只有“三分钟热度”的人。我对很多事情都有热情、很喜欢新东西，但是往往都是没过几天就换一个方向，从来没有坚持下来。在之前唯一坚持最久的事情，就是和我的妻子已经相守八年，一直相爱如初、相濡以沫，就算前几年一直没有要到孩子，也从未改变初心，这两年我们很幸运地有了两个娃，真是老天对我们的恩赐。

像我这种最不可能坚持做一件事情的人，竟然真的做到了 100 天的连续写作，一天都没有间断过，每篇文章的字数从 1 700 字到 3 500 字。平均按 2 500 字算的话，到第 100 天就是 25 万字了，这已经是一本 300 多页的书的文字量。

中间尽管有好几次觉得沮丧和想放弃，尽管每天加班到 10 点多才到家，甚至连续一个月周末都加班超过 12 个小时，我还是坚持下来了。而且不仅是每天写文章，我还同时在学 iOS 开发、学弹钢琴，在听《得到》专栏，在看大量的纸质书、电子书，这些都是我的沿途收获。

我很自豪。

最大的收获其实还不是上面的这些，最大的收获是我变得更有自信、更有效率、更容易专注了，也真正相信下面的这句话：

只要你真正做到了坚持做一件事，你就不再害怕坚持做任何你原来害怕的事情，只要你愿意。

这句话送给你，共勉。

14.6 我是怎么做到每天写作的

公众号里我介绍了每天写作使用的工具，结果引发了几位同学的问题：

@有鱼：看您的文章每次都会有一些启发。平时您工作也比较忙，但是又可以做到日更又很有质量，对于整篇文章的内容构思是会利用上下班路上的时间吗？想了解一下是怎么安排您的时间的。

@Echo：（此处省略两字）你文章写得好频繁啊，怎么做到的？

其实我在微信公众号刚刚获得原创认证的时候就有写过一篇文章，关于我坚持下来的故事，以及怎么安排时间的。

随着时间的变化，我的作息时间和写作方法多少也发生了一些变化，这里我再重新做个总结吧。

最核心的方法一直没有变，叫作——**“输出倒逼输入”。**

四个步骤

这个方法并不是我发明的，这是一本对我有很大影响的书**《刻意学习》**，作者是 Scalers。他在书中提到的两件事情，第一个是他通过持续 1 000 天的写作最终写出了这本书，第二个是他做到这件事情的方法——输出倒逼输入。

本斋的老读者应该都知道，我正是受这本书的启发，开始我的写作的，我也立下了同样的持续 1 000 天写作的目标，我用的也是这个方法来逼自己一直往前走的。而在这么做的过程中，我也把这个方法重新加以改造，变成了适合我自己的四个步骤。

1. 你得有个目标

毫不夸张地说，这一步看着很简单，却是最难的一步。

说它简单，是因为人人都可以说，我想写作，我想坚持 1 000 天，或者是我想健身、我想进腾讯、我想学英语。

说它最难，是因为**如果这个目标不是你 100% 真心想要的，不是你竭尽所有力量也要完成的，那你肯定做不到。**

我想写作，是因为这是我喜欢的事情，也是我的一个梦想。

- 我从小就喜欢在本子上写点东西，这让我感到自由与放松。
- 我希望通过写作来锻炼自己的独立思考能力，也想通过阅读和写作积累自己的知识体系。
- 我希望能够有朝一日也写出一本自己的书，这是我作为一个读书人的梦想。

同时我也明白，所谓的每周三篇、每周一篇这样的规定是很随意的，因为人的惰性使然，最终一定会变成一周的最后三天才写，甚至妄图一周的最后一天写完这三篇，然后要求降低到一篇，然后两周一篇，然后就没有然后了……

那不如一开始就把要求定死：**每天一篇，一篇都不能少，不到万不得已绝对不改变这个规则，然后一直坚持下去。**

我觉得最骄傲和庆幸的是，我在这一点上想得足够清楚，一开始就起了个好头。

因此我也把这个目标称之为——**“核心驱动力”。**

> *不如放下手机，好好问问自己：“我为什么想做这件事情？我非做这件事情不可吗？做好这件事情对我有什么好处？”*
>
> *你可能会迷惑，甚至恐慌：“我好像也不是非做这件事情不可啊？”那很好，说明这件事情并不是你真正想做的，或者你并没有真正想好，那不如别浪费这个时间了，去玩吧。*
>
> *只有你真正想好了，自己非做这件事情不可，时刻想着这件事情，如果不做那就是浪费时间、浪费生命，你才真正拥有了做这件事情的核心驱动力，你才有可能抵御玩手机、玩游戏、看视频以及其他你喜欢做的事情的诱惑。*
>
> *——《L36- 最好的计划是没有计划》*

2. 输出倒逼输入

这里的“输出”是指：

> *我每天要写一篇原创文章，不少于 1500 字，内容可以关于设计、科技、游戏、阅读和学习成长等，要通过自己的转化和总结，让别人读起来觉得有料。*

还有一点是隐性规定，我希望我的文章能够给大家上班的路上做个陪伴，所以工作日的时候一定要在自己早上上班前写完并发出来。周末原来也是七八点就发，后来慢慢改成不要每天压力那么大，还会耽误一些周末陪伴家人、朋友的活动，所以只要尽量早发出来就行。

有了这样严格的输出要求，同时这个输出的压力其实是在不断增加的——因为关注人数从最开始的一两百，已经一路涨到现在的快三千了，你们这么多人在看着我写，看着我坚持，我不能食言。

所以我就得拼命保证自己的“输入”：

- 我每天上下班需要骑单程 50 分钟的电动车，我就利用这段时间听《得到》APP 中的各种专栏和听书，获得一些好的话题灵感。
- 每天中午吃完饭，我会看看最近买来的书，积累知识、扩展眼界。
- 每天晚上加班做完事情后，我还是会看看书，找找资料。
- 回家路上继续听《得到》，还会听《混沌大学》的课程。
- 为了保证学习时间，我戒掉玩游戏和看小说已经半年了，所有的业余时间除了陪伴家人，就是不停地看、看、看。
- 为了保证听专栏的效率，我开始尝试 x1.5 倍速、x2.0 倍速听，刚开始还有点别扭，现在完全听不惯正常的语速了。
- 为了保证能够早起，晚上 10 点多到家洗个澡，我就会直接上床睡觉。
- 每天早上 5：30 起床写作，一口气写 2~3 个小时，在 8:30 前发出来。最近其实有些不在状态，往往是 6 点多才起床，7 点才开始写，所以字数和质量可能有些下降。

我以前和大多数人一样，除了上班之外就是看手机、玩游戏、看小说、看动画和电影，一方面把这些行为称之为“放松”，一方面又叫苦说没时间学习。

是不为也，非不能也。

相比之下，我的很多行为其实都是因为前面的目标和输出要求，自发地在进行着改变，最终填满了一整天的时间表。

说一个精简版的小故事，可能你以前听过：

一个大玻璃罐，先装鹅卵石，很快就装满了，但是还能再装进很多碎石子；就算装满了碎石子，还是能倒进很多细沙子；连细沙子都填满了缝隙，还是能倒进一瓶水。

这个故事有很多版本，前面也提到过，能延伸出很多道理：不要总以为自己已经满了，其实还有很多潜力可以开发；要先放最大的鹅卵石再放碎石和沙子，否则鹅卵石再也放不进去了，所以你要先做最重要的事情。

一天的时间，大家都是相同的 24 小时，为什么别人能做的事情比你多？你不妨回头想想，自己真的没有多余的时间留给真正想做的事了吗？

3. 让想法自然孵化

文章开头，@ 有鱼 同学想问的除了我是怎么安排时间的，还有一点是想问我是在什么时候构思好每天的文章的。

答案是：**95% 以上的内容都是我每天早上用那两个小时左右直接写出来的。**

那剩下的不到 5% 呢？

如果我在《得到》专栏上、书上、网上看到一些好的想法和思路，我就会记在 Bear 里，里面有一个分类叫作“落羽敬斋”，专门用来存放我想写的话题。

就像下面这样：

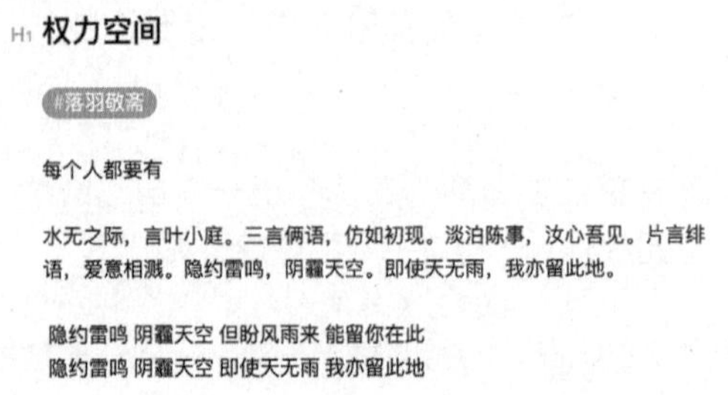

H1 权力空间

#落羽敬斋

每个人都要有

水无之际，言叶小庭。三言俩语，仿如初现。淡泊陈事，汝心吾见。片言绯语，爱意相溅。隐约雷鸣，阴霾天空。即使天无雨，我亦留此地。

隐约雷鸣 阴霾天空 但盼风雨来 能留你在此
隐约雷鸣 阴霾天空 即使天无雨 我亦留此地

主要就是一个大概的想法，以及可能会涉及的引用内容，有时候甚至只有一个标题。但这就足够了。

还记得我之前在**《L200-【敬·阅】科学的学习方法（下）》**提到的**“孵化”**和**“渗滤”**么？

因为对于我来说，第二天永远都有文章需要写，所以我的大脑会时刻替我留意所有可以用来写的话题，而已经准备写的话题呢，则会自动触发我去思考一些可能的框架结构。

但这一切其实都是在无意识中进行的，我并没有花多少时间。

等到我第二天真正开始写的时候，从笔记中随意取出一条，想法思路会自然地流出，也许中间偶有卡壳，需要再去查阅一些资料，但是我一直都能在最终的截止时间前，写出一篇令自己相对满意的文章。

这就是我写作的过程，虽平淡无奇，却从没让我失望过。

如果真要说有什么秘诀，那就是这里的每一篇文章，都是我投入了自己的感情和思想的，就算写得不够好，但每篇都已竭尽我所能。

4. 再坚持一会

这五个字，一字千金。

在这两百多天的写作过程中，我遇到过好几次想放弃的时刻。

- 第一次是在写作的前几天，写了几篇之后我发现可以写的东西比想象中少，难度也比想象中大，万一没话题写了怎么办？
- 第二次是在第 44 天，连续逼自己每天都写到半夜写完了才能睡觉，那一天真是快坚持不下去了，躺在床上也不知道自己要写什么好，最后就按照那种绝境的状态，写了一篇《L44-这是一个人的战争》。
- 还有一次是在第 151 天，由于写了几篇交互专业的文章，从腾讯内网和知乎上突然来了好多专业的读者，关注数也多了很多，我的压力变得很大，那几天每天写的时候都在考虑要怎么写才能对得起读者，越写越慢，差点写不下去了……最后写了一篇《L151-前行者都要面对的深渊》，让自己释然了。

每当遇到一个瓶颈，对我来说就是一个非常真实的绝境，似乎下一刻就要放弃。

放弃了多好啊，每天不用早起，也不用那么努力，可以想玩就玩、想睡就睡，就算改成每周一篇也可以嘛！

但是最终我都重新想起了自己的目标，想起了每天写作给我自己带来的改变和收获，我就告诉自己“再坚持一会”，没有那么难的。

所以就算是部门年会，到惠州酒店去团建和喝酒，我也能做到喝醉前先写完，再去唱 K。

所以就算是过年七天假，我也还是坚持早起，都这么有时间了，还要想着放松吗？

所以就算是去武汉出差，我也能在动车上、酒店里，无论环境多差、时间多晚也要写完哪怕是专业的内容。

没有什么不可能，再坚持一会儿。

在践行这一切的过程中，我总算明白了：

哪有什么了不起的英雄，他们都是先有心中的梦想，然后一步步吃着常人不愿意吃的苦。韩信钻胯下，刘邦弃称王，然后才能有万一的可能，达到远方的目标。

他们都是和我们一样的凡人，只是比我们每天多走了那一步罢了。

14.7 寻找心中的太阳

我的公众号关注数破千了。

在 2018 年 3 月这短短一个月的时间里，关注数竟然翻了一番，而主要的增长，都来自月底我在知乎专栏《交互进阶》上发布的交互设计师技能树系列文章，不仅知乎来了很多用户，优设、人人都是产品经理、UI 头条这些网站也都找我做了授权转载，这是我始料未及的。

这个关注数在公众号里其实算很少的，在动辄十万甚至百万粉丝的大 V 看来，这里真的只不过是一个小书斋而已，他们那里才是一个城市。但我真的很骄傲，因为公众号的增长红利期早已过去，在这个超过 2500 万个公众号的大红海的阶段，我每天只写自己想写的内容，只靠着好友在回音分享会的几波推荐，就这样坚持每天不停地写下来，竟然还是完成了这么多粉丝的积累。

自从 2017 年 11 月 1 日突然萌发了开公众号写作的念头以来，我真的就这样开始了自己持续 1000 天的写作计划。刚开始当然是很惶恐的，觉得自己写得不好、可能坚持不下去，生怕有太多人看到。好友甚至打趣说，要毁掉我这个计划的最好办法就是帮我把公众号推广到回音里去，而我深以为然。

因为我那时甚至不好意思把文章转到朋友圈里。

没想到的是，自从我一开始写，就一发不可收拾，我果然是真的热爱写作，前面几篇轻轻松松就唠叨了几千字，看完还自我感觉良好。这回轮到我的好友吃惊了："你这么快就想通了？确定要我帮你推广？"

"是的，我想挑战一下。"

感谢我的好友兼"天使投资人"——Nefish。

正是那篇**《L3- 所谓的没时间只是一种借口》**给我带来了第一波的粉丝，你们当中甚至有很多人到现在也还在陪伴着我，我很开心！正是这种关注，让我真的有一种输出倒逼输入的感觉，我一定要做到每天持续更新，一定要输出高质量的内容，这种信念让我做到了大量阅读和听书，让我做到了独立思考，让我做到了高效专注地写作，让我在很多次想要放弃的时候，坚持了下来。

只有真正做到了坚持每天做一件事，才知道这件事的价值和难度。

我在前行的路上看到了有人也开了公众号，也想写文章和思考，但是很多人都没有超过三篇。

我喜爱和尊敬的前辈也开了公众号，她写的文章内容质量更高、文笔更有趣，但受限于工作和新妈妈的角色，这样写作让她的睡眠时间太少了，现在也很久没更新了。

我的领导们听说我放弃了玩游戏，每天在写公众号，其实是不理解的，但我只是在加班之后，用深夜和凌晨来写，我有自己的思考和决定。

我自己对每天思考和写出的内容再满意，其实阅读人数也只在 100 上下徘徊，有时甚至是 20，要说真的不在意吗，其实有时也会想——我写的东西难道真的不好看吗？

令人感慨的是，前面的 50 天、100 天真的是太难熬了，我简直是用着绝大的意志力在坚持，在培养自己的写作习惯，甚至春节期间也没有间断过一天。

而最近这 55 天，对我来说简直是转瞬即过，似乎一切真的已经成了习惯。

我到底为什么要写作？

因为我真的不想停留在原地，我不想工作和生活中每天只有别人要我做的事情，我想实现我曾经的梦想，我想用自己的双手做一些自己一直想做的事情，我想比别人走得更快一些。

因为我只要停在舒适区稍微久一点，就会浑身难受。这种感觉就像是船底漏了，海水一直在往上涨，已经没过了大腿和小腹，马上就要呼吸困难了，所以我必须拼命往上走，找一个更安全的地方才行。

其实我做得并不好，因为我还有很多时间是浪费掉的，只是每当我浑浑噩噩地度过一段时间之后，我就会猛然惊醒，感觉脚下的水已经又往上涨了一点，然后赶紧又开始往上跑。

——《L57- 拼命奔跑也只能留在原地》

说起来，我是怎么找到我的梦想，又是怎么开始想变得和别人不一样的呢？

一篇改变我人生轨迹的文章

“Hey WingST，我昨晚看了一篇文章，写得太好了，里面的那个方法很有用，我们找个时间试一下！”

当我还在金蝶的时候，我的好友 Geeco 像平时一样充满活力地对我说。

意想不到的是，正是这篇文章，让一直想改变的我们真正找到了自己的方向，坚定了决心。

这篇文章本身的内容讲得就很好，但最有价值的还是里面的那个方法。那是一个可以帮你探视自己内心，找到自己梦想的方法。

没有任何人能帮你找到自己的梦想和人生的意义，除了你自己。

这个方法极其简单，不妨听听看：

① 一支笔，几张大的白纸（比如 A4 纸或者一个大笔记本）。

② 一整段没有人干扰的时间，至少一个小时，关掉房门，关掉手机，屏蔽一切干扰。

③ 在第一张白纸的正上方写上“你这辈子活着是为了什么？”

④ 写下你对这个问题的答案，把脑海中闪过的每一个念头都写下来，可以只是几个字，比如“赚很多钱”，任何想法都可以，只要是你自己真实的想法。

⑤ 不断地重复第 4 步，直到你哭出来为止。

啊？就这么简单？看起来有点傻啊。

真的就这么简单，而且到最后你就算不哭出来，也差不了多少。

对于从来没有仔细想过这类问题的人来说，做这件事情可能要花上一个小时甚至更久。这个方法最有价值的地方，在于它能帮你剔除掉那些“伪装的答案”，所有这些伪装的答案都来自你的大脑、你的思维、和你的回忆，它们源自你被社会环境、父母、亲人、朋友所灌输的思想，但是当真正的答案出现时，你会感觉到它来自你的内心最深处。

在写到第 50~100 个答案的时候，你可能会开始很烦躁，觉得写的东西很杂乱，觉得没有东西可写了，却还是没有想哭的感觉，只想找借口放弃。这很正常，想想如果你真的能只花一个小时就找到自己的梦想，这简直是最划算的时间投资了。

当你写到第 100 个或者第 200 个答案的时候，你可能突然会有一阵内心情感上的涌动，但还不至于让你哭出来。这说明那还不是你最终的答案。你应该先把这些答案圈起来，在你接下来的写的过程中继续回顾这些答案，它们会帮你找到最终的答案，因为那可能会是几个答案的排列组合。但无论如何，最终的答案一定会让你流泪，让你情感崩溃。

此外，如果你一开始不相信人这辈子活着有什么目的，你也可以写下“活着不为了什么” 。没关系，只要你愿意坚持想和坚持写下去，你也会找到让你哭出来的答案。

发明这个方法的人不是这篇文章的作者，甚至也不是他看的那篇博客的博主 **Steve Pavlina**，但是他把那篇博客所讲的方法翻译过来，还给出了参考：

Steve Pavlina 在做这个练习的时候，花了 25 分钟在第 106 步找到了他的最终答案。而那些让他有一阵情感涌动的答案分别出现在第 17、39、53 步。他将这些抽出来的答案重新排列，最后在第 100 步到第 106 步答案得到了升华。想要放弃的感觉出现在第 55 到 60 步（想站起来做点其他事情，感觉极度没有耐心等）。写到第 80 步的时候，他休息了 2 分钟，闭上眼，放松大脑，然后重新整理自己的思绪。这么做很有效果，在那 2 分钟的休息后，他的思路和答案变得更加清楚。

而我自己和 Geeco 也试了这个方法，我们花了整整一个小时，中间也有烦躁和不想写的时候，但是我们最终找到了自己的答案，虽然还是没有流泪，但是浑身情感涌动，激动万分。

就是在那个时候，我们找到了自己心中的太阳，知道了自己未来该走向何方。

你所有的努力，所有的人生路径都应该指向那个地方，那是你梦想中的地方，而你有着无穷的动力。

几个月以后，我幸运地进了腾讯，到了现在的部门。我的 Leader 有一次告诉我，当时之所以选我，是因为她在我身上看到了潜力，看到了和别人不一样的东西。

又几个月以后，Geeco 也进了腾讯，他在另一个部门获得了飞速的成长，做了好几个成功的改版和项目，现在也是独当一面的高级设计师了。

其实进腾讯只是我们实现梦想的第一步，我们早就完成了。

接下来要做的事还有很多，我们也会一一实现。

前路漫漫，吾辈不孤。

我为什么要介绍这个方法？

因为有读者留言说她准备辞职备考注册会计师，希望自己也能坚持和输出，但是很担心这种辞职备考万一心态崩溃了怎么办。

这让我想起曾经和两位读者吃了个饭，他们都有各自的困惑和迷茫，他们其实都有自己的想法，但是现实比想象艰难太多。一位是一直在做品牌，但是现在的公司杂事太多，成长和提升的机会很少，想转行又没想好、舍不得；一位是美术老师转行自学 UI 设计半年，面试了好几家设计公司都过了，但是最后卡在高中学历上，想去成人自考又担心时间成本太高。

在这里我想给他们一个明确的建议：

也许前路是很难，但是请先明确你自己心中的梦想，你准备选择的道路是不是你内心真正想要走的，如果是，那无论成本有多高、前路有多困难，都要坚定地走下去，否则以后你一定会后悔；如果不是，那不妨想好再行动，或者继续你现在的路好了，省得浪费时间。

只有真正想好了，你才能坚定地、勇往直前地向着你选择的道路走下去。无论遇到再大的困难、再多的失败也不怕，才能心态不崩，因为那是你自己内心一直渴求的梦想啊。

愿你们都能找到自己心中的太阳。

Part V 效率方法论
Efficiency Methodology

作为一个很喜欢学习新东西的人，很喜欢新鲜事物的人，周围的同事和朋友总是喜欢向我取经，问我有什么好的技巧和方法可以分享，问我最近在玩什么新东西。敝帚不敢自珍，权作抛砖引玉之用。

第 15 章　我有一本学外语的秘籍

A Secret Book For Learning Foreign Language

如果你学了多年英语，却感觉自己还是不会阅读、不会写作、不会对话，那么你的学习方法多半错了。

如果你想学一门新的外语，如日语、法语、德语等，却不知道该怎么开始，那你可以试试用我的这个方法。

我们那里初一才开始教英语，而且英语老师的发音也不太标准，但是我很幸运地第一次英语考试（尽管就是考 ABC）就考了 99 分，让我有了很大的信心和兴趣，觉得自己一定是读英语的天才啊！于是每次英语课都很认真地听，作业也认真地做，后来还意外地发现了自己考试的“特异功能”：虽然我记不清语法，但是我凭感觉就能做对英语的语法选择题！所以后来我学生时代的英语一直还不错，高考 136 分，CET-4 成绩 586 分，不过后来 CET-6 的时候自己没有很上心，只是刚好通过而已。

我一开始真的以为这只是纯粹的天分，我怎么这么幸运就能很快掌握老师所说的“语感”呢？

后来通过另一件事我才真正想明白了。我很早就自学过日语最基础的内容，然后一直没有再学过，也没什么长进，但是到了大学毕业前的某一天，我发现自己能听懂动漫里快一半的对话了，甚至游戏里的对话我也能听懂小半（没有字幕的纯日文游戏），突然间好像突破了某种壁垒！我被这个发现惊呆了，在一番回顾后，我终于弄明白了自己中学阶段英语一直比较好的原因，以及为什么我能够在大学无师自通学会日语了。为了验证我是否真的学会了，我就去报了日语 JLPT 考试，结果就真的获得了 N2 等级证书（相当于英语的六级，最高的 N1 等级相当于英语专业八级）。

“少年，看你骨骼惊奇，这本武功秘籍 5 元给你了！”

当然是开玩笑的，这个方法其实你可能早就听说过，但是从来没有放在心上，只有在真正对你有帮助的时候，你才会恍然大悟——原来真的就是这么学就行了啊！

这个方法学起来平淡无奇，但是一旦熟练掌握、长期使用之后会发现突然间威力大增，量变产生质变，仿佛就像我最喜欢的金庸小说里的《独孤九剑》一样，看似毫无章法，却能破尽天下武功！

咳咳！闲扯时间到此为止。我之所以觉得像这门武功，是因为它们的学习过程和使用方法确实很相似。

15.1 先掌握总诀

“归妹趋无妄，无妄趋同人，同人趋大有。甲转丙，丙转庚，庚转癸。子丑之交，辰巳之交，午未之交。风雷是一变，山泽是一变，水火是一变。乾坤相激，震兑相激，离巽相激。三增而成五，五增而成九……”

是不是很晕？

风清扬教令狐冲这套剑法的时候，首先让他背的就是“九剑”的第一式——总诀，直接背这玩意儿当然啥也不明白，但是谁让它是核心要领呢，令狐大侠一背就会！

学外语也一样，你总需要先掌握它的总诀，那一门外语的总诀是什么呢？

① 字母表（包括所有字母的听说读写）。

② 音标（会读、会认、会听）。

③ 明白字母是如何组成单词的。

④ 明白单词是如何组成句子的。

是的，就只有以上四点，甚至不包括基本的语法，**语法什么的你可以统统不要去管它。**（后面我会说为什么）

对于一个完全陌生的语言来说，掌握这些内容其实并不容易，但是比那些厚厚的单词书、语法书不知道简单到哪里去了！也不过就是一篇完全看不懂的总诀而已嘛，我背就是了！为什么这四点就是总诀了呢？因为只要掌握了这些最最基础的内容，你就能“认得”该语言的基本结构了，听到该语言的句子的时候也能有一些朦胧的感觉。

并且每一项都很重要：

① 字母表是教你认、教你写。

② 音标是教你读、教你听。

③ 知道字母如何组成单词你才能有单词的概念。

④ 知道单词是如何组成句子你才能有句子的概念。

这一阶段其实很短，短则三天，长则一周，最多两周就能学会任何一门外语的总诀。

这确实是一门语言的基本功中的基本功，所以我们在学校刚开始学英语的时候学的就是这些。毕竟如果连这些都不会的话根本没法正式开始学英语，对吧？既然是基本功，自然要学得扎实无比，不容有丝毫差错。为什么有很多人学了一辈子英语，最后还是发音非常不准，甚至无法自己查英汉词典或者查到了也不会念呢？就是因为没有打好基本功，当时偷懒了。发音差不多像就好，单词发音就是死记硬背，所以过不了多久就全忘了，自然无法提高英语水平。

所以这里只有一个要点，就是反复听，反复练，不要害怕枯燥，不就是一两个星期的事情嘛。郭靖都能靠一股傻劲学会《降龙十八掌》，我们还能背不会一篇总诀吗？

15.2 模仿和练习剑招

掌握了总诀当然还不够，这时候的你，完全可以把自己当成一个还不会说话的孩子。是啊，完全不会说话的孩子他们是怎么掌握说话这门技术的？特别还是被称为最复杂的汉语？还不止呢，他们不仅能在一两岁的时候就学会说汉语，粤语、闽南话、上海话、四川话……你会什么就教他什么，他都能学会。

他们是怎么学的？

很简单，模仿和练习。

是的，不需要理解什么语法，不需要什么母语和翻译，他们只需要模仿和练习就够了。

“叫爸爸！”你指着自己说。

“这个是苹果！可以吃！”你拿着个红红的苹果吃给他看。

“饿了吗？宝宝想喝奶吗？”在宝宝大哭的时候，你拿着奶瓶问他。

你有没有发现，**你在教孩子该怎么说，在他想要什么东西的时候询问他，他只是睁着大眼睛看着你，一直看着你。**刚开始他还只会嘟嘟囔囔，后来他会模仿你的发音咿咿呀呀，再到后来的某一天，他突然会叫“爸爸”了！

从这一天起，你会兴奋地发现，不只是“爸爸”，他开始会说“奶奶”“妈妈”“饿饿”，他不只是会说，而且知道谁才是“爸爸”，谁才是“妈妈”，饿了就会说“饿饿”，真聪明！

语言这门技能，早已经深刻在人类的基因里了，任何一个健康的人类小孩都能在短短一两年的时间里，慢慢掌握。

而我们为什么长大之后就忘了当初自己是怎么学说话的，学起英语来就苦大仇深，甚至会认为自己“学不好英语”呢？

当然是因为方法错了啊！

这里我就要向你说明一下，我当初是怎么学英语的了：由于我天性就很懒，所以在初一掌握了基本的字母和音标之后，我就开始偷懒了。我懒得背单词，我只是在上课时大声跟着老师念单词、念课文，对着书上的苹果图片说“Apple”，看书上的李雷拍着胸脯说“I am Li Lei！”放学回家就把书包一扔，先玩游戏再说！作业？老师上课都教过了，很简单就做完了。

等到初二的时候，按照老师的要求，我也开始早读的时候背单词，但是我背单词的方法和别人也不同：别人背“School”的时候是“S”“C”“H”“O”“O”“L”，“学校、学校”！**而我是边念“School”的发音边在纸上用笔写，脑海中自然想起我们学校的大门……**这两种方法的区别在哪？一种是把单词当成是字母的组合体，配上母语的翻译，另一种是把单词当成是一种发音、一种写法、一种图像。

现在回头想想，孩子是怎么学说话的？他哪有什么母语！他只知道那个红红圆圆的是苹果，那个戴着黑框眼镜的短发黑胖子是爸爸，饿得不行的时候说“饿饿”就有奶喝啊！不正是我误打误撞发现的方法吗？

这时你可能会问：“单词是可以这么学，但是语法呢？不学语法光会单词，那不就成了两岁小孩了吗？”

一点都没错，只会单词那确实只是不到两岁的小孩的水平，但是两岁以上的小孩就会语法了吗？其实他听不懂什么叫作主语、谓语、宾语的，他只知道妈妈教他的“宝宝要吃饭！宝宝想要看电视！宝宝最喜欢妈妈！”

一切都是模仿，一切都是练习，如同他不停摔倒、不停爬起来的过程一样，他也是这样学会走路的。

教你招式的师傅们

1. 读外语课本，背课文

课本本来就是最好的入门教材，只不过我们不用死记硬背那些语法，只需要把语法当成简单的说明快速看过去就好了，最重要的是好好享受由浅入深的外语原文，看完之后背下来，最好还能有原声MP3边听边背，不要弄错了发音。这是最基础的学招式的途径，一定要找一套好教材，如果你要学的是英语的话，中学课本和新东方教材都是很好的。

2. 看外语电影、电视剧

就如同我大学时喜欢看日本动漫一样，你一定也喜欢电影、电视剧和动漫这类影视作品，我觉得看这个的效果远好于去听什么外语广播电台。为什么？因为你能看到而不只是听到。视觉和听觉结合起来之后，你很容易就能猜到屏幕里面的人说的话是什么意思。比如《火影忍者》里常见的一幕，鸣人捧着一大碗拉面准备开吃时说的那句话，肯定是“我开吃了”不是吗？何况还有字幕这个最好的老师不停地告诉你正确答案。

3. 玩外语游戏

这也是我的一大词汇来源，可以说“Start”（开始游戏）“Save”（存档）“Load”（读档）这几个单词我在课堂上讲到之前就认识了，而且记得很牢。现在的游戏比以前还好多了，有语音的话你完全可以当成视频来看。兴趣确实是最好的老师。

4. 上外语网站、论坛

能看懂一些外语之后，多去上上网、看看论坛吧，把那里当成是你的母语网站一样逛、一样浏览，找到感兴趣的文章和话题，用自己的理解去看。甚至还能在论坛上和网友交流，这简直是地球村最好的福利了，以前去哪找那么多外国人！

5. 写短文，论坛回帖也算

会听、会读、会说之后还不算，尝试着把自己的想法用外语写下来，写的过程中发现不懂的单词就查字典、找例句。如果不练习写的话，这门功夫你永远不算真的掌握了。

15.3 无招胜有招

孩子通过模仿和练习记住了妈妈教的一句句话，你也通过背课本、听录音、看视频记住了一大堆外语句子，但是就是不懂语法，这样真的没事吗？

没事的，就如同令狐冲学会了《独孤九剑》的所有招式之后，风清扬会让他“忘了吧”，忘得越干净，剑法的威力越强。你也不必记住那些句子到底是怎么构成的，当你拿起一本全新的外语书、打开一个全新的外语电视剧、听到旁边的老外对话的时候，你就会发现，你竟然真的看得懂、听得懂！虽然不是全部，但是基本都能听懂！

为什么你能做到呢？

因为你已经在大量的、重复的模仿和练习中，让自己的耳朵、嘴巴、眼睛、手和大脑自然而然地适应和掌握了这门语言。

- 你想要说外语的时候，语句会自然在你脑海中浮现并说出来。
- 你在看到、听到外语时，脑海会自然理解意思，甚至不需要经过母语的转换。
- 你想要写外语文章的时候，手会自然写出或者打出你要写的单词（还记得我在背英语单词的时候手一直在不停地写吧）。

是的，这时候的你，已经真正摸到了这门外语的门槛。

为什么说你只是摸到了门槛呢？

因为——谁说三岁小孩就能写文章、听得懂中学校长的演讲的？！

15.4 打遍天下高手

摸到了门槛之后要怎么提高呢？答案很简单——打遍天下高手，也就是反复地去用你学会的一切，不要害怕失败。去听、去说、去读、去写，继续阅读外语相关的新闻、文章、小说，看电影、电视剧，用外语每天写一点短文，甚至走出去和外国人直接交流更好。你和外语交手的次数越多、聊的外国人越多，你的水平也就越高。

没有不练习就能练成神功的武林高手，也没有不练习就会说话的小孩，你我的外语也一样。

最近刚好在看《人工智能》和《深度学习》的书，发现这个方法其实和 AI 的深度学习很像。比如你要让 AI 识别“猫”，也是在建立了基础算法之后，通过上千万张图片和视频不断地去让它辨认、试错，最终它就能学会从任何一张图或者视频里辨认出是否有猫，准确度超过 99%！这不正是先掌握总诀，然后模仿和练习，最终达到无招胜有招嘛！其实人脑在这方面比电脑还厉害，因为我们如果要辨认一只猫，就算小孩都只要看过一次两次就会认了，根本不用去想为什么长这样的才是猫，大脑自动就能帮你记住。AI 并不知道人脑的这种机制，但是用了深度学习这种途径也成功做到了。

好了，这本秘籍已经免费送你了，篇幅所限也只能讲这么多了。如果你有兴趣的话，完全可以去试试，相信一定能帮到你的。

彩蛋：我学日语的故事

我高一的时候在玩游戏机上的日文游戏《天使之翼（足球小将）》，这游戏需要用日文平假名（也就是日文的字母）作为密码，每次关机前把关卡的密码用日文平假名抄下来，下次开机再一个个输进去，如果正确就能读档，只要错了一个符号你的存档就废了。为此我特地买了一本《日本语入门》，薄薄的很难懂，但是我只需要前面的几页字母表就可以了，因此花了三天时间把日语五十音图完全记下来了，从此我在抄游戏的关卡密码的时候就再也没错过，这真是兴趣的力量啊！

到了大学，由于很喜欢看日本动漫，又没人管，因此在宿舍除了玩游戏，剩下的时间全在看动漫，整个大学前三年起码看了上千集。最疯狂的时候连续看了一个星期动漫，连出门听到同学聊天都觉得他们在说日语，是真的在说日语！当时我就惊呆了，怎么你们都会说了？过了几分钟，我的耳朵复原了，我才发现原来他们说的还是中文，但是我的耳朵刚才自动识别成了日语！

这之后我就发现了，我甚至可以看没有字幕的动漫了，只要他们说话我就能听得懂，毕竟动漫里说的都是那些词汇和句子嘛！然而动漫里的话词汇量小吗？那怎么说也是日本的中小学生水平。

我就这么达到了日语 N2 级的水平。

第 16 章　阅读，不再从开始到放弃

Never Give Up Reading

16.1 如何阅读一本书

我从小就喜欢看书，总觉得自己的读书方法应该还可以，还暗暗以阅读速度自豪。但是最近看了不少关于读书的方法之后，发现我的方法岂止是不可以，简直是大错特错了。如果我能早个十年看到这些方法，就不会浪费那么多曾经买过的好书了。

在阅读界有一本很出名的书，名字也很特别——**《如何阅读一本书》**，出版于20世纪40年代，一直畅销至今。我看了这本书后，也确实很受启发，这里要给你介绍的阅读方法也主要出自这本书。

HOW TO READ A BOOK

如何阅读一本书

16.1.1 你也这么读书吗

我以前读书总有一个习惯，就是看书一定要从第一页开始看，一个字一个字认认真真地看，生怕漏了一点细节，毕竟是我自己挑的书啊，不管作者写得好不好，认真看总没有错吧？

其实这正是最大的问题。因此我有很多书只看了个开头，就束之高阁了。是那些书真的不好吗？当然不一定，很多经典的书比如《思维导图》、《博弈论》、《卓有成效的管理者》等，是不好的书吗？其实都是很好的书。但是一旦你陷入了细节，从第一个字开始逐字逐句地看，你看的永远也不是一本书，而是一篇篇连续的长篇大论，简直是消耗耐心的大杀器。使用这种阅读法，我大部分的书最多也只是看到50%而已，能看完的只有那些一两百页的薄一点的书。

2017年开始，我换了一种方法，这个方法让我真正看完了几本书，也有不少收获。这个方法你可能并不陌生——写读书笔记。我每天花30分钟左右的时间看书，边看边写下书里比较精彩的部分，有的还写下核心的提纲，就这样连续看了一年，以为算是精读了吧，也确实了解了不少知识。但是现在你要问我书里的主要内容和提纲，我恐怕说不出多少内容，只剩只言片语。

正因如此，在我看到这本书的方法之后，我终于醒悟过来，自己这些年究竟错过了多少好书！

你是否也这么读书呢？

16.1.2 一本书正确的打开方式

第一步：绕着读

以前我们读书都太着急了，甚至都没想好读书之前最重要的问题——这本书值得我读吗？

所以这第一步就像是在打开书阅读之前，把它“立起来”，好好地绕着它打量一番。

A. 判断是否受欢迎

扉页后面有写“第 X 版第 Y 次印刷”，X 数字大，说明这本书流传久，作者还一直在认真修订；Y 数字大，说明这本书受欢迎，连续加印了好几次才能满足市场需求。比如我手上的这本几年前买的彼得·德鲁克的精装版《卓有成效的管理者》，第一版第 14 次印刷，足以说明它是如何受到市场的欢迎。这是判断这本书是否值得买的最快的方法，你总是能找到最受欢迎的书。

B. 了解内容要点

第一个方法是看腰封。有些书封面下方还会绕一层黄色的腰封，有名人的推荐语，也有主要内容的介绍。虽然这里总是有广告的成分，但是如果连书的广告都不吸引你，说明书本身内容就不行，你还有什么必要看呢？

想要了解内容要点的最快方法莫过于问问读过的人了，但是要去哪里找读过的人呢？上豆瓣读书或者找身边朋友当然是好方法，但是如果我告诉你，书里就有读过的人会告诉你内容要点，你信吗？书的作者总是喜欢找人给自己的书写序，这些人也许是他的朋友，也许是一些名人，他们为了自己的信用，都会很认真地看完这本书之后才给出自己的评价，他们都会用自己的语言把书里面的关键内容说出来，虽然相对比较正面，但何不先看看呢？

如果没有别人写的序，看作者写的自序也是一种很好的方法。作者才是最了解这本书的人，他会在这里用最简短的语言概括书中的核心思想，看完这些你对书本的内容就有了基本的了解了。

只有在确定了这本书确实是值得自己读，而且明白书中的核心内容之后，你才应该花时间去读这本书。

第二步：翻着读

接下来你要翻开书了，但是先别急着从第一页就开始看，这一次我们要花一个小时左右的时间先把书看一遍。

什么？一个小时我哪看得完一本书？

别急，用这种方法你肯定看得完的。这种方法就是**“检视阅读”。**

Step1. 系统地略读

先仔细研究一下目录页，这就像我们在去某个没去过的地方前会先看一下地图一样。我们经常忽略了目录的重要性，这是整本书核心内容的提纲，是作者特地花了很多时间梳理的。如果能好好了解这部分信息，你就会发现很多时候根本不必看完整本书，只要了解其中几个章节的内容就足够了。而如果你是按照老的方式从头开始一页页看，可能还没看到你想看的内容就已经放弃了。

然后从目录中挑几个和主题很相关的篇章来快速浏览一下，看里面的内容是否符合自己的预期，能让你有收获吗？

Step2. 粗浅地阅读

这里“粗浅”的意思是将书中的内容按照“语义单元”的方式分割，然后进行跳跃式的快速阅读。

所谓的“语义单元”就是作者用来讲述一个完整概念或者方法的单元，可能是一段话、一页，甚至是一个章节。写过文章或者 PPT 的人都知道，我们会先列好一个提纲，里面包含要写的内容要点，然后开始根据要点填充内容。这里说的“语义单元”就是这些内容要点。

内容要点一般会在标题、段落的第一句话、段落的最后一句话中列出来，找到了这些地方，我们就能够用“蜻蜓点水”的方式翻阅书中的关键信息，从而达到将整本书完整而又快速地看一遍的目的。

快速阅读其实是不符合人性习惯的，因为人们喜欢读一句话，而不是跳着看。这要求你强制自己像是坐在高速前进的火车上一样，书中的内容就如同窗外风景一样快速掠过，不要停下来，就算一时没有看明白也要先跳过，否则你很容易沉浸到书中的某个细节中，失去了对整个框架的把握，甚至还有可能因为某个地方实在看不懂而放弃阅读。

第三步：展开读

只有通过第一步绕着读的判断，觉得这本书值得你花时间读，你才会进行第二步。

只有通过第二步翻着读的了解，你才了解了这本书的主要内容，很多书可能做到这步就够了。

如果觉得这本书有着让你深入了解的价值，就有必要进行第三步了，把整本书展开来，仔仔细细地阅读第二遍、第三遍，甚至反复地看。

这是一种主动的阅读方法，需要你带着问题来阅读。

主动阅读的四个问题：

① 整体来说，这本书到底在讲什么？你需要找到这本书的主题，作者是如何通过这个主题逐渐展开次级主题的。

② 作者在每个章节说了什么？具体怎么说的？想办法找出主要的想法、声明和论点，这些组合成作者想要传达的特殊信息。

③ 这本书说得有道理吗？是全部有道理，还是部分有道理？除非你能回答前两个问题，否则你无法回答这个问题。在你判断这本书是否有道理之前，你必须先了解整本书在说什么才行，而只是了解作者在说什么是不够的，你还需要带着批判的眼光对书中的内容进行判断，而不是盲目相信。

④ 这本书跟你有什么关系？如果你从书中了解到了一些信息，你要想为什么作者认为这些信息很重要？你真的有必要了解吗？如果有必要并且启发了你，那请马上回过头去仔细看一下相关的章节，甚至去网上找更多相关的资料，以获得更多的启示。

16.1.3 最重要的一点

上面的方法说起来很多，其实关键就是三步：看之前先判断价值，第一遍看先快速了解主要内容，第二遍再仔细看你需要详细了解的内容。

这里最重要的一点还不是上面的方法，而是你要问自己为什么要看这本书，想通过这本书解决自己的什么问题？

只有想清楚了这个问题，你才能在第一步知道如何判断这本书是否应该读。

只有带着这个问题，你才能在第二步快速浏览整本书并找到应该详细了解的几个内容；你才能在第三步的仔细阅读过程中产生和作者对话的感觉，在阅读中找到这个问题的答案。

16.2 你找到书中的黄金屋了吗

《劝学诗》

宋·赵桓

富家不用买良田，书中自有千钟粟。安居不用架高堂，书中自有黄金屋。出门无车毋须恨，书中有马多如簇。娶妻无媒毋须恨，书中有女颜如玉。男儿欲遂平生志，勤向窗前读六经。

我们最熟悉的“书中自有黄金屋，书中自有颜如玉”这两句话出自宋代皇帝赵桓的这首诗，分析时代背景，诗的原意是希望读书人不要气馁，有志之人多读书自然能考取功名，进而实现平生理想。

我们从小听这两句话，更多的解释是只要好好读书，以后该有的都会有的。

然而这么多年过去了，你在书中找到“黄金屋”了吗？

16.2.1 什么是“黄金屋”

“黄金屋”的本质虽然是一栋房子，更重要的还是这房子是黄金盖的。

书中当然没有真的黄金，这句话的意思有两层，一层是你能在书中找到堪比黄金屋这种价值的东西，另一层是只要你多读书，以后就能买得起黄金屋。

这么讲虽然很诱人，但我认为应该更现实地来看这个问题：

> *一本书里的“含金量”是不足以盖出黄金屋的，甚至可能连金子都没有，有的书里面只有石子、沙子甚至是岩浆。*

书中的“含金量”也就是金子，是什么？

- 有用的知识，比如数学定理、经济学理论、心理学理论等。
- 有用技能的学习方法，比如绘画技法、编程语言入门、健身方法等。
- 可以启发灵感、获得感悟的内容。
- 可以让你感动的内容，或喜或悲。
- 以及所有你觉得有价值的内容……

如果你要在一本书中寻找这些对自己有价值的金子，写得很好的也许能发现一些散落的金砂，更有可能是一块还需要研磨提炼的金矿石，还有可能什么也找不到。

所以我觉得书中的“黄金屋”并非不存在，只是这栋屋子的黄金材料需要你从整个书籍的海洋中去淘、去炼，终于获得足够的金子，然后搭建成属于自己的知识体系、技能体系、世界观、价值观，也就是自己的“黄金屋”。

这栋屋子无法凭空出现，也没人能给你，全靠你自己探索、提炼、搭建。这就是为什么有的人的“屋子”看起来简陋不堪，而另一些人的看起来精致美丽，极少数人的甚至巍峨壮丽、高耸入云，他们才是真正“盖房子”的大师。

所以我对“书中自有黄金屋”的总结是：

黄金屋的价值 = 足够的好书 + 淘金的能力 + 建屋的水平

- 看过的书要够多，才能淘到足够的金子，聚沙成塔。
- 淘金能力要好，才能从书中找到金子，还要能提炼、能记住，保存下来。
- 建屋的水平要高，才能是一栋漂亮房子，而不是一推即倒的豆腐渣工程。

第一项能力需要的是时间积累，靠的是你对读书这件事情的热爱；第二项能力需要的是读书的技巧，你要会找到书中有价值的内容，还要能转化成自己的东西；第三项能力需要的是梳理知识框架的能力，你要知道自己需要什么，知道如何通过寻找知识之间的关联，最终搭建成一个完整而自洽的体系。

16.2.2 “黄金分割法”

所谓的黄金分割法，原来只是用黄金做比喻，来说明这种分割方法是多么的神奇和美丽。

而我的“黄金分割法”，正是用来分割书中的“黄金”的，不过也和黄金分割率的 0.618 有关，所以我为它起了这么个唬人的名字。

【6】六成的时间用来快速浏览

平时看一本书，大部分的时间要用来检视阅读书的概要、他序、自序、目录，以及每章的大纲、主要内容。

为什么要强调这一点？因为大多数人看书的方式是把所有时间用来通读，一定要从第一页开始读，甚至不看目录，也不看序言，就那么一字一句地从头读起，仿佛一次长征一样，然而结果往往是半途而废。下次再看的时候前面的都忘了，还是要从第一页重新读起。

但是如果你在看这本书的时候，先花六成的时间快速浏览一遍，你就能很快地抓住书中的主要内容，知道书的每章都在讲什么，然后就能知道哪些内容对你来说是真正有用的、真正感兴趣的。这时候再花剩下的四成时间来精读，把有价值的内容好好消化，这时候的效率一定比你不知重点地从头读起高多了，因为你是在遍寻整个地图之后，在每个金矿点花力气挖，把力用在了最关键的地方。

我周六下午就用这个方法快速看完了东尼·博赞的《博赞学习技巧》这本书，只花了一个小时左右。

作者：东尼·博赞
译者：卜煜婷
出版社：化学工业出版社
出版日期：2015-1
ISBN：9787122222176

《东尼·博赞思维导图系列：博赞学习技巧》是东尼·博赞专为那些需要大量阅读思考的职业人士，以及应付各种考试、课堂测验、学期论文写作等方面的学生专门编著的，目的是提高他们应对能力。书中包含博赞有机学习技巧（BOST）专题。《博赞学习技巧》是东尼·博赞在学习技巧、脑力、学习后回忆、发散性思维、专注力、多维记忆工具和思维导图等领域40多年经验的总结。作为全新典藏版，并特别由博赞本人更新了为国际培训课程最新研发和改进的一系列实用训练实例。

您用了0天完成了阅读 共154页
2017-12-16 ~ 2017-12-16

0 ~ 154 2017-12-16 17:27 / 155页

【1】把书中的内容总结成一句话

如果一个人号称他掌握了真理，但是又不能用一句简单易懂的话讲出来，那他一定是骗子。

同理，如果你觉得自己看懂了一本书，却不能把书中的内容用一句话概括出来，那你一定没看懂。

《博赞学习技巧》这本书的主要内容是什么？

介绍了东尼·博赞发明的BOST学习技巧，关键是阅读速度快，记得牢，最后用一张思维导图画出书中的内容要点。

你最近看完的书是哪本？你能用一句话总结出来吗？

【8】八成的内容都会忘记，但要记好那二成

相信很多人都有同感，无论是看完一本书还是看完一部电影，就算只是刚刚才看完，你都已经忘记了八成左右的内容了。

剩下的那二成一定是最吸引你的内容，可能是一个新知识点，也可能是一个有趣的情节，是你看完之后最大的收获。

但是没过两天你把这剩下的二成也忘了。

这简直让人万分可惜不是么？

早知道都会忘记，那我们还费那力气看这书做什么，还不如去玩！

你当然有很多方法来挽救这最有价值的二成内容，比如写读书笔记，比如画思维导图。

对我来说，《博赞学习技巧》的二成是：

- 快速阅读法是依靠视觉引导物和词根阅读法高速阅读的技巧，不过我已经在他的另一本《快速阅读法》里看过了。
- 超级记忆法是通过视觉想象和声音规律打造记忆的“钩子”，建立起内容的记忆模型，并且利用艾宾浩斯记忆曲线反复温习。
- 思维导图的关键是将线性的内容转化成网状的思维图谱，利用丰富的色彩、图形和联想词来还原内容场景，达到记忆的效果。我平时用的方法并不正确，还需要反复练习。

我已经通过自己的笔记把这二成保留下来了，这就是我在书中找到的金子。

这块金子还需要经过我的打磨，这个打磨过程就是我使用这个记忆法、思维导图技巧的过程，只有我真正掌握了这些知识点，金子才会变成金砖，成为我的“黄金屋”中的一部分。

就算做完了这些，也还只是我们“淘金”路上的一小步，路漫漫其修远兮啊！

你的“黄金屋”盖成怎样了？是你想要的样子吗？

16.3 为什么会觉得看书没用

你平时看书吗？

有时候会不会觉得，看书好像也没什么用，就算偶尔能看到一些好的观点，也未必能用到实际工作和生活中，有空还不如多刷刷知乎、微博、朋友圈，还能看到更多有用的东西，而且还不用投入大块的时间来阅读。

为什么会有这种想法？

看书确实没什么即时效用，它既不能马上改变你的人生，也不能给你带来财富，甚至里面的知识对你来说也未必都是有用的。

但是没有即时效用并不代表看书真的就没用了，不妨先检查下自己是否是以下三种情况。

16.3.1 遇到问题才想起要看书

- 做的方案被领导骂了，说有太多地方做得不好，需要重新改。
- 和朋友小聚的时候发现他的近况比自己好，去了一家大公司薪水双倍了。
- 轮到自己进行部门例会分享的时候，才发现自己没什么可说的。
- 觉得现在的工作不是自己想要的，想换一个自己真正想做的行业。

遇到难以解决的问题了，才发现自己似乎应该多看书了，用来提高自己、找分享的话题或是学习新的技能。

于是事不宜迟，赶紧买了几本书来看。

可是这是看一两本书就能解决的吗？

当然不能。

可能一本书看完了，似乎懂了一点新东西，但是发现这还远远不够啊，看书学东西怎么这么慢？

于是放弃了，还不如去刷刷知乎和微博。

但是看书从来不是用来应急的，而是应该用来日常积累的。这时候想起要多看书了，那平时你都在做什么呢？

如果没有大量的阅读积累，怎么可能获得足够的知识来构建你的知识体系呢？如果成长真的有这么容易，你怎么可能超过那些走在你前面的人呢？能保证不被后面的人追上就不错了！

16.3.2 看书的方法不对

看书的时候，你是从第一页开始看，一直看到最后一页吗？

如果是看小说当然没问题，总不能不从第一页开始直接去看最后的结局吧？

但是如果你看的是知识类的书籍，这种方法最可能导致的结果有两种：

一是半途而废，只看到三分之一或一半就看不下去了；

二是好不容易看完了，合上书一想，前面看的好像都忘得差不多了。

你一定要试试正确的读书方法。

阅读分为 4 个层次：

① **基础阅读：**能流畅地阅读、看懂一段文字、一篇文章。

② **检视阅读：**使用略读、跳读的方式快速掌握书中的主要内容。

③ **分析阅读：**反复研究书中的关键内容，直到真正读懂并掌握。

④ **主题阅读：**同个主题的书只读一本是不够的，应该把同类的书放在一起对比阅读。

平时我们所做的大多是基础阅读，极少做到分析阅读，而检视阅读和主题阅读就几乎没有做过了。

而如果你没掌握后面三种阅读层次，那你极有可能已经浪费很多好书了。

16.3.3 看的书不对

也许你平时也有看书，但是看的大多是小说、漫画或者诗歌散文一类的。我也很喜欢看这些书，不过如果你希望提高自己、掌握更多新知识和技能的话，我不建议看太多这类书。

小说和漫画里有很多很好的故事情节，能够给我们的生活一些启示，能锻炼我们的移情能力，也能给我们带来阅读乐趣，是一个很好的生活调剂。

诗歌和散文里有很多优美的词句，也有一些感人的故事，能够提高我们的文学素养，能够让我们和作者心灵交流、产生共鸣，是陶冶性情的好方式。

但是如果你在看的书都是这类的，你能从书中所获得的知识可能真的不多。

从初中开始我就喜欢看金庸、古龙和梁羽生的武侠小说，我喜欢看《柯南》《犬夜叉》《火影忍者》和其他很多漫画，还喜欢看后来流行的网络小说。

只要有一个能看电子书的手机，我就能瞬间沉迷在阅读中，甚至练出了走路看书不用抬头也能避过障碍、不撞到人还能走到教室、食堂和宿舍的高级技能。

但是看这些书带给了我什么呢？

带来了和看电视、看电影一样的乐趣，带来了很多和小伙伴们的谈资，还消耗了学生时代我看起来太充裕的时间。

对我真正产生作用的书，反而是大学课堂上学的那些专业课本，是我从图书馆借来的 Photoshop 教程书，是我在准备考研阶段读的 C 语言、数据结构，是我在工作之余读的讲互联网和用户体验的书。

这些书的效果当然也不是即时产生的，它们更多是改变了我的思维方式，给了我一些新的专业知识，教给我一些有用的技巧，在我后来转行做设计、做用户体验的时候真正帮到了我，还帮助我更好地理解设计师的好伙伴——开发工程师的思维方式，后来我做交互方案的时候能够和他们有效沟通，这些书功不可没。

甚至我现在一直保持着的对设计和开发的兴趣，也都是这些书带给我的。

但是在我所看过的书里，这些书所占的比例非常少，我花了太多的时间在看小说和漫画上了，多么可惜！

不过现在的我能写出这篇文章和之前的那些文章，依然要感谢我曾经看过的所有书，否则我连组织语言、流畅写作的能力都没有吧。

有空不如多看看书吧！

16.4 好读书，不求甚解

由于我给自己定了一个春节期间要读完七本书的计划，所以最近读书很勤。每天写文章之前，我都捧着一本乃至两三本书反复翻阅，以汲取更多有用的知识。

在读书的过程中，我突然想到了一个问题：我们为何而读书？

16.4.1 我们为何而读书

很多人读完大学之后就放弃读书了，因为再没有什么人、什么考试会逼他去读书了。三年中考、三年高考、四年本科关于读书的种种痛苦回忆扑面而来，又何苦再为难自己呢？

但同样是这群人，进入职场几年后又会四处问人：“前辈，有什么提高沟通能力的书推荐吗？”“老师，我想学交互设计，但是不知道哪些书比较好……”

是的，我们中的大多数人都是如此。

曾天真地以为读书只是学校里的事情，没想到出了学校却要读更多的书。

好吧，读就读了，根据书单买了书，把书摊开来，从第一页开始看，推荐序一、推荐序二、自序、引言、第一章……

嗯，读了半小时，翻了二十多页，也不过才刚开始看第一章。

人困马乏。

喝口水、玩玩手机好了。

这一玩，就是一晚上，这本书就再也没看过。

奇怪了，我读书的目的很明确啊，为什么总是看不下去！

- 觉得自己某方面能力不够，所以想通过读书来提高。
- 觉得别人总是在读书进步，自己再不读书就落后了。
- 觉得趋势和科技变化太快，怕手里的饭碗随时不保……

归根到底，这些目的其实都是为了自己，为什么我连为了自己做事都不积极了？

16.4.2 只为自己而读书

先问你几个问题：

① 你读书的时候是否一定要从第一页开始看？

② 你是否觉得书里的每一字每一句都需要仔细读，否则就是对书的不尊重？

③ 你是否觉得读一本书就一定要从头到尾读完才行，否则就不算读完？

④ 你书架上的书有多少本买来后就只读了一半，甚至没翻开过的？

以上 4 个问题，如果你有 2 个问题回答“是”，就说明你的阅读习惯不对，如果 4 个问题都是“是”，那恭喜你，这部分内容你读对了。

为什么我们会有这种阅读习惯？因为我们上学的时候就是这么读书的，难道这种方法不对吗？

为什么我们会有这种认知，觉得书买来了就是拥有了？因为其他东西就是这样啊，到手了就是自己的了嘛！

如果你真的是只为自己而读书，那你就不会有这种问题了。

你之所以要读书，是想要提高自己、追赶他人、补充知识，根本目的在于将书中的知识变成自己的，而不是去背诵书中的字句。就算你真的把整本书从头到尾、一字一句都读下来了，合上书之后，你还能记住多少？过了几个月或者半年，你还能记住多少？

恐怕只剩下书名和作者了吧，连一句话概括核心思想都不一定做得到。

就算你真的把《卓有成效的管理者》整本书都背下来了，你也不可能就此成为一个合格的管理者，否则每人买一本书就能“人人都是管理者”了。

因为掌握一本书的关键根本不在于从头到尾去读，也不在于背诵，而是在于这本书是否真的解决了你的问题。

只要你能做到这一点，无论用什么方法都行。

16.4.3 不求甚解

好（hao，第四声）读书，不求甚解；每有会意，便欣然忘食。

——陶渊明，《五柳先生传》

和常识相反，读书最忌讳的就是陷入书里去。

作者举的那些例子重要吗？他是怎么论证他的观点重要吗？甚至于他在书中的每个观点都同样重要吗？

陶渊明读书不求甚解，因为他明白自己为什么要读书，他要的是“会意”，要的是找到书中的闪光点，一旦理解后便兴奋莫名，甚至饭都忘记吃了。

我们读书，为的是解决自己的问题，那要怎么才能最快地找到书中可以解决我们问题的方法呢？

举个例子，如果你要去城里一处陌生的地方面试，在得知那里的地址后，你会怎么去？你会不管三七二十一直接骑个共享单车就去吗？

正确的方式当然是先打开地图看看位置，查一下公交地铁路线，看是换乘还是直达，应该坐哪辆车，或者不是很远直接打车也行。

这种通过地图来帮助我们导航的方法给了我们一个全局的视野，帮助我们判断应该采取哪种方式行动性价比最高，远好过直接就走。

同样的道理也可以用在读书上。上来就直接读是最笨的方法，书中明明有地图，你为什么不用？

“地图”五件套

① **推荐序：**这其实是业内知名人士对本书的读后感。

② **自序：**作者自己介绍本书的主要内容。

③ **目录：**全书主要内容的提纲。

④ **章节标题：**章节的关键内容会在各级标题以及附近的主要段落中。

⑤ **章节小结：**有的书会在章节开头或末尾对本章主要内容进行总结。

这样一来方法就很显然了，你明白自己真正想要解决的问题和感兴趣的点，作者又把“地图”给你了，你为什么还要用脚直接去走？

正确的方式是：通过推荐序和自序了解本书的主要内容，在对本书有一个比较全面的了解后，通过目录寻找你最想看的主题章节，再快速浏览那几个章节的标题和小结内容，这样你就能把书中的关键内容很快地过一遍了。

浏览完关键内容之后，你一定会明白哪些地方最有价值，需要反复细看；哪些地方有点意思，可以简单了解；哪些地方暂时无用，以后再读即可。

只要破除了“为读而读”的观念，用“不求甚解”的方式为解决自己的问题而读，书自然读得完、读得懂了。

我在之前的内容详细介绍了这种读书方法，感兴趣的同学可以再去看一看。

我还买了一本《这样读书就够了》，里面介绍的“拆书法”也很不错，可以去尝试使用。

书买到手中，在扉页写上了自己的名字，仅仅代表你在物质上拥有了它。真正拥有这本书的方式，是把书中的关键知识融入你自己的知识体系中去，实现“六经注我”，而不是“我注六经”。

16.5 怎样写读书笔记

前几天和一位同事讨论了关于阅读和写读书笔记的问题，他觉得自己看书的速度很慢，不仅慢，而且记不住，就算每章都写了读书笔记也记不住。

有这样困扰的同学应该有很多，我自己以前也有这样的问题，所以我就给他分享了我现在写读书笔记的方法。

我以前看书的速度并不快，比如我看《设计心理学》的时候，每天花上一小时，大概看十几页左右吧，还会摘抄出一些觉得好的内容，写成读书笔记放在印象笔记里。

这种每天坚持看并且记笔记的方法，至少比原来直接看的方式强一些，我甚至这样"啃"完了好几本专业书，但是速度真的慢得出奇。

但是这样真的有用吗？

一般来说，我们看一本专业书可能最多看到 30% 左右就看不下去了。因为真的觉得好累，离看完好像遥遥无期。

用了这种每天写读书笔记的方法，我是看了好几本专业书，但看完的也就 3 本，剩下的都是只看了一半，而且看完之后你让我不看读书笔记去回想内容，我真的想不起来多少。

因为看完一本书就要一个月，仅仅是坚持看就已经很了不起了，哪有把知识融会贯通的机会？

这种看书的方法、记笔记的方法太低效了。

随后，因为我在每天写文章的过程中需要大量地阅读，我很自然地发现了一本好书《如何阅读一本书》，也终于醒悟了我原来的问题，开始实践新的读书方法。

现在我读书的速度如何呢？

- 《大数据时代：生活、工作与思维的大变革》：我只用了一个小时就看完了主要内容，并且提炼出来我需要的关键信息，写成了读书笔记。
- 《爆裂：未来社会的九大生存原则》：我只花了两个小时就看完了主要内容，并且花了两天写完了它的读书笔记，把这些内容写成了文章。
- 春节期间我打算看七本书，最终看完了三本，翻了三本，选择其中的四本写了几篇文章。

可以说比原来真的快了不知道多少倍，并且每本书看完都有很大的收获。

这就奇怪了。

16.5.1 以教为学

先来讲一个我听到的故事。

有个日语入门培训班还有两周就要开课了，上课的老师却突然对校长说他临时有事没法来了。这可愁坏了校长，因为报名早就报满了，学费都交了，这时候要是通知学生不能上课，要付给他们赔偿不说，还会对学校名誉造成很大的损害。于是校长就四处找人问有没有老师可以过来帮忙，但由于时间太紧了，很多人都不愿意背这个锅。这时候有个英语老师就说，我虽然没学过日语，但是愿意试一下，我有信心能教好。校长也没办法，找不到别人，就让她试试了。

结果教学效果竟然非常好，班上学生的课后评价都觉得老师很专业，教得也很细致，满意度很高。

这是什么情况……她是怎么做到的？

她说："不是还有不到两周就要开始上课了嘛，我马上就去报了一个零基础的全日制日语培训班，在开始讲课前能学多少就学多少，那个班只是晚上上课，我完全可以白天学习晚上讲课的。"

你完全可以想象，同样是上这个全日制的日语培训班，这位英语老师和班上的其他同学相比，学习的态度和效果会有多大差别！毕竟她是学完马上就要给人讲课的，不能有一丝差错，口语还要越标准越好啊！

这就是“以教为学”的力量，也就是我之前说过的“输出倒逼输入”的学习方法。

其实我做的事情和这位英语老师也没什么区别。

我要每天写一篇文章，内容从哪里来？

内容 = 读书 / 听书 + 思考

这就要求我必须用极快的速度阅读和理解才行，也要求了我必须有自己的思考才行，如此才能写出不同于原书作者的内容，才能写出属于我自己的文章。

所以我要快速读完每一本书，选出里面我认为有价值的东西，结合自己的感悟分享给你。一本书用一两天的时间就要读完，然后写出一到两篇的文章作为读书笔记，这样的读书效果能不好吗？

原书作者所说的有些例子并不好（很多是国外的案例），有些说法并不够生动，我都会换成我自己生活中、工作中熟悉的例子，重新用我的语言讲一遍，这样我的记忆能不深刻吗？

所以，我每天的文章其实都是我读来的知识，但它们在我写完之后，就真的变成了我的知识了。

你可以不用像我一样写公众号文章，但是你可以把写的读书笔记分享给周围的朋友看，或者讲给他们听。有些东西你只是在看的时候觉得懂了，但是一旦让你讲，其实你是说不明白的，这就是没真的懂。

给自己一点压力，就能像抽水机一样把知识从海洋里抽出来，然后灌溉到你的知识框架里，成为你的东西。

你要做的不是把六经统统抄下来，写上注释就算数了，而应该把六经的内容消化后，结合自己的感悟，用自己的语言重新写出来，这才是真正的读书笔记。

16.5.2 读者权利十条

也许你会说，你这样看书会不会太快太暴力了，我只习惯从头到尾完整地把书读下来怎么办？

当我看到法国作家**达尼埃尔·佩纳克（Daniel Pennac）**写的《读者权利十条》的时候，非常赞同，也分享给你。

① 不读的权利。

② 跳读的权利。

③ 不读完的权利。

④ 重读的权利。

⑤ 读不择书的权利。

⑥ 容易被小说内容感染的权利。

⑦ 读不择地的权利。

⑧ 随意选读的权利。

⑨ 朗读的权利。

⑩ 默读的权利。

不要把书籍和文章当成神圣不可侵犯的东西，写书的也同样是人，不同之处只是他们写出了自己的知识和理解而已。别人说的话你尚且只听三分，还想跟他多做讨论，那为何书就不行呢？

你是为自己而读书。

重要的话我就不重复三遍了。

祝阅读都能有收获。

后记

呼！想要出一本书，原来把几十万字写完还不算，后面的编排、校对、调整图片以及设计封面也是非常耗时耗力的！在正式把书稿交给出版社编辑的几个月后，终于把这本书呈现到你的面前了，非常感谢你的支持与阅读！

其实我从来就没有真的认为，自己竟然有出书的一天。

但现在我还是做到了，正如非设计专业出身，几年前还在和好友 Geeco 一起想象着未来的我，不敢相信后来能够顺利进入腾讯一样。

这样的我，不敢说真的比别人聪明、有天分，之所以能够做到这些，一定是因为身边一直有能够相互鼓励的好友，而我们都愿意为梦想付出更多的努力吧！

这次也多亏了 Geeco 帮我设计书籍的封面，正是我喜欢的低调简约风，是不是很优秀？更优秀的是，不仅他本人厉害，他的太太也是一位在追寻自己插画梦想的好青年，快来一起围观吧！

——WingST

嗨！我是立志做咸鱼插画师的罗小瓜。

1. 如何认识 WingST

WingST 和我老公 Geeco 相识于五年前，“志同道合”四个字用他俩身上简直不能更合适！在我看来，他们属于那种社会稀缺、有志气、有梦想，愿意为理想付出十万分努力、被很多人仰望着的大神级别的人物。

作为 Geeco 的老婆，我很感谢 WingST 能陪他玩，陪他经历理想路上的坎坷，陪他一起迈入成功！

“前路漫漫，吾辈不孤……”是 WingST 对 Geeco 说过的话。在努力奋斗的路上，有这样的好友一直在身边，你的成就他都见证，你的煎熬他都能懂，互相帮助、共同分享，这是何等重要！何等幸福！

2. 为何开始画画

时常被这样两位大神爆棚的奋斗激情冲刷脑子，原本身处安逸环境、混混度日的我也开始有了想要努力活出自己的想法。一年前，我辞掉原本朝九晚五一成不变的文职工作，开始零基础接触插画。

3. 长久小计划

“儿童插画”蠢萌风格是我刚接触就爱上，并且计划在很长一段时间里继续深入钻研和修炼下去的风格，最终希望能用蠢萌的画风画出给大人看的插画。

另外，跟老公合作做动画，我负责前期人物场景设定，他负责后期建模动画制作，是我们共同想要一直坚持下去的梦想！

更多关于我的学画经历和小作品，请关注微信公众号：罗小瓜瓜（Law_Story）。

学习初期，一切都不够成熟，但是欢迎有梦想、有爱的你们共同来督促，见证我的成长！

我是立志做咸鱼插画师的罗小瓜，我在公众号里等你！

读 者 服 务

读者在阅读本书的过程中如果遇到问题，可以关注“有艺”公众号，通过公众号与我们取得联系。此外，通过关注“有艺”公众号，您还可以获取更多的新书资讯、书单推荐、优惠活动等相关信息。

扫一扫关注“有艺”

投稿、团购合作：请发邮件至 art@phei.com.cn。